上岗之路——

服装裁剪与缝制入门

第2版

主　编　牛海波
副主编　王丽霞　周　璐
参　编　王瑞芹　刘　辉
主　审　马存义

机　械　工　业　出　版　社

本书主要由两大部分组成。第一部分为服装基础知识，包括衣服的分类与人体测量、服装裁剪基础知识以及服装缝制基础知识等。第二部分为服装应用知识，覆盖了各个服装种类的裁剪与缝制，包括衬衣、裙子、连衣裙、裤子、夹克衫、马甲、西服等多个款式，具体介绍了服装的设计、打板、排料、裁剪以及缝制工艺等内容。

本书图文并茂，浅显易懂，既便于读者自学，又可供参加服装裁剪与缝制培训的人员使用。

图书在版编目（CIP）数据

服装裁剪与缝制入门/牛海波主编. —2 版. —北京：机械工业出版社，2013.1（2026.1 重印）

（上岗之路）

ISBN 978-7-111-41609-8

Ⅰ.①服… Ⅱ.①牛… Ⅲ.①服装量裁—基本知识 ②服装缝制—基本知识 Ⅳ.①TS941.63

中国版本图书馆 CIP 数据核字（2013）第 035295 号

机械工业出版社（北京市百万庄大街 22 号 邮政编码 100037）

策划编辑：朱 华 马 晋 责任编辑：朱 华 马 晋 张振勇

版式设计：陈 沛 责任校对：姜 婷 陈 越

封面设计：姚 毅 责任印制：任维东

三河市国英印务有限公司印刷

2026 年 1 月第 2 版第 16 次印刷

140mm×203mm · 7.875 印张 · 209 千字

标准书号：ISBN 978-7-111-41609-8

定价：25.00 元

凡购本书，如有缺页、倒页、脱页，由本社发行部调换

电话服务

服务咨询热线：010 - 88361066

读者购书热线：010 - 68326294

010 - 88379203

网络服务

机 工 官 网：www.cmpbook.com

机 工 官 博：weibo.com/cmp1952

金 书 网：www.golden-book.com

教育服务网：www.cmpedu.com

前言

本书是在第1版的基础上进行修订改版的基础入门教材，主要由两大部分组成。第一部分为服装基础知识，包括衣服的分类与人体测量、服装裁剪基础知识以及服装缝制基础知识等。第二部分为服装应用知识，覆盖了各个服装种类的裁剪与缝制，包括衬衣、裙子、连衣裙、裤子、夹克衫、马甲、西服等多个款式，具体介绍了服装的设计、打板、排料、裁剪以及缝制工艺等内容。为了与企业现行标准一致，书中标注的尺寸单位采用公制计量单位——厘米（cm）。丛书力求简明扼要，突出“入门”的特点，服装款式简单、实用、新颖别致，剪裁方法通俗易懂，服装缝制图讲解清晰明了，很适合初学者使用。

本书图文并茂，浅显易懂，既便于读者自学，又可供参加服装裁剪与缝制培训的人员使用，是学习和了解服装基本专业知识和基本操作技能，轻松掌握一技之长的技能类图书。

本书由牛海波主编，编写分工如下：第一章，王瑞芹；第二章，刘辉；第三章，王丽霞；第四章，牛海波、王丽霞、周璐；第五章，牛海波、王丽霞、周璐；第六章，牛海波。

书中内容如有错误和不妥之处，望广大读者及时指正，不吝赐教，以利提高。

编 者

目录

第一章　衣服的分类与人体测量

第一节　衣服的分类

我们平时穿衣服及各式着装，一方面是自我表现的一种方法，另一方面有时又表示参加了社会的某项活动。因此，在多样化的现代生活中，服饰所具有的含义也就越来越广泛了。

在衣服的基本知识中，首先要了解衣服的分类。关于分类的方法，一般是有“机能分类”与“设计分类”两种。

机能分类又分为形态分类和用途分类。

形态分类是从衣服的构造上来区分的。例如是连衣裙还是套装，是上衣（罩衫、西服等）还是下衣（裙子、裤子等）的分类。

用途分类是与生活方式或生活目的等相适应，根据用途的不同而进行分类的方法。如礼服、日常服、运动服、制服等。

设计分类是以机能分类为基础，而进一步划分的分类，包括造型分类和形象分类等。

造型分类是根据衣服的轮廓、形状进行分类，见图 1-1。

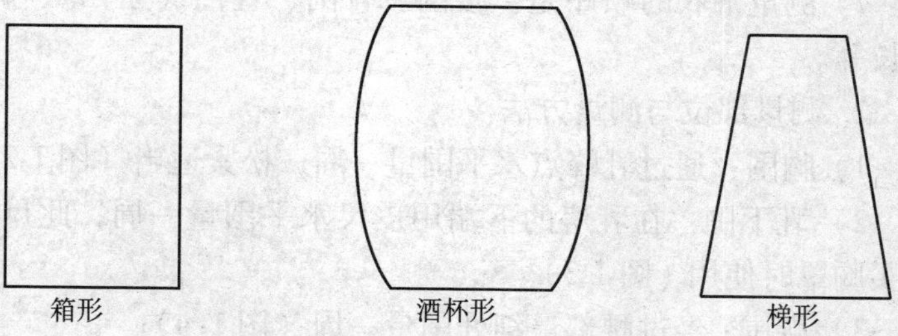

图 1-1　衣服的轮廓、形状分类

形象分类是以衣服所具有的风格、设计背景进行分类。如端庄典雅型、优雅上品型、女性抒情型、男性硬朗型、活动机能型、日常实用型、传统民族型。

如上所述，衣服就是根据各种不同的要素进行分类的。并且，这些要素或因子甚至名称等，随社会环境的变化而变化，向多样化发展。我们要根据各类目的的不同而加以使用。

第二节　人体测量与尺寸加放

一、人体测量

俗话说“量体裁衣”，这说明了量体的重要性。只有量体准确、合理，才能做出合体的衣服。量体是服装裁剪与缝制的第一步。

1. 量体的注意事项

1）认真听取被量者的要求（包括式样和习惯）。

2）仔细观察体型，发现特征及时记录。

3）被量者保持立正姿势，呼吸自然，裤带放松，软尺松紧适宜。

4）注意被量者的衣服厚薄（特别是跨季节服装），最好穿贴身衣服测量。量体并非量衣。

5）量体顺序一般是：先横后竖，由上而下。

6）测量上衣的顺序是：颈围、肩宽、胸围、腰围、臀围、袖口、衣长、袖长等。

7）测量下衣的顺序是：腰围、臀围、直裆（立裆）、脚口、裤长等。

2. 测量部位与测量方法

1）胸围：通过乳峰点水平围量一周，松紧适当（图1-2）。

2）乳下围：在乳房的下端用皮尺水平围量一周，此尺寸在购买胸罩时使用（图1-3）。

3）腰围：经过腰部最细处围量一周（图1-4）。

4）臀围：通过臀部最丰满处围量一周（图1-5）。

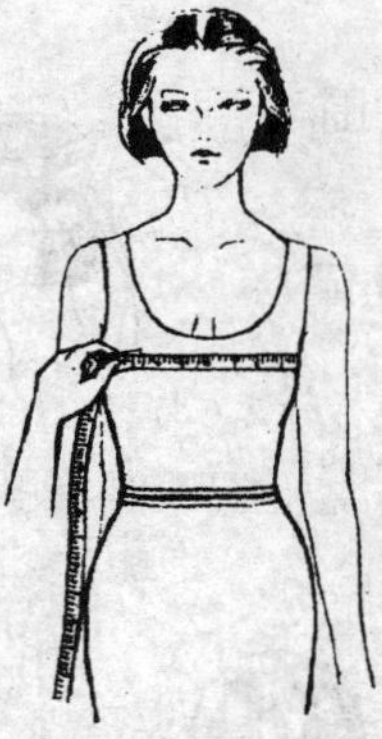
图 1-2　胸围

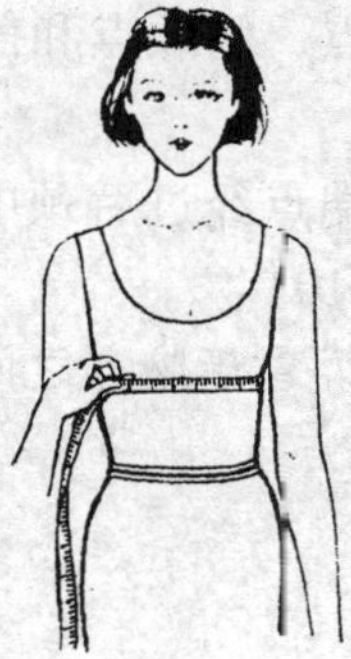
图 1-3　乳下围

图 1-4　腰围

5）中臀围：大约在腰围与臀围中间的位置水平测量一周。因为臀部的形状根据髋骨的大小和脂肪的多少各不相同，所以这个尺寸也很重要，见图 1-6。

6）袖窿周长：通过肩峰点、前后腋点和臂根点围量一周。这个尺寸加上其 1/10 左右的余量便可作为袖窿周长的尺寸（图 1-7）。

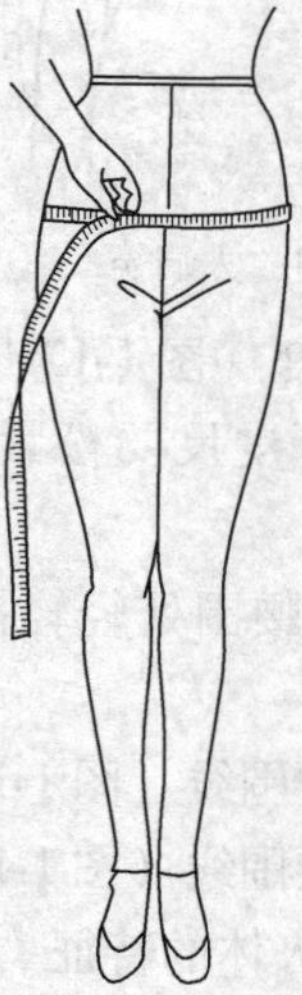
图 1-5　臀围

图 1-6　中臀围

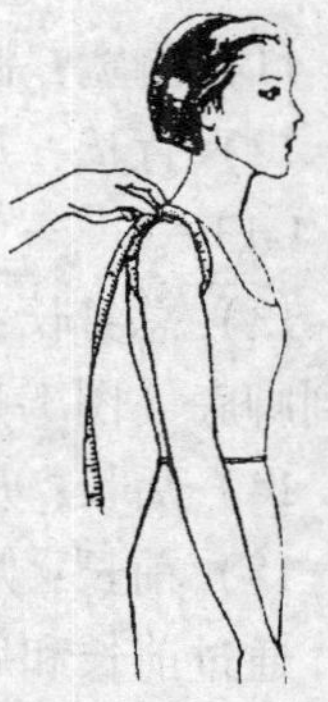
图 1-7　袖窿周长

7）头围：通过前额的中央、耳的上方和后头部的突出位置围量一周（图1-8）。

8）颈围：通过后颈点、侧颈点和前颈点围量一周（图1-9）。

9）大肩宽：从左肩端点经过后颈中点到右肩端点之间的距离（图1-10）。

10）背宽：测量背部左右后腋点之间的长度（图1-11）。

图1-8　头围

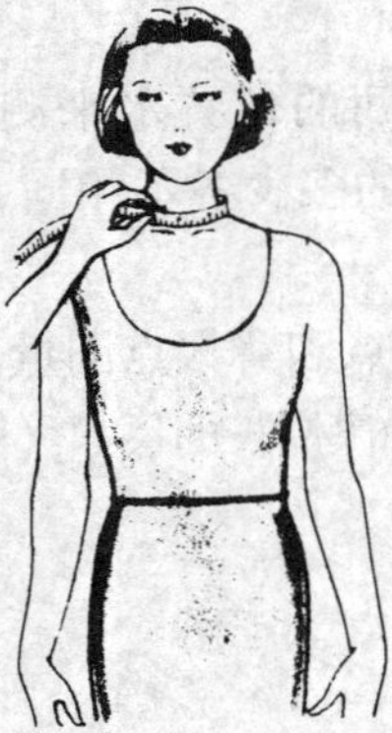

图1-9　颈围

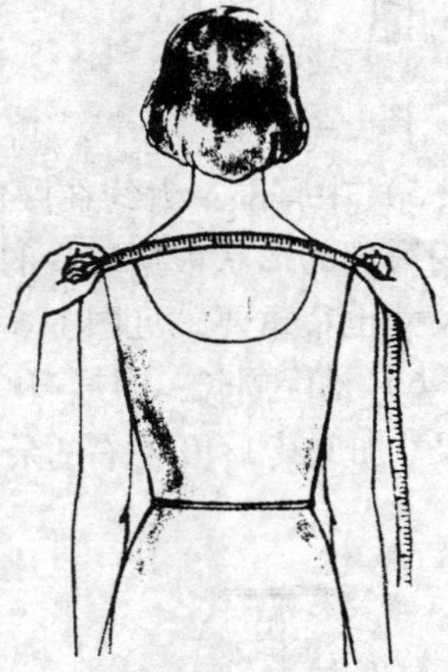

图1-10　大肩宽

11）胸宽：测量胸部左右前腋点之间的长度（图1-12）。

12）背长：从后颈点到腰带之间的长度，皮尺要松紧适中（图1-13）。

13）总身长：从后颈点向下垂放皮尺，在腰围处轻轻按住，量到脚底（图1-14）。

14）后长：从侧颈点开始经过肩胛骨量至腰围线（图1-15）。

15）前长：从颈侧点开始经过乳峰点量至腰围线（图1-16）。通过前长和后长之间的差值，可以了解到人体的特征。

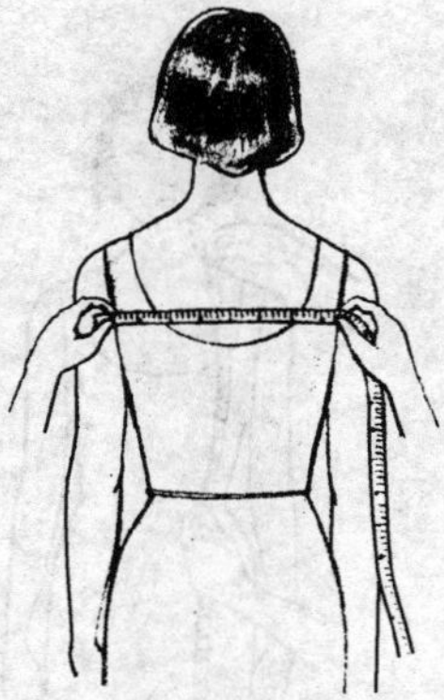

图 1-11　背宽

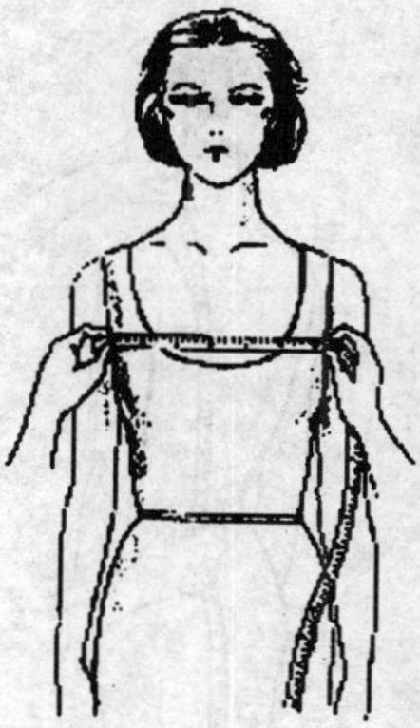

图 1-12　胸宽

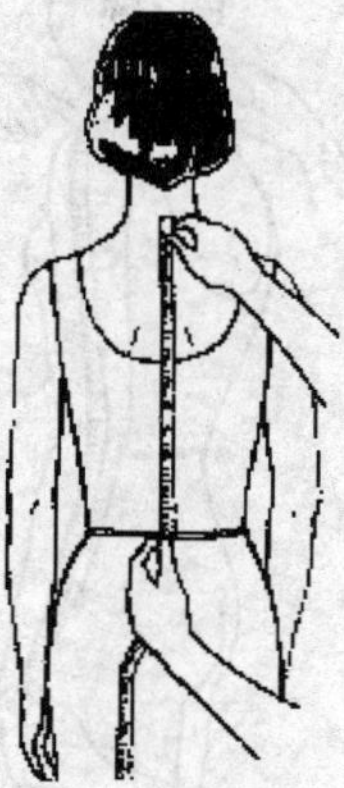

图 1-13　背长

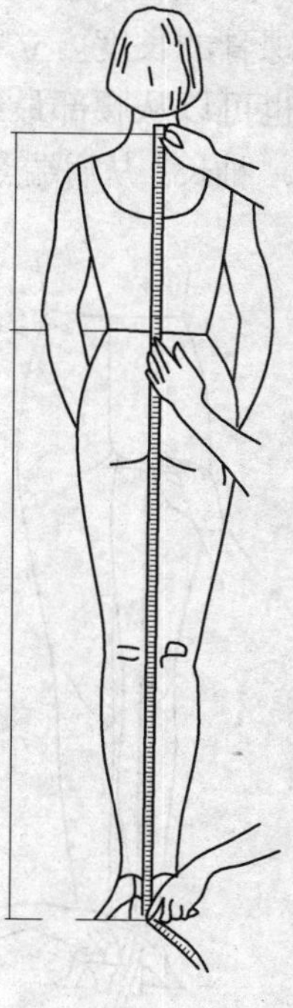

图 1-14　总身长

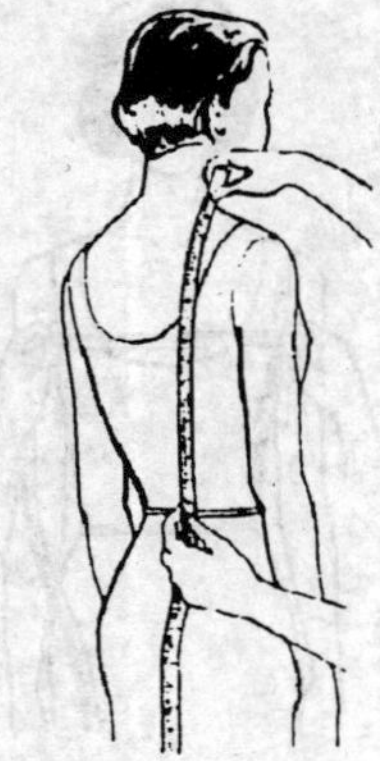

图 1-15　后长

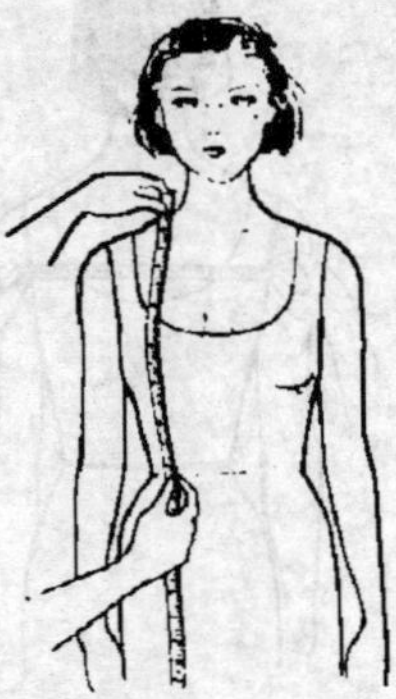

图 1-16　前长

16）下裆长和立裆长：下裆长是在大腿根部轻轻按住皮尺测量到脚踝骨的长度。立裆长是从侧缝的长度中减去下裆的长度。立裆长也可以从腰部最细处量到大腿根处来确定（图 1-17）。

17）袖长：从肩端点外端顺手臂量到手腕根部的长度（图 1-18）。

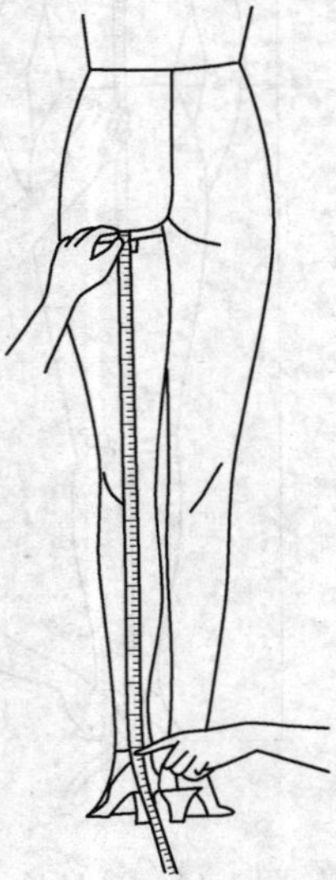

图 1-17　下裆长和立裆长

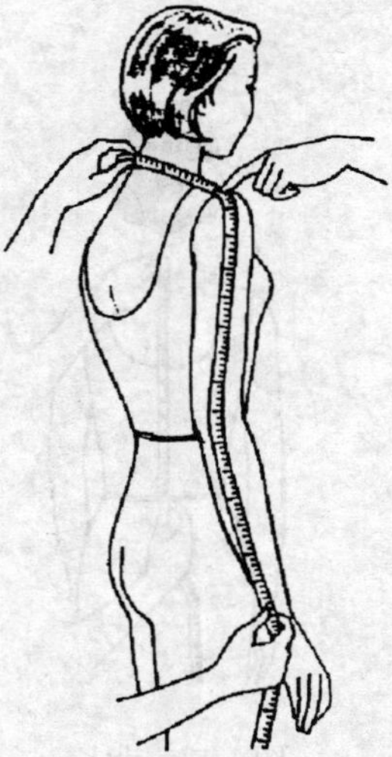

图 1-18　袖长

18）裤长：在身体侧面，自胯骨向上 3～4cm 处向下量至各款所需长度（图 1-19）。

19）衣长：从后颈点向下量至衣长所需要的位置（图 1-20）。

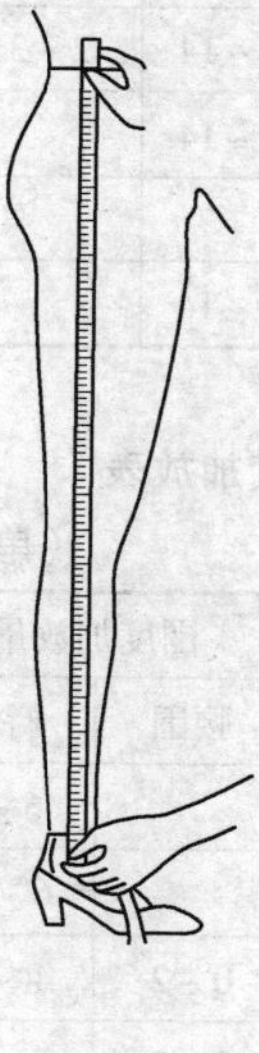

图 1-19　裤长

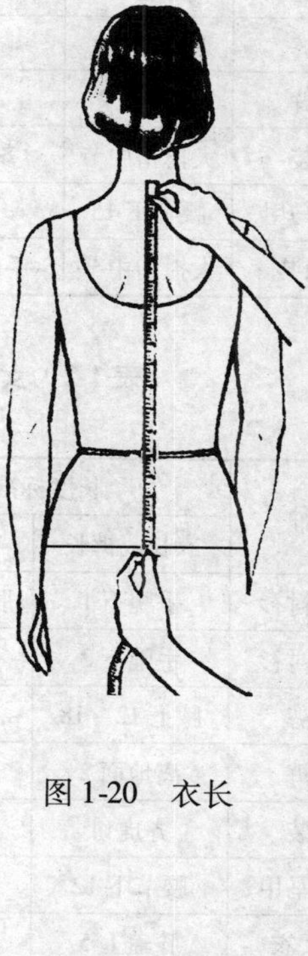

图 1-20　衣长

二、尺寸加放

一件衣服合体与否，其加放量的大小起着非常重要的作用。

服装的加放量要根据年龄、体型、季节、材料的质地、款式风格特点以及个人的穿着习惯等因素来确定。

下面通过列表的形式说明各种服装的衣长比例和各部位的加放尺寸，仅供参考（表 1-1、表 1-2）。

表 1-1 男装的长度测量与围度加放表

（单位：cm）

服种	长度标准		围度加放量			
	衣长或裤长	袖长	胸围	臀围	腰围	领围
短袖衬衣	齐虎口	肘关节上 5	16 ~ 20			2 ~ 3
长袖衬衣	齐虎口	手腕下 1.5	18 ~ 22			2 ~ 3
短裤	膝盖上 12			10 ~ 12	2 ~ 3	
长裤	离地面 2			10 ~ 14	2 ~ 3	
西装	大拇指中节	齐手腕	16 ~ 20	10 ~ 14		
西装马甲	腰节下 15		8 ~ 12			
中山装	大拇指中节	手腕下 2	18 ~ 22	12 ~ 14		3 ~ 4

表 1-2 女装的长度测量与围度加放表

（单位：cm）

服种	长度标准		围度加放量			
	衣长或裤长	袖长	胸围	腰围	臀围	领围
短袖衬衫	手腕下 1	肘关节上 8	10 ~ 12		6 ~ 8	2 ~ 3
长袖衬衫	手腕下 2	手腕下 1	12 ~ 14		6 ~ 10	2 ~ 3
短裤	膝上 12 ~ 18			0 ~ 2	4 ~ 10	
长裤	离地面 2			1 ~ 3	6 ~ 12	
西装	齐虎口	手腕下 1	12 ~ 14		10 ~ 12	
西装马甲	腰节下 12		8 ~ 12		8 ~ 10	
短大衣	膝盖上 5	手腕下 3	14 ~ 18		10 ~ 12	
长大衣	膝盖下 15	手腕下 3	14 ~ 18		12 ~ 14	
连衣裙	膝盖下 10	肘关节上 8	10 ~ 12		8 以上	
短裙	膝盖上 10			0 ~ 2	4 以上	
旗袍	离地面 18 ~ 28	自定	8 ~ 10	4 ~ 6	4 ~ 6	

注：1. 本表仅指一般的服装加放尺寸，不包括特殊需要和地区习惯及式样。
2. 所有款式的测量都是根据当时所在季节，以穿贴身衣服为标准进行测量和加放。
3. 加放尺寸应以表格数据为基础，与流行及个人爱好相结合而定。

第三节　服装规格及参考尺寸

为了统一全国服装规格，适应人们的生活需要，从 1974 年开始，在全国 21 个省市分别测量了 40 万人的体型，对大量的数据作了综合分析，找出了我国人体基本体型变化和规律，由国家标准总局正式颁布服装号型 GB1335—1981，以后又做了几次修改，2008～2009 年颁布了国家标准服装号型 GB/T 1335. 1—2008《服装号型　男子》、GB/T 1335. 2—2008《服装号型　女子》和 GB/T 1335. 3—2009《服装号型　儿童》。

“服装号型系列”标准是一个基础性标准，在基本点上与国际服装相吻合。国家服装号型系列标准既适合于批量生产的服装，也可为单件服装裁剪中主要尺寸的制定提供参考。

一、服装号型的定义

服装号型是服装长短、肥瘦的标志，是根据我国正常人体体型的各部位数据规律和服装使用的需要，选出具有代表性的部位经合理归并而设置的。

1）号：指高度，是以厘米（cm）为单位表示的人体的总高度，也包含了与之相对应的各控制部位的数据。号是设计服装长短的依据。

2）型：指围度，是以厘米（cm）为单位表示的人体的胸围或腰围。上装的型表示净体胸围，下装的型表示净体腰围。型也包含了与之相对应的围度方面的控制部位的数据。型是设计服装肥瘦的依据。

新的国家标准服装号型依据人体的胸围与腰围的差数，将体型分为四类，具有适用范围更广、更准确的特点。新的国家标准服装号型将体型分为四类。表 1-3、表 1-4 中所示分别为男、女体型分类代号和范围。

表 1-3　男子体型分类代号和范围　（单位：cm）

体型分类代号	Y	A	B	C
胸围腰围之差	22～17	16～12	11～7	6～2

表 1-4　女子体型分类代号和范围　（单位：cm）

体型分类代号	Y	A	B	C
胸围腰围之差	24 ~ 19	18 ~ 14	13 ~ 9	8 ~ 4

二、服装号型标志

1）服装上必须标明号型，并且套装中的上下装也必须分别标明号型。

2）号型表示方法：号的数值在前面，型的数值在后面，号与型之间用斜线分开，后面再写出体型分类代号。

例如：160/84A，160 为号数，表示该服装适用于身高为 160cm 左右的人，84 为型数，表示净体胸围是 84cm，A 代表 A 体型。表示该服装适用于胸围和腰围与此相近似及胸围与腰围之差数在此范围之内的人。则上装 84A 适用于胸围 84cm 左右及胸围与腰围之差数在 18 ~ 14cm 之内的人。

三、服装号型系列

号型系列是以各体型中间体（男 170/88A、女 160/84A）为中心，向两边依次递增或递减组成。

1）身高以 5cm 分档，组成系列。

2）胸围、腰围分别以 4cm、2cm 分档，组成系列。

3）身高与胸围、腰围搭配分别组成 5-4 和 5-2A 系列，（表 1-5、表 1-6）。

表 1-5　女子 5-4 和 5-2A 号型系列　（单位：cm）

A 体型																		
胸围＼腰围＼身高	150			155			160			165			170			175		
72	54	56	58	54	56	58	54	56	58									
76	58	60	62	58	60	62	58	60	62	58	60	62						
80	62	64	66	62	64	66	62	64	66	62	64	66	62	64	66			

（续）

身高 腰围 胸围	A体型																	
	150			155			160			165			170			175		
84	66	68	70	66	68	70	66	68	70	66	68	70	66	68	70	66	68	70
88	70	72	74	70	72	74	70	72	74	70	72	74	70	72	74	70	72	74
92				74	76	78	74	76	78	74	76	78	74	76	78	74	76	78
96							78	80	82	78	80	82	78	80	82	78	80	82

表 1-6　男子 5-4 和 5-2A 号型系列　（单位：cm）

身高 腰围 胸围	A体型																	
	155			160			165			170			175			180		
72				56	58	60	56	58	60									
76	60	62	64	60	62	64	60	62	64	60	62	64						
80	64	66	68	64	66	68	64	66	68	64	66	68	64	66	68			
84	68	70	72	68	70	72	68	70	72	68	70	72	68	70	72	68	70	72
88	72	74	76	72	74	76	72	74	76	72	74	76	72	74	76	72	74	76
92				76	78	80	76	78	80	76	78	80	76	78	80	76	78	80
96							80	82	84	80	82	84	80	82	84	80	82	84
100										84	86	88	84	86	88	84	86	88

四、成人男、女号型系列控制部位数值

确定服装号型尺寸时，单纯依靠上述号型标准（表 1-5、表 1-6）是不够的，必须要有主要部位的尺寸才能裁制出合体的服装。这些部位常常被称为控制部位。表 1-7、表 1-8 是男女 A 体型的控制部位尺寸。控制部位尺寸是指人体主要部位的净体数值，它是服装样板设计的依据。

表 1-7　女子 5-4 和 5-2A 号型系列控制部位数值　（单位：cm）

A 体型																					
部位	数值																				
身高	145			150			155			160			165			170			175		
颈椎点高	124			128			132			136			140			144			148		
坐姿颈椎点高	56.5			58.5			60.5			62.5			64.5			66.5			68.5		
全臂长	46			47.5			49			50.5			52			53.5			55		
腰围高	89			92			95			98			101			104			107		
胸围	72			76			80			84			88			92			96		
颈围	31.2			32			32.8			33.6			34.4			35.2			36		
总肩宽	36.4			37.4			38.4			39.4			40.4			41.4			42.4		
背长	35			36			37			38			39			40			41		
股长	21.5			22.5			23.5			24.5			25.5			26.5			27.5		
腰围	54	56	58	58	60	62	62	64	66	66	68	70	70	72	74	74	76	78	78	80	82
臀围	77	79.2	81.0	81.08	82.8	84.6	84.6	86.4	88.2	88.2	90.0	91.8	91.8	93.6	95.4	95.4	97.2	99.0	99.0	100.8	102.6

表 1-8 男子 5-4 和 5-2A 号型系列控制部位数值 （单位：cm）

A 体型																					
部位	数值																				
身高	155			160			165			170			175			180			185		
颈椎点高	133			137			141			145			149			153			157		
坐姿颈椎点高	60.5			62.5			64.5			66.5			68.5			70.5			72.5		
全臂长	51			52.5			54			55.5			57			58.5			60		
腰围高	93.5			96.5			99.5			102.5			105.5			108.5			111.5		
胸围	72			76			80			84			88			92			96		
颈围	32.8			33.8			34.8			35.8			36.8			37.8			38.8		
总肩宽	38.8			40			41.2			42.4			43.6			44.8			46		
背长	39.5			40.5			41.5			42.5			43.5			44.5			45.5		
股长	21			22			23			24			25			26			27		
腰围	56	58	60	60	62	64	64	66	68	68	70	72	72	74	76	76	78	80	80	82	84
臀围	75.6	77.2	78.8	78.8	80.4	82.0	82.0	83.6	85.2	85.2	86.8	88.4	88.4	90.0	91.6	91.6	93.2	94.8	94.8	96.4	98.0

第四节　面料使用计算方法

单件裁剪技术要求比较全面，是单独操作裁剪全过程，独立完成裁剪任务。我们不但要认真学习各服种的裁剪公式，还要熟练掌握各服种的用料多少及合理排料技术。

一、单件裁剪的用料核算

裁剪各种服装所需衣料的多少，主要是由服装的规格、服装的款式和所用衣料的幅宽三个因素所决定。用同一幅宽的面料，作同一式样的服装，规格不同用料数量必然不同；用同一规格作同一式样的服装，用不同幅宽的衣料，则用料长度也不相同；服装款式的结构简单与复杂，也会影响用料的多少，这三种因素，具有各自的特点，又相互联系，所以在计算服装用料时，必须全面考虑。为了方便计算，下面列出部分常用服装的算料公式，见表1-9、表1-10、表1-11。

表1-9　裤子算料参考表　　（单位：cm）

幅宽 / 用料 / 品种	90		72×2	
	卷脚	无卷脚	卷脚	无卷脚
男长裤	2（裤长+10）	2（裤长+6）	裤长+10	裤长+6
男短裤		2（裤长+8）		裤长+12
女长裤		2（裤长+5）		裤长+5
备注	臀围超过117，每大3，另加6		臀围超过113，每大3，长另加3，短另加6	

表 1-10 上衣算料参考表 （单位：cm）

类别	品种	胸围	90（幅宽）	114（幅宽）	72×2（幅宽）
男装	短袖衬衫	110	衣长×2+袖长 胸围±3，用料约±3	衣长×2 胸围±3，用料约±3	
	长袖衬衫	110	衣长×2+袖长 胸围±3，用料约±3	衣长×2+20 胸围±3，用料约±3	
	两用衫	110	衣长×2+袖长+20 胸围±3，用料约±3		衣长+袖长+10 胸围±3，用料约±3
	西服（中山服）	110	衣长×2+袖长+20 胸围±3，用料约±3		衣长+袖长+10 胸围±3，用料约±3
	短大衣	120			衣长+袖长+30 胸围±3，用料约±7
	长大衣	120			衣长×2+10 胸围±3，用料约±3
女装	短袖衬衫	103	衣长×2+10 胸围±3，用料约±3	衣长+袙长×2+15 胸围±3，用料约±3	
	长袖衬衫	103	衣长+袖长×2 胸围±3，用料约±3	衣长×2+10 胸围±3，用料约±3	
	两用衫	106	衣长×2+袖长+6 胸围±3，用料约±3		衣长+袖长+3 胸围±3，用料约±3
	西服	106	衣长×2+袖长+6 胸围±3，用料约±3		衣长+袖长+6 胸围±3，用料约±3
	短大衣	113			衣长+袖长+12 胸围±3，用料约±7
	长大衣	113			衣长+袖长+30 胸围±3，用料约±7
	连衣裙	100	衣裙长×2.5 一般款式	衣裙长×2 （一般款式）	

表 1-11 不同幅宽换算表 （单位：cm）

改用幅宽 / 换算率 / 原幅宽	90	114	备注
90	1	0.80	根据用料面积相等的原理，可进行不同幅宽的换算，其换算公式为 原用料数×原用料幅宽÷改用料幅宽＝改用料数
114	1.27	1	

二、单件裁剪的排料

单件裁剪主要有画样（包括排料）开剪。单件裁剪不像批量裁剪那样，将所有的服装裁片全部画好后，按画样线条开剪。单件裁剪一般情况是画一片，剪一片（如前衣片、后衣片、大袖片、小袖片等）。因此，在画样开剪之前对所画的一件（条）服装衣片的排料要全面熟悉，做到心中有数，以防剪一部分衣片后发现用料不够，造成差错事故。

排料，要求合理套排，合理拼接。合理套排是指在保证衣片质量的前提下，节约用料的套排画样。套排就是充分利用部件和零部件的不同形状合理套排。服装的部件和零部件各有不同。有直、斜、方、圆、凹、凸、长、短之分。在画样时要充分利用衣片的不同角度、弯势等形状进行套排。

合理套排应做到排列紧凑，减少空隙。但实际裁剪中排料要难得多，也复杂得多，要不厌其烦地反复试排，从中选择最合理的套排方案。

合理拼接是为了提高原料利用率，按有关技术标准规定，在一些零部件的次要部位如领里、挂面下端等部位允许适当拼接。排料是对拼接部位、拼接的块数和拼接的丝绺都应按照有关技术规定进行。

单件排料是指单件裁剪排料；工业裁剪一般是指多件排料。单件排料与精密排料的要求有一定差距，其节约用料受到一定影响，耗用量一般比工业排料耗用量多。单件排料是工业排料的基础，要掌握排料技术，首先要学好单件排料知识。排料一般要求掌握一套

（凹套凸）、两对（直对直、斜对斜）、三先三后（先排大片后排小片、先排主片后排辅片、先排面子衣片后排里子衣片）的基本要点。如何选择最佳的排料方案，以达到节约用料的目的，是一个不断探索的课题，在此仅介绍排料的基础知识，作为入门教学，以典型品种，一般款式为主，同时一般以常用幅宽及素色衣料为主，不考虑衣料的花纹、图案、倒顺毛等因素。排料的款式及结构不同，用料也不相同。以下的排料图都属结构较简单的款式，因此，用料数一般少于表内的用料数。详见排料图 1-21 ~ 图 1-27。

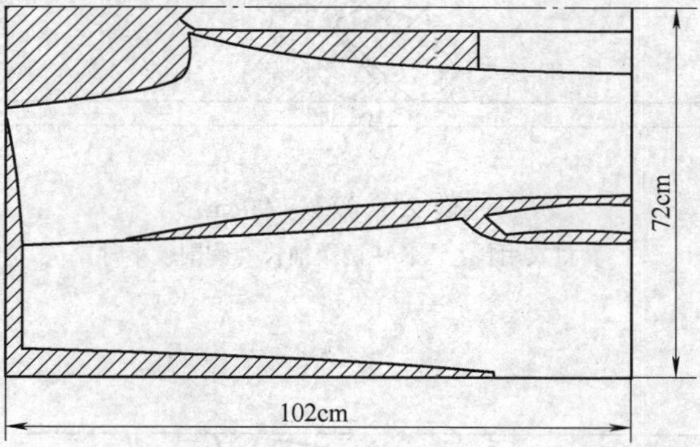

图 1-21　幅宽：72cm×2cm

用料：裤长 +4cm = 102cm

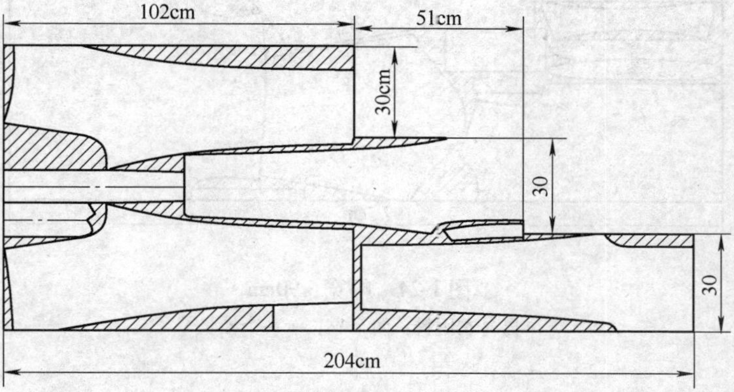

图 1-22　幅宽 90cm

用料：3×（裤长 +4cm）= 306cm（两条裤用料）

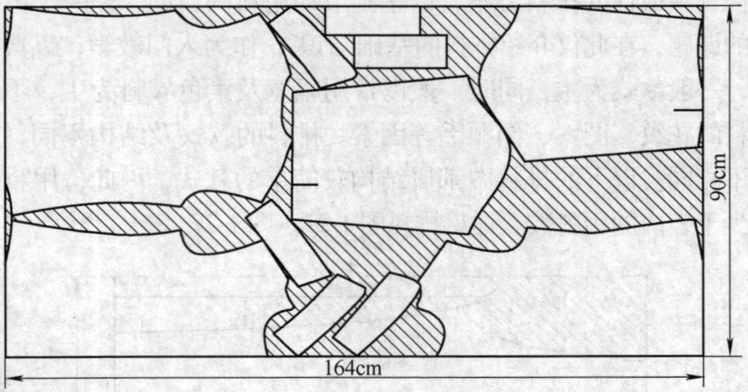

图 1-23 幅宽：90cm

女衬衣用料：衣长＋两个袖长（胸围较小时）

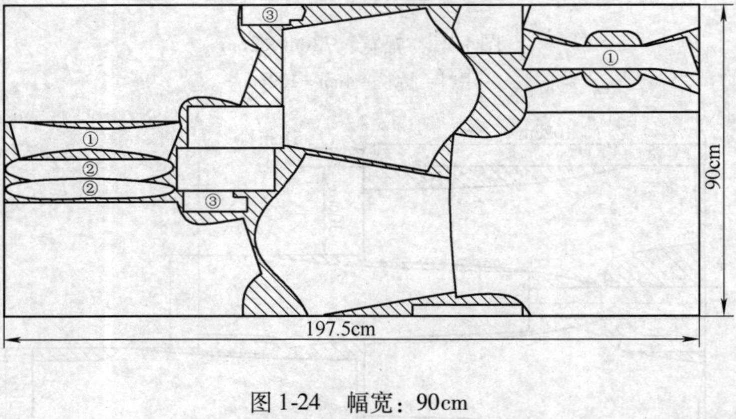

图 1-24 幅宽：90cm

男衬衣用料：两个衣长＋一个袖长

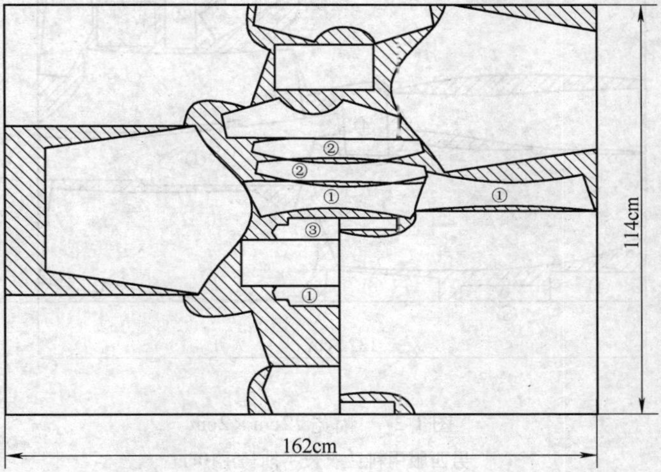

图 1-25　幅宽：114cm
男衬衣用料：两个衣长 +20cm

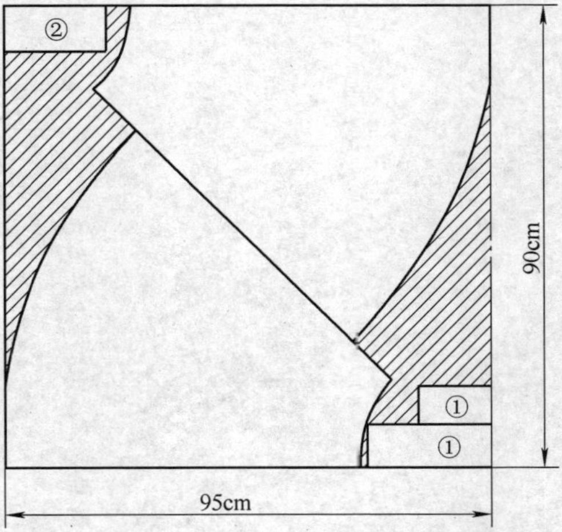

图 1-26　幅宽：90cm
斜裙用料：2×（裙长 +25cm）

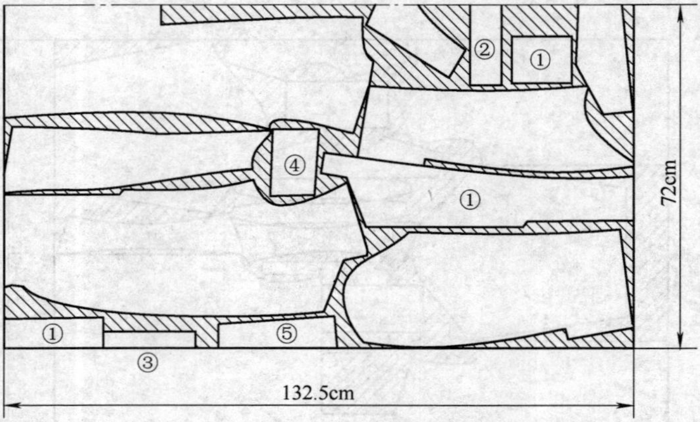

图 1-27　幅宽 72cm × 2cm

男西服用料：衣长 + 袖长 + 10cm

第二章　服装裁剪基础知识

第一节　服装常用裁剪工具

服装裁剪过程中所必需的工具总称为裁剪工具，见图 2-1。为了做出合体的服装，不仅需要准备专门而齐全的工具，还要懂得如何正确、熟练地使用它们。

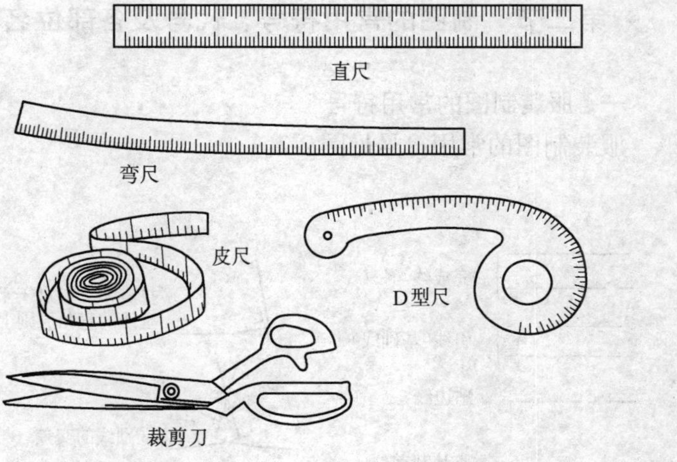

图 2-1　裁剪工具

1）直尺：测量长度或画直线时使用的工具。材料有木制、竹制、有机玻璃。长度有 30cm、50cm、100cm 等多种，其中 50cm 最为常用。

2）弯尺：主要用于画弧线。如底摆缝、裤子下裆缝、侧缝。

3）D 型尺：用于领口弧线、袖窿弧线等特殊的曲线制图。

4）皮尺：用于量体，又可测量袖窿弧线、袖山弧线等曲线。规格为 1cm 宽，150cm 长。注意要选择刻度准确的产品。

5）裁剪刀：裁剪专用剪刀，规格有 24cm（9 号）、28cm（11 号）、30cm（12 号）等几种。裁剪时常用 28cm 以上的重裁刀，不能作其他用，如剪纸等。

6）画粉：在布料上绘制衣片轮廓线的工具。一般用于毛织物、丝织物和化纤织物上。颜色有红、黄、蓝、白、咖啡等几种。在使用时画粉的颜色尽量与布料的颜色一致或稍浅，画线以细且容易去掉为好。画粉形状有三角形和四角形。

第二节　制图的常用符号、代号及各部位名称

一、服装制图的常用符号

服装制图的常用符号见图 2-2。

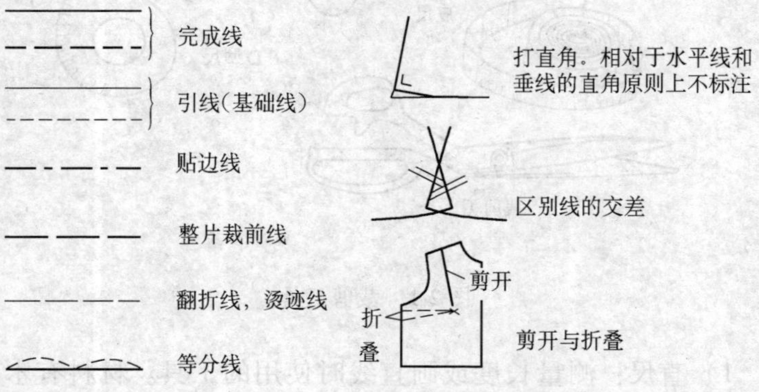

图 2-2　服装制图的常用符号

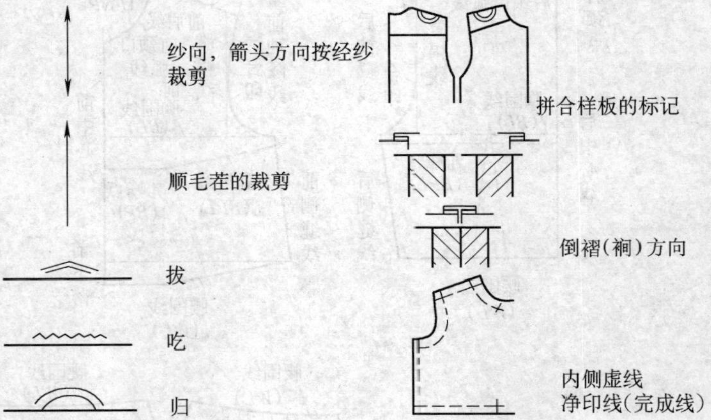

图 2-2 服装制图的常用符号（续）

二、服装制图的常用代号

服装制图的常用代号见表 2-1。

表 2-1 服装制图的常用代号

名称	衣长	胸围	腰围	臀围	胸围线	腰围线	臀围线	乳峰点	膝围线	领围	肩宽	前中心线	后中心线	袖窿周长
代号	*L*	*B*	*W*	*H*	*BL*	*WL*	*HL*	*BP*	*KL*	*N*	*S*	*FC*	*BC*	*AH*

三、服装制图的各部位名称

服装制图的各部位名称见图 2-3。

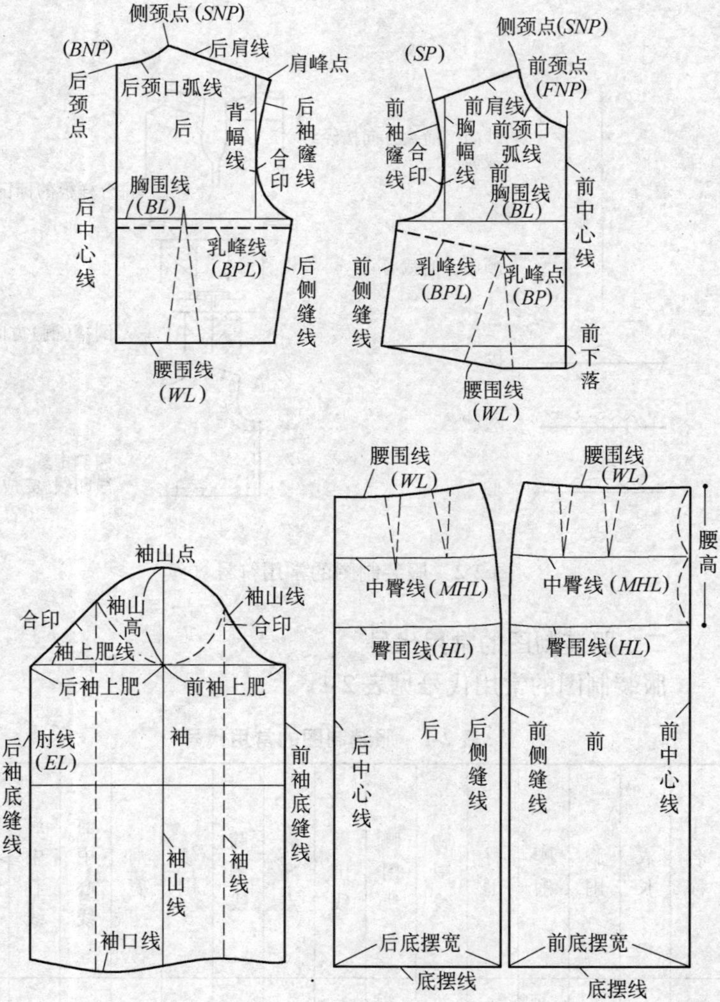
侧颈点(SNP)
(BNP)
后颈点
后肩线
肩峰点
后颈口弧线
后
背幅线
后袖窿线
合印
胸围线
(BL)
后中心线
乳峰线
(BPL)
后侧缝线
腰围线
(WL)
侧颈点(SNP)
(SP)
前颈点
(FNP)
前肩线
前袖窿线
合印
胸幅线
前颈口弧线
前胸围线
(BL)
前中心线
前侧缝线
乳峰线
(BPL)
乳峰点
(BP)
前下落
腰围线
(WL)
袖山点
袖山线
合印
袖山高
袖上肥线
后袖上肥
前袖上肥
后袖底缝线
肘线
(EL)
袖
前袖底缝线
袖山线
袖线
袖口线
腰围线
(WL)
中臀线(MHL)
臀围线(HL)
后中心线
后
后侧缝线
后底摆宽
底摆线
腰围线
(WL)
腰高
中臀线(MHL)
臀围线(HL)
前侧缝线
前
前中心线
前底摆宽
底摆线

a)

图 2-3　服装制图

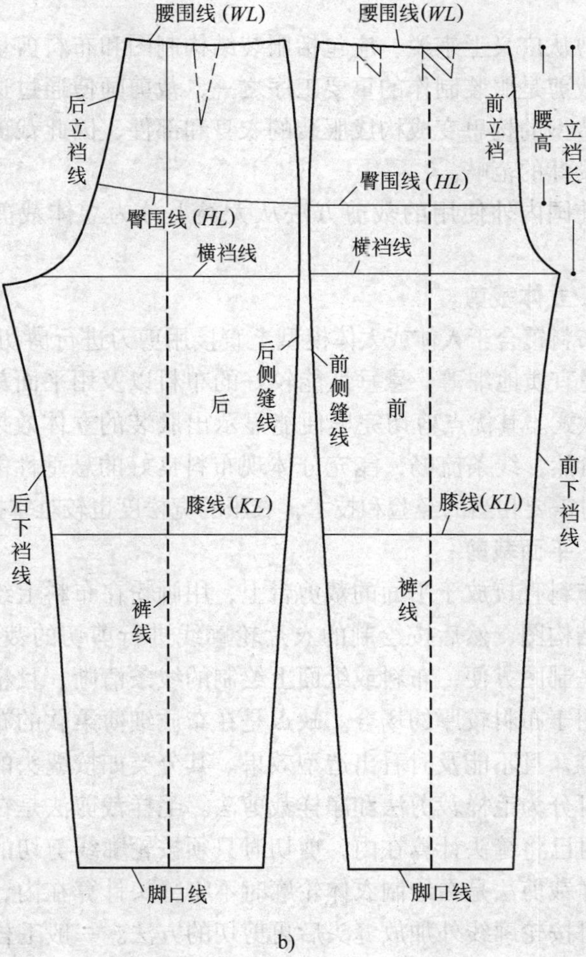
腰围线(WL)
后立裆线
臀围线(HL)
横裆线
后侧缝线
后
膝线(KL)
后下裆线
裤线
脚口线
腰围线(WL)
前立裆
腰高
立裆长
臀围线(HL)
横裆线
前侧缝线
前
前下裆线
膝线(KL)
裤线
脚口线

b)

的各部位名称

第三节 常用服装裁剪的种类与方法

裁剪从广义上来说，应包括服装结构制图和布料剪切两方面内容。裁剪是服装制作的重要工序之一，裁剪师傅通过这道工序将服装造型的构思变成构成服装的衣身和部件，因此裁剪属于服装结构设计的范畴。

目前国内外使用的裁剪方法从大类上分为立体裁剪和平面裁剪。

一、立体裁剪

将布料覆合于人体或人体模型上直接用剪刀进行剪切的方法。此方法适宜质地细薄，悬垂性能较好的布料以及用平面裁剪难以制图的款式。其优点剪切完毕便能显示出服装的立体效果，且造型折绉自然，线条流畅，能充分体现布料良好的悬垂性能。缺点是操作时需要相当的经验和技术，衣服的宽松度也较难掌握。

二、平面裁剪

将布料直接放于平面的裁剪台上，用画粉在布料上绘制服装的衣片结构图，然后按绘制的衣片轮廓线进行剪切的裁剪方法。其优点是制图方便，布料或纸面上绘制的线条清晰、且精确度较高，适用于布料较厚的场合。缺点是在布质细薄柔软的布料上制图较困难，且不能及时看出造型效果。其分类如按缝头的加放先后顺序可分为毛样裁剪法和净样裁剪法。毛样裁剪法是在绘制衣体轮廓时已将缝头计算在内，剪切时只须按轮廓线剪切的裁剪方法；净样裁剪法是在绘制衣体轮廓时不将缝头计算在内，而在剪切布料时按轮廓线外加放缝头后再剪切的方法。一般毛样裁剪法适用于款式较简单的服装；净样裁剪适用于款式较复杂的服装。按制图的技巧来分又可分为原型裁剪法、比例裁剪法、短寸法和折纸法。

1. 原型裁剪法

在平面裁剪中制作衣服的基型叫原型，再以原型进行变化，绘制出各种服装制图的方法称为原型裁剪法。原型的种类有英式原型、美式原型、日本文化式原型和登丽美原型等。目前我国运用最广的是日本文化式原型，原型制图方法简单不需要复杂的计算，操作方便，尤其适合款式造型复杂的场合，是服装纸样设计的良好方法。

2. 比例裁剪法

比例裁剪法是按人体基本部位尺寸（胸围、领围、臀围）为变量进行各种比例的计算，定出衣片各部位尺寸的服装制图的方法。常用的比例裁剪法根据其比例形式有胸围式和D式。胸围式运用比较广，本书裁剪法也是以胸围尺寸来进行计算的。其优点是通过简单的分数比例按胸围计算，易为初学者所接受，且各部位尺寸精确度较高。缺点是只适用于已定型的服装款式，对于新的款式较难确定其比例计算公式，当款式复杂时，其计算也较复杂。

3. 短寸法

短寸法是一种以中等身材的尺寸为基数加上一个递增数来估算其他身材的衣片部位尺寸的裁剪法。

4. 折纸法

折纸法是前些年出现的比例计算的简化方法。

短寸法和折纸法使用不广泛。

第三章 服装缝制基础知识

第一节 服装设备使用常识

一、机针的选用与安装

根据实际工作经验，按照缝料薄、厚、软、硬及质地的不同，准确地选用合适规格的机针型号，对保证形成良好线迹是很重要的。

正确选择机针的原则是：缝料越厚越硬，机针直径应越粗（选大号机针，如16号、18号）；缝料越薄越软，机针直径应越细（选小号机针，如9号、11号）。

1. 家用缝纫机机针安装

机针选定后，正确安装机针也很重要。家用缝纫机机针安装时，应拨动机头上轮，将针杆升到最高位置，拧松针夹螺钉，左手捏住机针针杆，将针柄平面向右，送入针杆的容针凹槽里，将针柄向上插，直到针柄顶端碰到线钩螺钉为止；最后再拧紧针夹螺钉（图3-1）。

机针装好后，不要急于缝纫。应该先用手拨动上轮，让机针慢慢下降。通过压脚时，看针杆是否在压脚齿槽中间，通过针板时，看针杆是否在针孔中间。待一切正常后，方可缝纫。

2. 工业用平缝缝纫机机针安装

转动手轮使机针上升到最高的位置，旋松机针紧固螺钉，将机针长槽朝向操作者的左面。然后把机针柄插入针杆下部的装针孔内，并尽量向上，使其碰到针杆孔底部为准，再旋紧机针紧固螺钉（图3-2）。

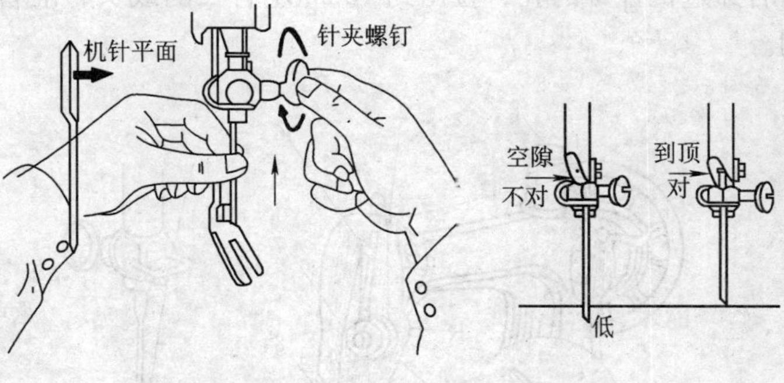

图 3-1　家用缝纫机机针的安装方法

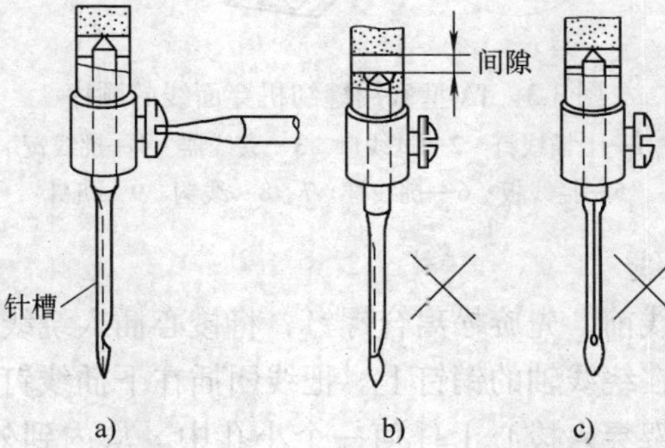

图 3-2　工业用平缝缝纫机机针正确安装

二、缝纫机穿引面线、绕底线

缝纫之前，穿引好面线很重要。如果错穿或漏穿，缝纫时就会断线、轧线、甚至一针也不能缝制，现分别以 JA 型家用缝纫机和 GC 型中速平缝机为例介绍穿面线的次序。

1. JA 型缝纫机的面线穿引方法

如图 3-3 所示，把挑线杆升到最高位置，将线团插入上插线钉 1，从线团中抽出线头，经过面板左上角的过线口 2，从外向内绕进夹线器 3 的两片夹线板中间，再从拦线板 5 的缺口处拉出，嵌入挑线簧 4。然后向上自后向前穿过挑线杆 6 的孔，再向下穿过面板上的线钩 7 和针杆上的线钩 8，最后将线头搓尖，自左向右穿过机针 9 的孔，拉出约 10cm 左右长的线头，准备引底线用。

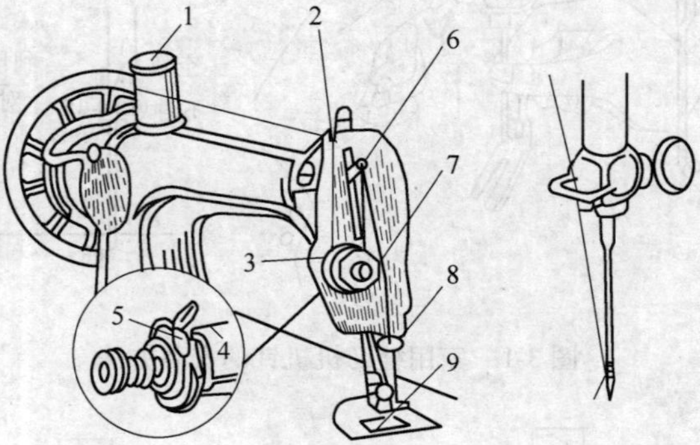

图 3-3　JA 型家用缝纫机穿面线的顺序

1—上插线钉　2—过线口　3—夹线器　4—挑线簧
5—拦线板　6—挑线杆　7、8—线钩　9—机针

2. 绕底线

在绕底线前，先旋松离合螺钉，将梭心插入绕线轴并使梭心上的缺口卡在绕线轴的销钉上。把线团插在下插线钉上，抽出线头绕过过线架穿入梭心上任何一个小孔中。从内到外绕二三圈，揿下绕线调节板，使满线跳板自动压往梭心，此时踏动机器，绕线器便自动绕底线。待线绕满后，满线跳板自动弹起，取下梭心，随手旋紧离合螺钉（图 3-4）。

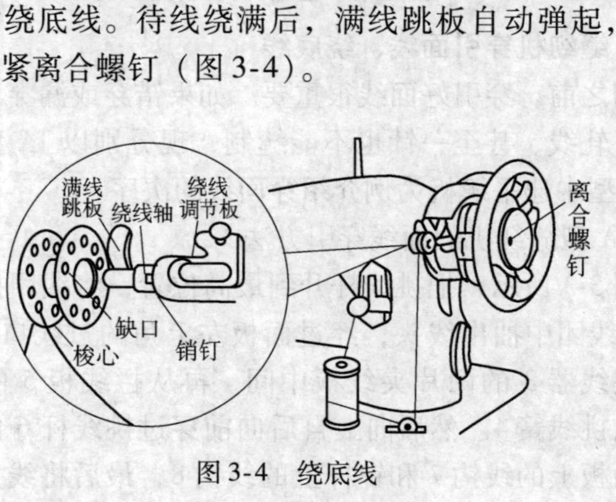

图 3-4　绕底线

底线绕好后，左手持梭皮，右手将梭心装入梭皮内，并露出8cm长的线拔头，然后将线头嵌入梭皮的缺口内，再滑过梭皮底，由梭皮叉口处拉出，并将梭皮装入梭床内。梭皮装好后，将压脚抬起，左手在针杆前面拉着面线的线头。右手拨动上轮，使机针带着面线穿过针板孔，当机针自下返回时，同是拉紧面线，底线就随之引出针板孔。把引出的底线、面线线头一起放在压脚缺口的后方。然后把挑线杆升到最高位置时将缝料放在压脚下，放下压脚即可开始缝纫。

3. GC型工业用平缝机穿面线、绕底线

穿面线：穿面线时，针杆应位于最高位置，然后将线架上的线按顺序穿引（图3-5），穿过机头顶部的插线钉1，再经过三眼线钩2的三个线孔，向下套入夹线器3的夹线板之间，再钩进挑线簧4，绕过缓线调节钩5，向上钩进过线环6，穿过挑线杆7的线孔，再向下钩进过线环6及针杆线钩8，将线由左向右穿过机针9的针孔，并引出约10cm的线备用。

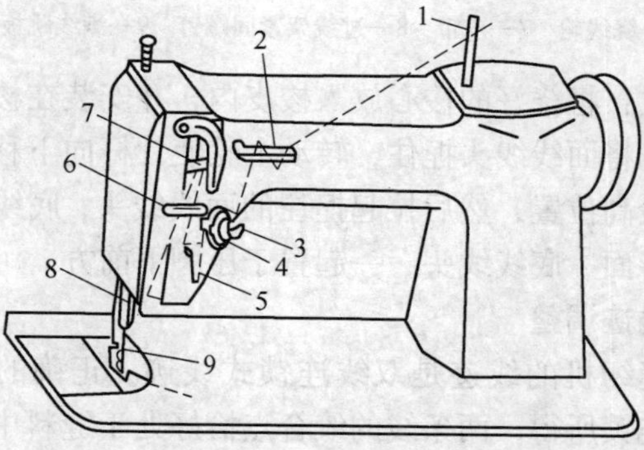

图3-5 穿引面线顺序

1—插线钉 2—三眼线钩 3—夹线器 4—挑线簧
5—缓线调节钩 6—过线环 7—挑线杆 8—针杆线钩 9—机针

绕底线：将梭心1插入绕线器轴2的顶端上。由线团引出的线，先穿入过线架3的线孔中，再夹入两块夹线板4的中间。然后把线头在梭心上绕几圈，把满线跳板 5 向下揿压，绕线轮 6 即压向皮带，在缝纫过程中就能自动绕线，梭心绕满线后能自动停止（图 3-6）。如不缝纫只绕线时，一定要将压脚抬起。

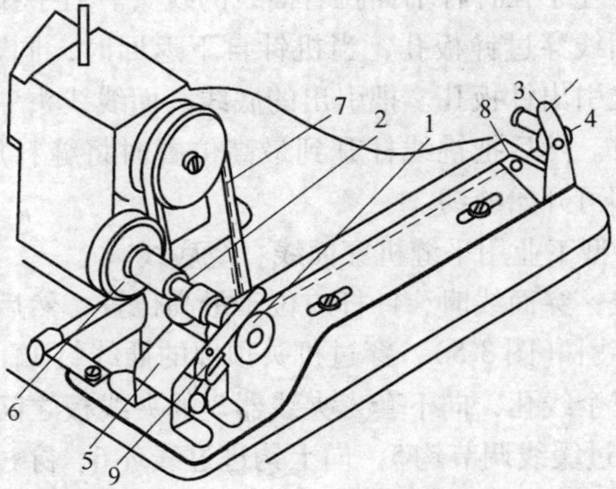

图 3-6 梭心绕制

1—梭心 2—绕线器轴 3—过线架 4—夹线板 5—满线跳板 6—绕线轮 7—皮带 8—过线架紧固螺钉 9—满线跳板螺钉

引底线：将绕好的梭心放入梭皮内，并安装在梭床上。梭皮安好后，先将面线线头捏住，转动上轮使针杆向下移动，待其再升到回程最高位置，然后拉起捏住的面线线头，底线即被牵引上来，最后将面、底线线头，一起置于压脚下前方。

三、线迹调整

家用缝纫机的线迹是双线连锁式线迹。正确的线迹，应是面、底线连锁所得，两条线的绞合点恰好处于缝料中间，缝线不松不紧，整齐美观（图 3-7）。

图 3-7 正确线迹

在调整线迹的过程中，出现的不良线迹有：浮底线、浮面线、缝料皱缩、线迹松浮等（图3-8）。

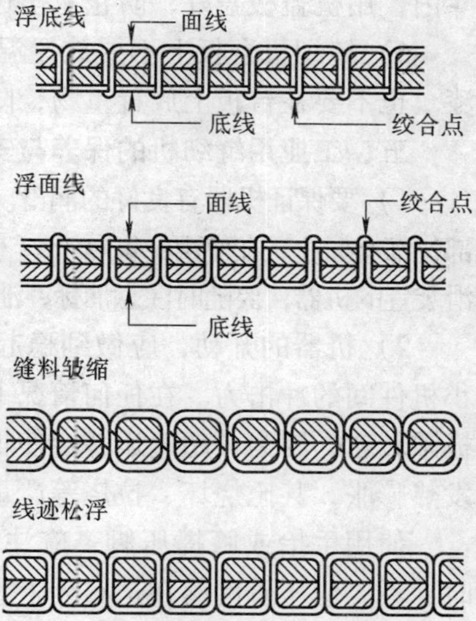

图3-8 出现不良线迹

四、家用缝纫机的使用与保养

为了延长缝纫机的使用寿命，保持良好的工作状态，除正确使用外，还必须注意保养。日常保养主要有两项：一是清洁，二是注油。清洁部位有：针板、送布牙、梭床、面板内部、机架各活动部分、机器表面和裸露零件表面等。每天使用缝纫机，可两天注油一次；断续使用的缝纫机，缝制5～8件衣服注油一次，其注量不宜过多，每次每处注油一、二滴即可，过多容易污染缝料。注油应在缝纫操作后进行，并让机器空转几分钟，使润滑油均匀地渗入转到零件的结合面上。

保养缝纫机的注意事项：

1）为了保证缝纫机运转轻滑，必须使用缝纫机润滑油（切不可用植物油或动物油）。

2）缝纫操作完成后，应取下面线，转动上轮，使送布牙处于针板以下，机针处于最低位置，并在压脚与送布之间垫上一块小布，然后放下压脚。

3）工作开始时，应先查看机针是否弯曲、针夹螺钉是否拧紧、摆梭转动是否正常、有无异常的声音、踏起来轻重如何等。

4）工作中，如果突然听到某些部分发出不正常的声音，应立即停止工作，进行检查。看机件和螺钉是否松动、脱落或是轧线等。发现问题及时修复，切不可忽视，否则就会加速机器的损坏程度。

5）缝纫机要保持清洁和防止潮湿，在不用时将机头卧入台斗内，用机盖板盖好，防止灰尘进入机头内部。

6）缝纫机台板上不要放置温度高的东西，以免损坏板面油漆。也不要在台板上放置重物，防止压坏机器。

五、工业用缝纫机的保养与安全操作

1）要保证机器有良好的润滑。一般的机器说明书，对机器加油部位都有标注。在使用中每隔4h（小时）应加油一次，对带有自动润滑装置的机器，要随时注意油标，油面低于极限位置时要补加油量。

2）机器的开动，应做到稳起缓停，切忌猛开急停，尽量减小机件间的冲击力。在任何情况下，都不能超过制作厂家规定的极限转速。因为，超速运转会使重负荷机件严重缺油，造成机件发热膨胀，甚至烧坏、拉烧等严重事故。

使用手抬或膝提压脚，应注意轻放，尤其在使用抬脚扳手时，不要使压脚砸落在送布牙上。

3）在缝纫过程中，要时刻注意机器运转情况。如发现机器局部发热、听到不正常的声音或闻到不正常的气味，应立即停机检查，排除故障后再继续使用。

4）保持机器内外清洁。每日工作之后，应将缝纫机针板和面板拆下来，用清洁的软布仔细清除机件上的灰尘和渣子，特别是要检查油路系统是否堵塞（注意清理前要断开电源）。清理完毕后，将试机布压在压脚下，并盖好机罩。

六、电熨斗的使用及安全用电常识

1. 电熨斗的使用与保养

1）使用电熨斗时，应当轻拿轻放，不要摔碰，以免电热元件、调温元件受震损坏，或使紧固件松动，或者碰伤熨斗表面。

2）使用电源线为插接式的电熨斗，插座与熨斗上的插柱一定要插牢，以免接触不良，打弧跳火，烧坏插接铜件。如有松、接触不良，应及时修理。

3）熨烫过程中，应注意避免电源线打结、硬折，以防断线和损伤绝缘外表皮。

4）不要使底板直接与粗硬物接触，以保持其光洁。

5）电熨斗使用完后要拔掉电源插头，竖立放置，待其自然冷却后，擦净表面存放在干燥处，以免受潮，影响绝缘性能或造成金属件锈蚀。

6）熨烫化纤织品时，切勿温度过高，否则织物烧焦在底板上很难去掉，形成麻面，影响使用。

7）对电熨斗的温度应适当掌握．特别是普通电熨斗，暂时不用时应随时切断电源，避免温度过高。温度过高容易影响电熨斗的寿命，并可使电镀层受损变色。

8）有调温装置的电熨斗，使用后，应将调温旋钮转回到“关”或“冷”点处，以使调温双金属片恢复到显而易见受力状态，以保持其弹性。

2. 安全用电保护措施

1）严禁用220V电源作为行灯的电源。行灯的电压应是36V、24V、12V的低电压。使用220V的手电钻或电动裁剪机时，必须戴绝缘乳胶手套。

2）对于电器设备故障检修，操作人员必须切断电源，并且电源要有明显的断开关。

3）经常对电器设备进行检查，发现升温过高或绝缘不良时，应及时查明原因，消除故障。

4）保持电气设备绝缘体干燥。由于水能导电，所以不能用湿手触摸开关，不能用湿布擦电气设备，禁止在带电的电线上晾晒衣服等。

5）严禁使用裸线或绝缘包皮破损的电线作为配线。

6）有金属外壳的电气设备（如电动机、电剪刀及家用电器等），外壳应接地，接地应良好，以防漏电，造成触电事故。

7）电源开关和熔丝（或保险片），一定要装在相线上。

第二节 常用服装缝制工具

为了使制作完成后的服装既漂亮又美观，那么，就要保障服装制作工艺的完美，完成工艺要求就要靠服装缝制工具的辅助。下面我们介绍几种服装缝制工具（图3-9）：

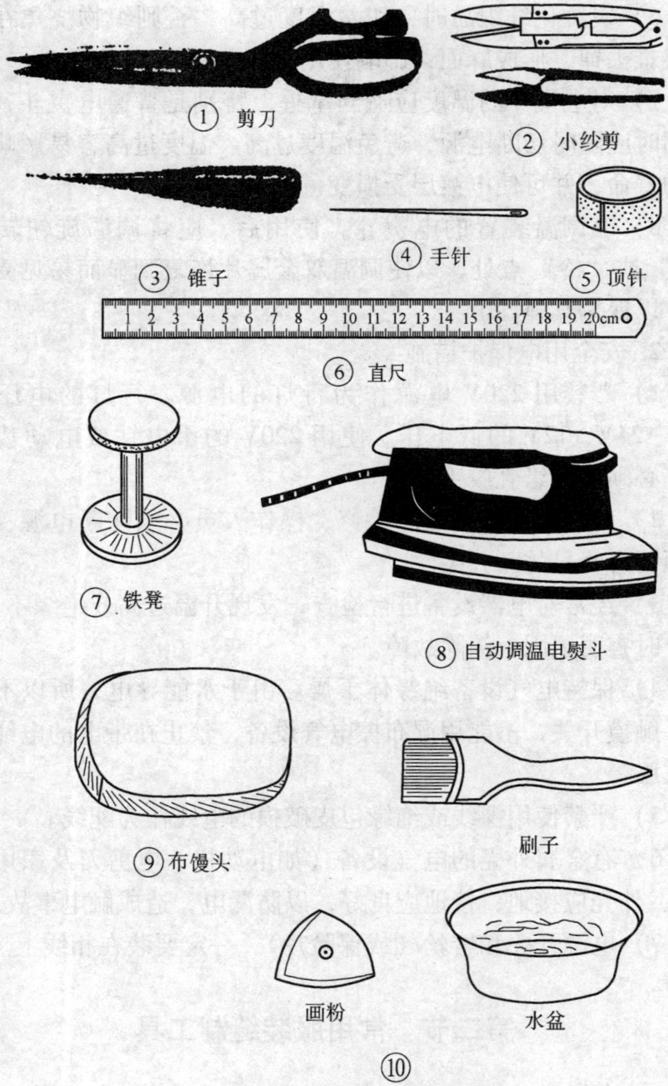

图3-9 服装缝制工具

1）剪刀：用来裁剪布料的工具有9号、10号、11号、12号等数种规格，其特点是刀身长、刀柄短、使用舒服。

2）小纱剪：制作时用来剪切线头的工具，其特点是身子小巧，使用方便。

3）锥子：制作服装时用来做标记、翻领角或较尖、较细的部位时使用的工具。

4）手针：用来制作服装上的一些手工工艺，辅助缝纫机完成衣服的制作。如：钉纽扣、打线钉或用来临时固定两个衣片等。

5）顶针：是辅助手针进行扎针、运针的重要工具。

6）直尺：制作服装时用于测量的工具，一般用15cm、20cm的长度即可。

7）铁凳：熨烫服装的工具，主要用来熨烫袖子的袖山、衣服的肩部。

8）熨斗：用来熨烫服装的工具。有普通电熨斗、自动调温电熨斗、蒸汽喷雾型电熨斗、吊瓶式蒸汽电熨斗。

9）布馒头：辅助熨斗使服装成型、定型的熨烫工具。

10）画粉、水盆、刷子：画粉是制作前在衣料上做标记用的工具，水盆、刷子是熨烫服装时所需的盛水、刷水的工具。

第三节 手针基础缝制

手工工艺是制作服装的一项传统工艺，随着缝纫机械的发展、运用和制作工艺的不断改革，手工工艺不断被取代，但就目前缝制服装的状况看，尤其是毛料服装，很多工艺过程仍依赖于手工工艺来完成。另外，有些服装的装饰仍离不开手工工艺。在学习服装之前应系统学习一下手工工艺，及如何巧妙地运用手针和顶针。因为这是缝制服装的基础，也就是我们常说的“基本功”。

顶针是制作手工工艺时的重要工具。因为顶针可以起到辅助手针进行扎针、运针的作用。顶针戴在右手中指的第二节上端为宜（图 3-10），如戴的靠上或靠下，扎针时手针用不上力。选择顶针要选用洞眼深一些的，洞眼浅容易打滑，易扎破手指。

用针方法：用手捏针时要注意，针尖部位不要暴露太多，拇指和食指捏住针的上段，不能大把攥针；运针时将顶针抵住针鼻，用微力使缝针穿过衣料，用小指挑线（图 3-11）。在用针时，下针要稳，拉线要快，到头要轻。

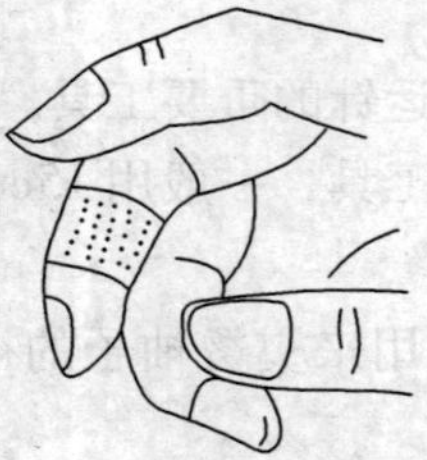

图 3-10　顶针的戴法

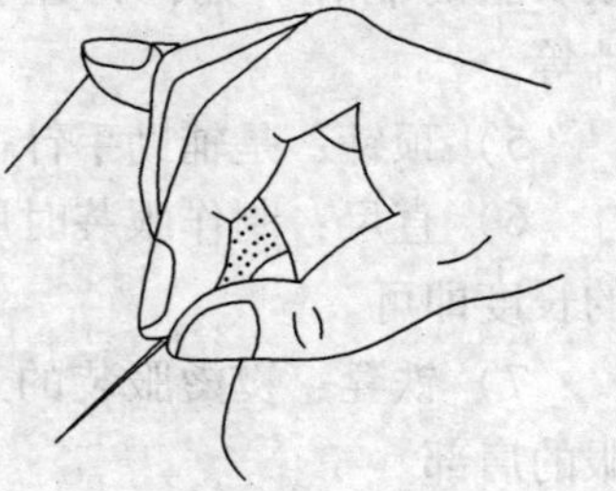

图 3-11　运针的方法

1. 绷针缝

主要作用是使两层或两层以上的衣片临时固定在一起，不易移动，便于下一步服装制作。绷缝法主要作用可分为两种：一是结合部位或部件先经绷针缝后，它只起临时作用，加工完毕，缝线被去掉了，比如假缝试穿（图 3-12a)。二是机器不能缝合的地

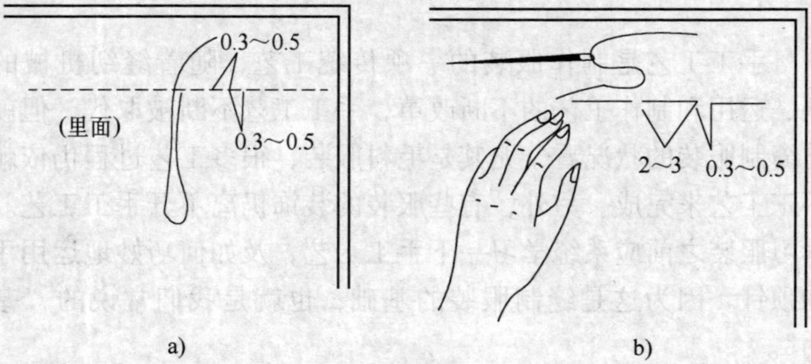

图 3-12　绷针缝

方，采用绷针缝来结合，如里布与表布缝头的结合（图 3-12b）。

2. 半环缝针

如图 3-13 所示为半环缝针，一边将针回到原来针眼位置的二分之一处，一边缝下去。多用于两块布的固定。

3. 环针缝

一边将针回到原来针眼的位置，一边缝下去。如果使用密集的环针缝，可代替机缝（图 3-14）。

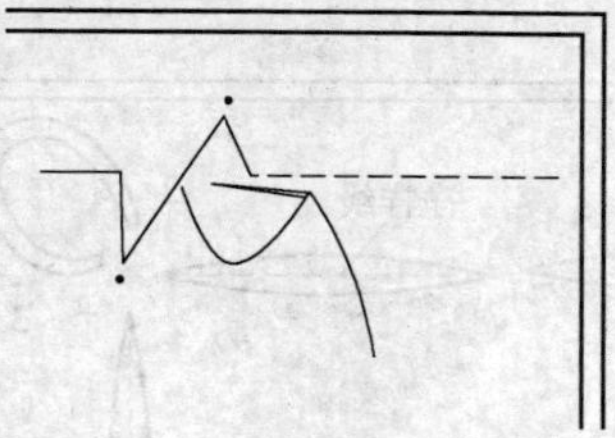

图 3-13　半环缝针

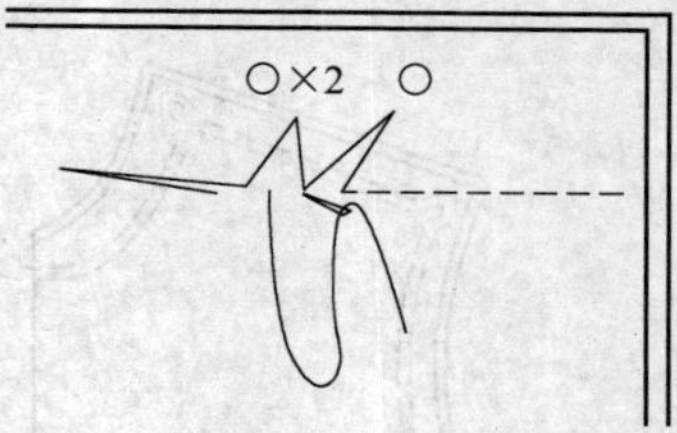

图 3-14　环针缝

4. 抽缝

极细的手缝方法，只是针尖运动，多用于抽褶、抽袖包（图 3-15）。

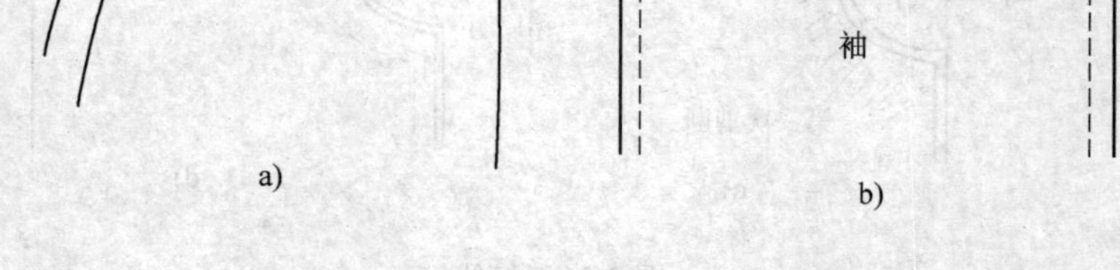

图 3-15　抽缝

5. 打线钉

线钉在产品生产过程中的作用是缝头、尺寸、结合部位的标记。各种毛料服装在制作前，首先要进行这道工序，服装完成后，线钉作用即行消失。

还有不能用画粉作标记的布料，也采用打线钉的方法。这些布料除毛料外，还有毛较长的混纺面料、丝织品等。用双线，其要领与绷缝相同。直线处，针码稍大一些；曲线处，针码小一些，如图 3-16 所示。

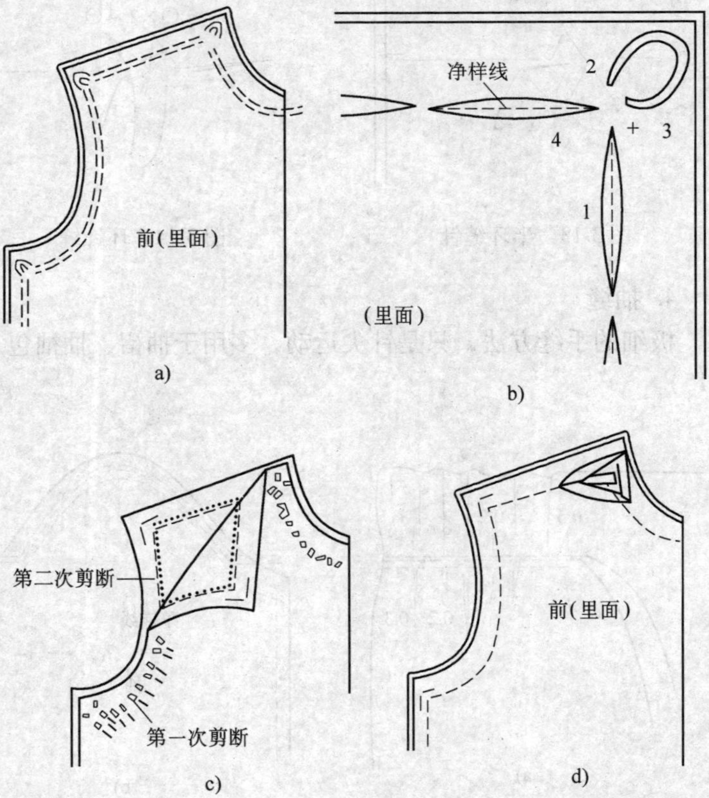

图 3-16　打线钉

6. 普通扒缝（俗称三角针）

折上布的边缘，保持原裁剪边的那样，从左向右，交叉着小针缝，将缝头固定。主要用于附着全里面料的西服下摆、袖口的缝头处理。既有使产品的部件结合的作用，又有防止部件脱纱的作用（图 3-17）。

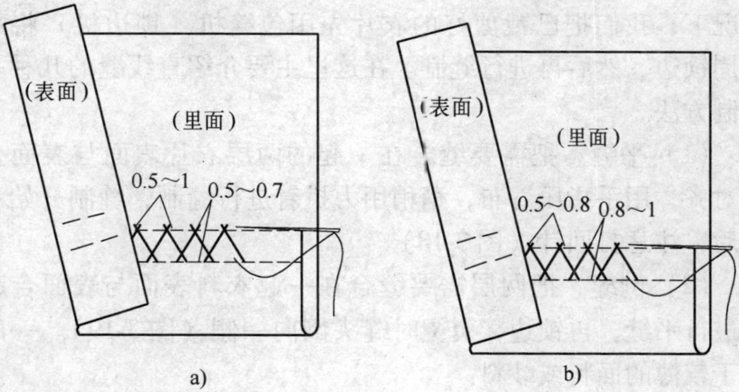

图 3-17　普通扒缝

第四节　缝纫机基础缝制工艺

机缝包括直线缝、角缝、曲线缝、装饰缝。

1. 直线缝

用手指压着布，稍稍用力扒着进行缝制，缝制开始和结束后，注意打回针。

2. 角缝

缝制有角度的地方，将机针扎着布，抬起缝纫机的压脚，然后，改变布的方向进行缝制，这样会缝得比较美观。

3. 曲线缝

缝制曲线处，将压脚的压力稍稍松一松，布就可以自由弯曲着移动。

4. 装饰缝

装饰缝兼有设计作用，一般使用缉明线的线或锁扣眼的线，也可以使用不同颜色的线，使所缝制的服装具有一定的立体感。

5. 锁边

锁边是最常用的缝头处理方法，目的是防止衣片脱丝。一般情况下，我们把已裁剪好的衣片先用包缝机（锁边机）将衣片四周锁边，然后再进行缝制。在这里主要介绍直线缝的几种基础缝制方法。

（1）平缝　把需要缝合在一起的两层衣片表面与表面合起来对齐，用手指压着布，稍稍用力扒着进行缝制，缝制开始和结束后，注意打回针（图 3-18）。

（2）倒缝　把两层需要缝合在一起衣料表面与表面合起来先进行平缝，再锁边，熨烫时缝头倒向一侧（图 3-19）。一般多用于较薄的面料或纱料。

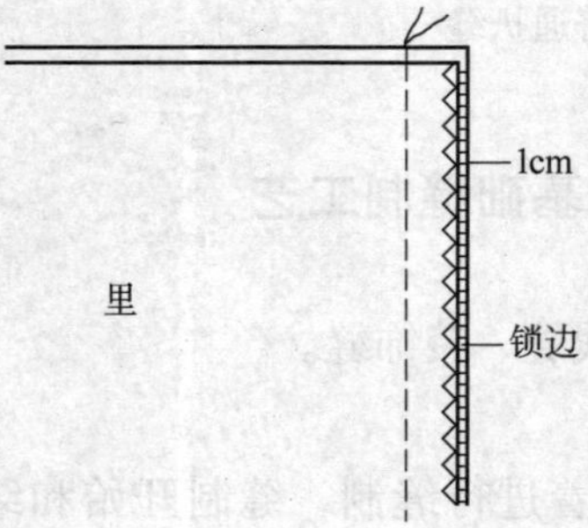

图 3-18　平缝

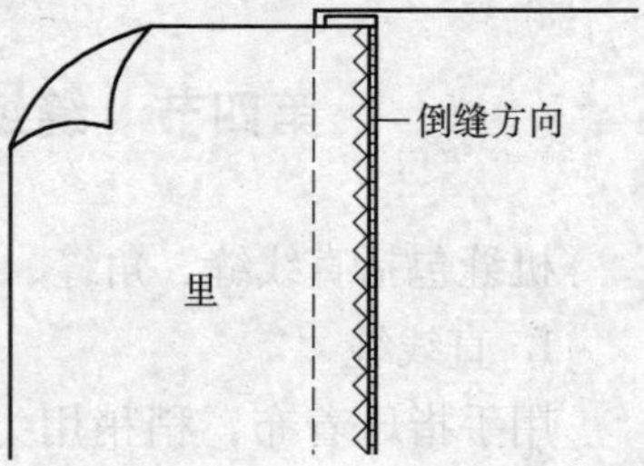

图 3-19　倒缝

（3）劈缝　劈缝是指两层缝合在一起的衣料的缝头，在熨烫时，两个缝份向两侧劈开熨烫（图 3-20）。

（4）包缝

1）衣料的表面与表面合起来进行机缝后，将一片的缝头剪去1/2或稍比1/2多一些（或最初裁剪时，使两片的缝头幅宽有一定的差），如图3-21a所示。

2）使幅宽和缝头包着幅窄的那一片，然后使缝头朝缝头窄的那一片倒，之后，进行熨烫，如图3-21b所示。

3）最后从里面压明线缝，如图3-21c所示。

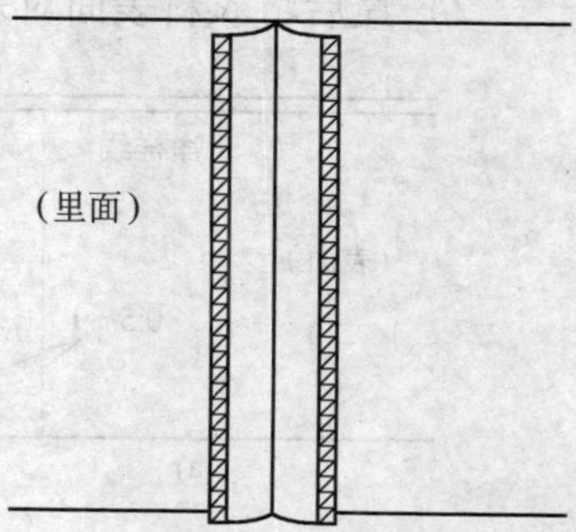

图3-20　劈缝

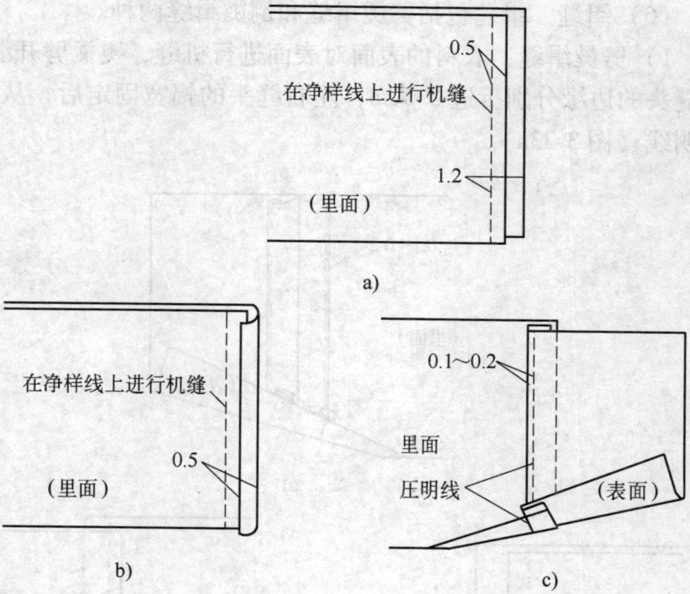

图3-21　包缝

（5）袋缝　袋缝适合缝制透明、容易毛边的布料。

1）首先将两片衣料里对里，然后距离净样线0.5～1cm的外侧进行机缝，之后，将两片缝头剪至0.3～0.7cm，用净样线上压明线（图3-22a）。

2）最后将衣料表面对表面，在净样线上压明线（图3-22b）。

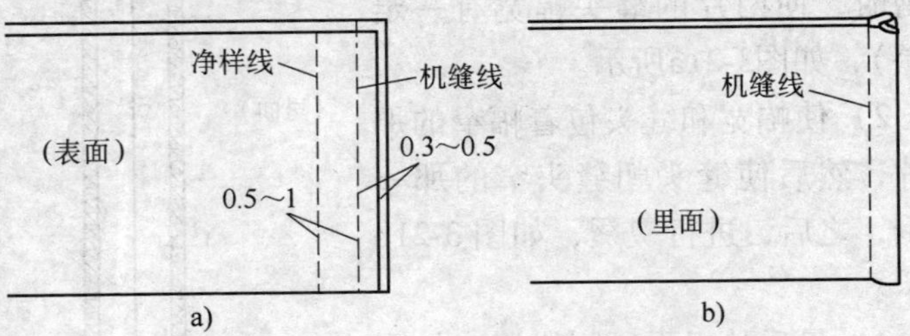

图 3-22 袋缝

（6）绢缝 绢缝包括劈烫绢缝和倒烫绢缝两种。

1）劈烫绢缝：衣料的表面对表面进行机缝，熨烫劈开缝头，将缝头的边缘分别折进 0.5cm，左右缝头的幅宽固定后，从表面压明线（图 3-23a）。

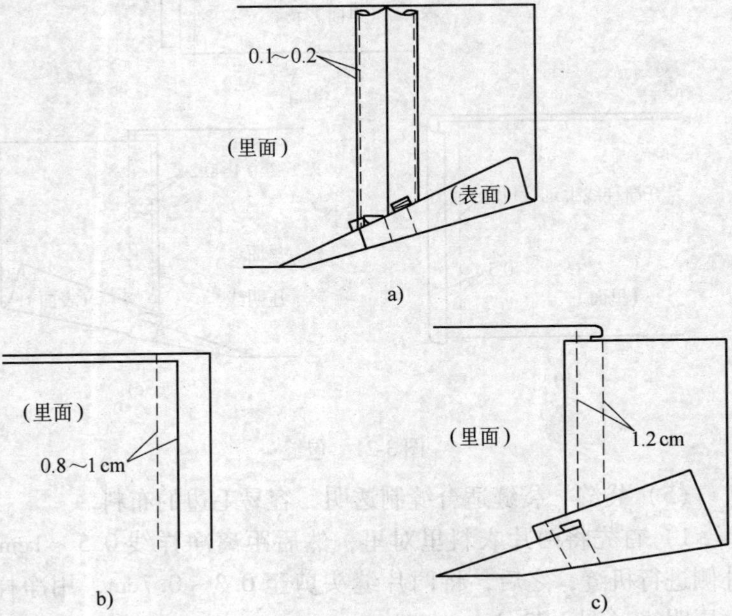

图 3-23 绢缝

2）倒烫缉缝：把需要缝合在一起的两层衣片表面对表面放好，使上层衣片缩进 0.5cm，依据上层衣片的边缘缝制 0.8 ~ 1cm 的缝头，然后把上层衣片向右打开，在衣料表面压 1.2cm 的明线。此种方法多用于大衣的制作（图 3-23b）。

（7）三折缝　三折缝也称卷边缝，是处理衣服底摆的缝制方法，包括不完全三折缝、完全三折缝两种。

1）不完全三折缝：适用于不透明的布料（图 3-24a）。

2）完全三折缝：适用于透明的布料（图 3-24b）。

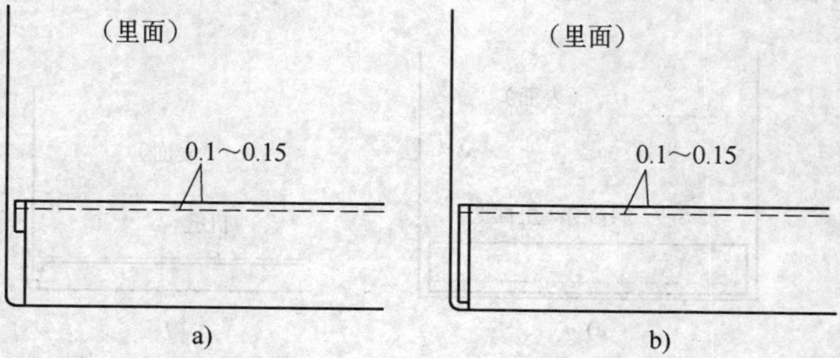

图 3-24　三折缝

（8）斜纱条在服装中的应用

1）斜纱条的制作：斜纱条应采用 45°的正斜纱进行裁剪，宽度为 3cm 左右（图 3-25）。

2）裁剪时要注意布的纱向，将裁剪线整齐地合在一起进行机缝（图 3-26）。

3）缝制完毕后，将缝头劈开，熨烫，将多余的剪去（图 3-27）。

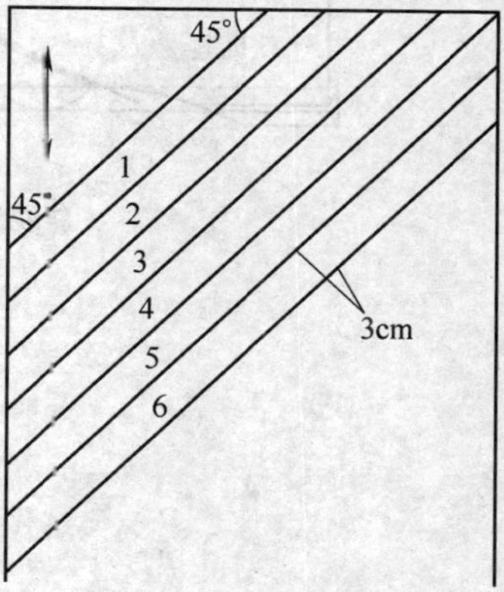

图 3-25　斜纱条的制作

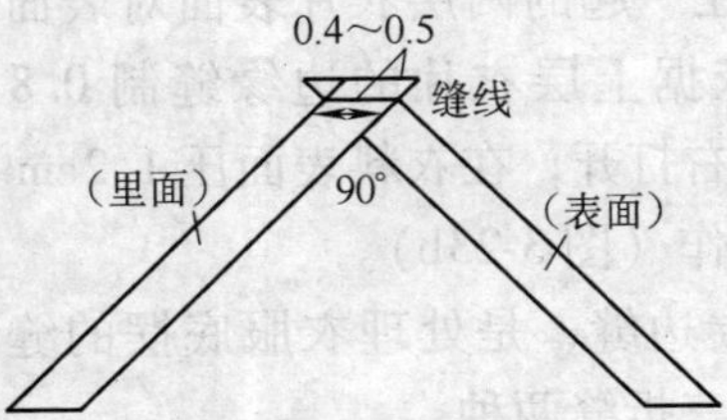

图 3-26　将裁剪线整齐地合在一起进行机缝

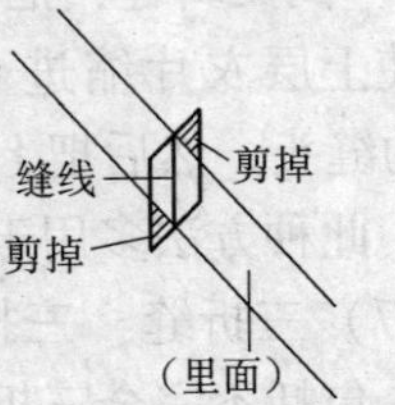

图 3-27　将多余的剪去

4）斜纱条包边的制作：将斜纱条的表面与衣料的表面相对进行机缝（图 3-28a）。

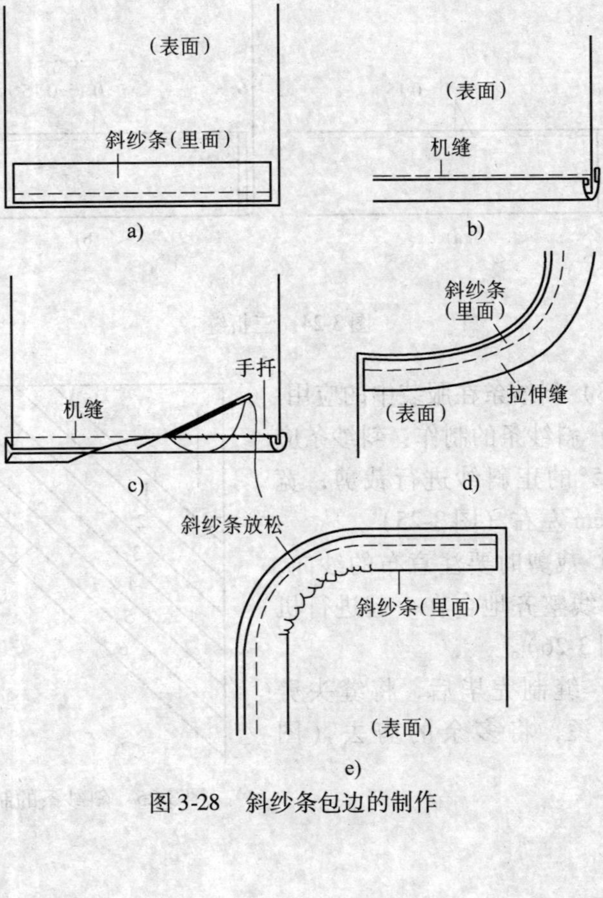

图 3-28　斜纱条包边的制作

5）将斜纱条的另一边折烫，翻到衣料的背面，宽度比表面略宽，然后落缝缉压明线，要求缝住里面的斜纱条（图 3-28b）。

6）也可以将斜纱条的另一边折烫，翻到衣料的背面进行手缝（图 3-28c）。

7）有弧度的部位加斜纱条时应注意，向内的弧度适当用力拉伸斜纱条再进行缝线（图 3-28d）。向外的弧度，适当在弧度大的部位放松斜纱条，留有吃量进行缝线（图 3-28e）。

第四章　女装裁剪与缝制

第一节　无袖女衬衫的裁剪

设计说明

无袖女衬衫款式简洁、大方，适宜夏季较炎热的天气穿着，在后身片中加入了过肩线，使其更具有装饰性，而前片中的腋下省和腰带起到了合体、收腰的效果（图 4-1）。

图 4-1　无袖女衬衫

使用量

面料：90cm 幅 120cm
　　　140cm 幅 60cm

身片（图 4-2）：无袖型衬衫在胸围尺寸的加放上不宜过大，袖窿大小应根据胳膊的粗细进行调整，以防止内衣外露。而前领口的设计是考虑到套头的方便，所以设计成半开口式门襟。如果想让领口变大些，可在制图中加大前后领宽尺寸，并且可以省去开口，只要能满足头围尺寸就可以了。我们在制图中还可以灵活运用各部位的公式，将款式进行变化。比如：缩小大肩宽（肩/2－3cm）或者增大领口尺寸（领/5＋3cm）等，完全可以根据自己的喜好进行制图。女式无袖衬衫成品规格见表4-1。

表4-1　女式无袖衬衫成品规格　　（单位：cm）

号型	胸围	大肩	衣长	领围
165/84A	94	38	58	38

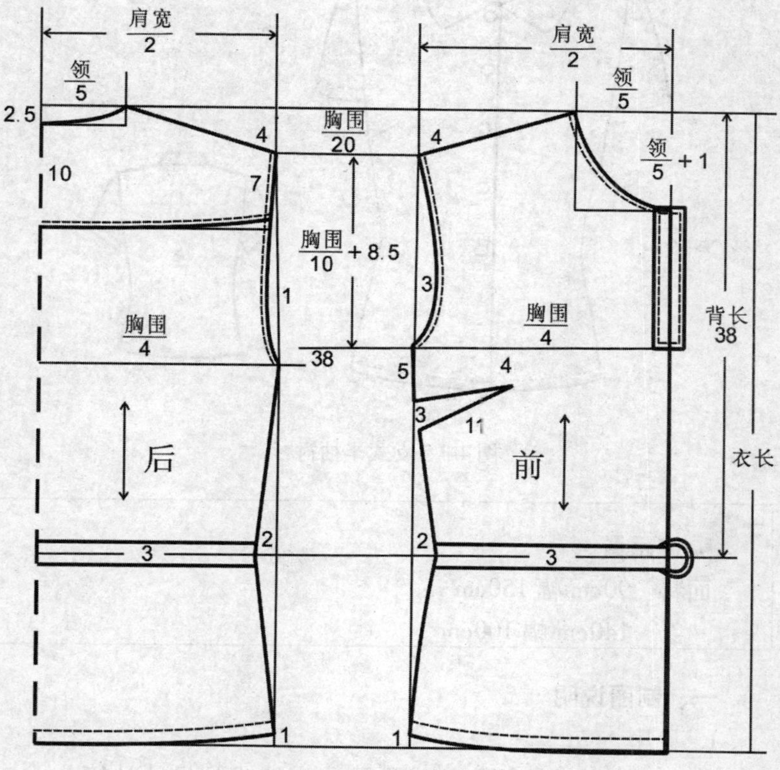

图4-2　无袖女衬衫裁剪图

第二节 女士半袖衬衫的裁剪与缝制

设计说明

这是一款简洁而实用的女式半袖型衬衫，小翻领结构，前门襟配有 5 粒扣子，腋下处收省缝，衣身两侧略带收腰，但有一定的松度，在设计中衣长、袖长可根据流行而变化，见图 4-3。

图 4-3 女式半袖衬衫

使用量

面料：90cm 幅 150cm

140cm 幅 100cm

一、制图说明

1. 身片

首先，确定好各部位的成品尺寸（按成品尺寸计算公式）。制图中，出现的符号（B）表示胸围，前片胸围尺寸为（$B/4$ +

1)，后片胸围尺寸为（$B/4-1$），加减1cm是作为衣身的互借量。前身片可根据布幅的宽窄，将贴边连裁。领口尺寸按领/5计算，后小肩斜线定寸4.5cm或按$B/20-0.5$计算，前小肩斜线定寸5cm或按$B/20$计算，衣片的侧缝线收腰1.5cm，省量大小也可做适当调整。前片腋下处收省缝1cm是为了突出胸部造型，使衣身更加美观，前衣长下落1cm以满足胸、腰部位的凸起，使衣摆圆顺不起翘，见图4-4。

女士半袖衬衫成品规格见表4-2。

表4-2　女士半袖衬衫成品规格　（单位：cm）

号型	胸围	大肩	衣长	袖长	领围
165/84A	94	38	58	20	38

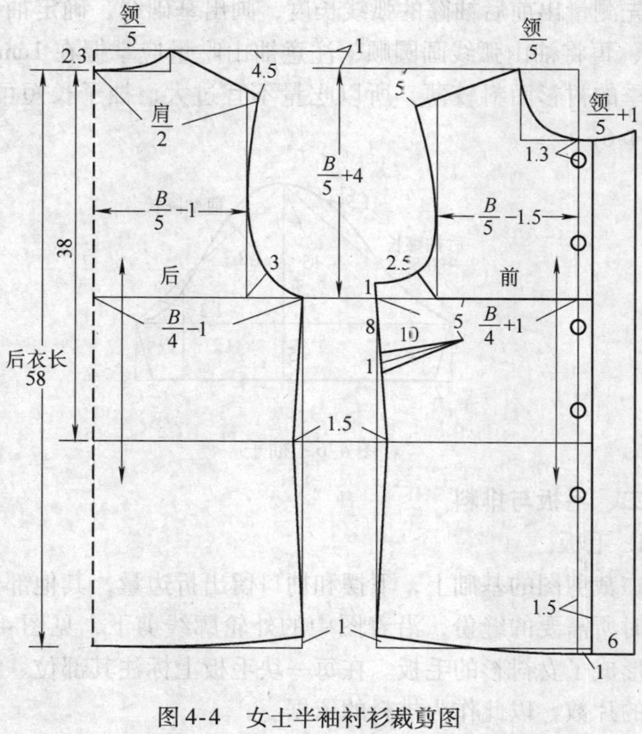

图4-4　女士半袖衬衫裁剪图

2. 领子

先测量出前后领口弧线长度（○ + ◎），再确定领子高度4cm以及座领、翻领的宽度，领角的大小、形状可根据自己的喜好变化，见图4-5。

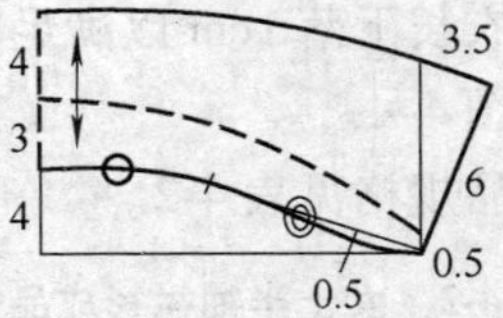

图 4-5　领子

3. 袖子

先测量出前后袖窿的弧线长度，画出基础线，确定袖山高度15cm，再将袖山弧线画圆顺，注意袖山吃量应掌握在1cm左右，因夏季的衬衫面料较薄，所以吃量不宜过大，袖子长短可自定，见图4-6。

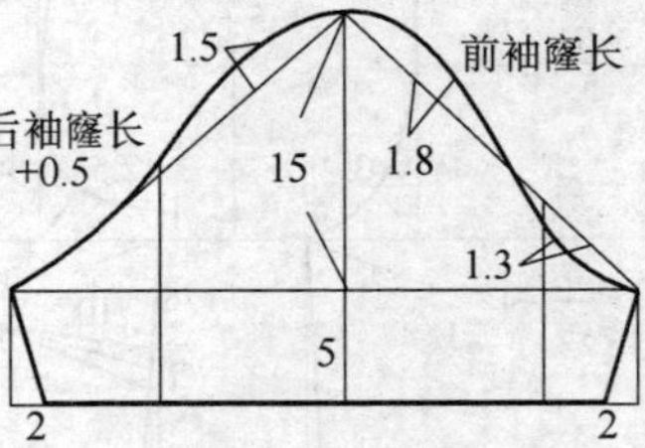

图 4-6　袖子

二、毛板与排料

1. 毛板

在裁剪图的基础上，下摆和袖口留出折边量，其他部位留出制作时所需要的缝份，沿着图中的外轮廓线剪下，见图4-7。此时便形成了女衬衫的毛板。在每一块毛板上标注其部位、纱向及裁剪的片数，以此作为排料的依据。

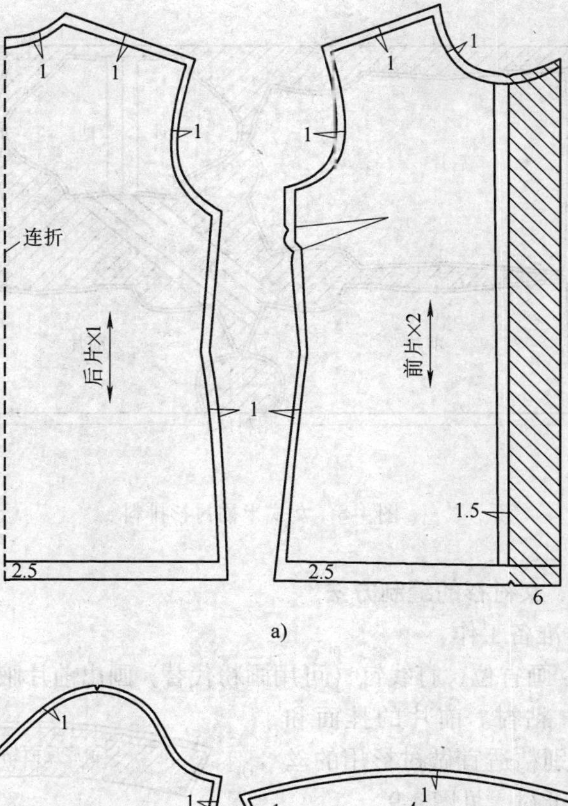

a)

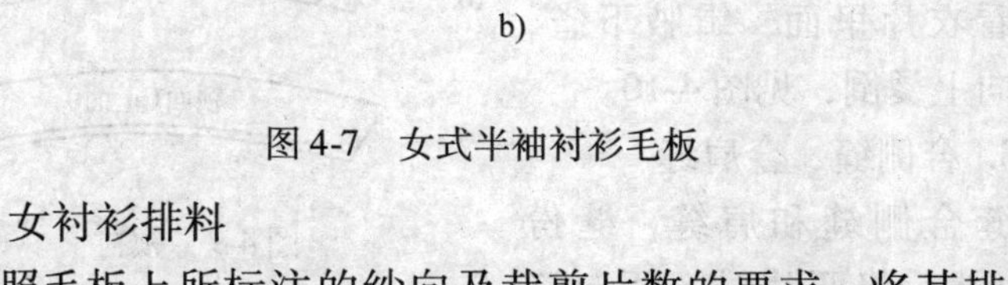

b)

图 4-7　女式半袖衬衫毛板

2. 女衬衫排料

按照毛板上所标注的纱向及裁剪片数的要求，将其排列在 90cm 幅宽的面料上，见图 4-8，图中的斜线表示剩余部分。在此需要说明的是：这件女衬衫的成品胸围是 94cm，若胸围超过 98cm，面料的幅宽最好是 110cm 以上，以方便排料。

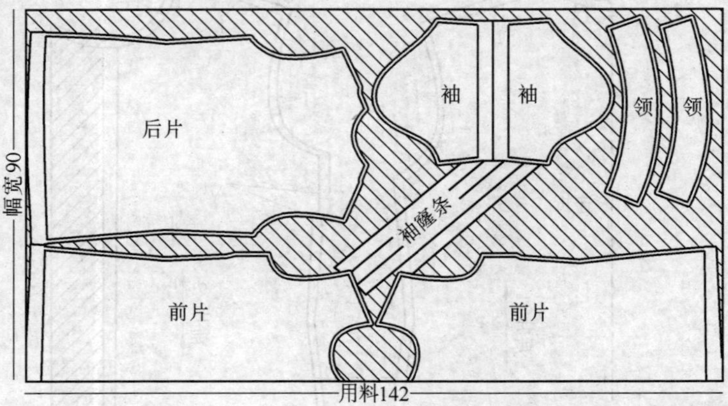

图 4-8 女式半袖衬衫排料

三、女衬衫的缝制方法

1. 准备工作

1）画省位、打线钉（可用画粉代替）画出前片腋下省。

2）粘衬。前片的挂面和领底分别粘适宜做衬衫用的丝绸衬或纸衬，见图 4-9。

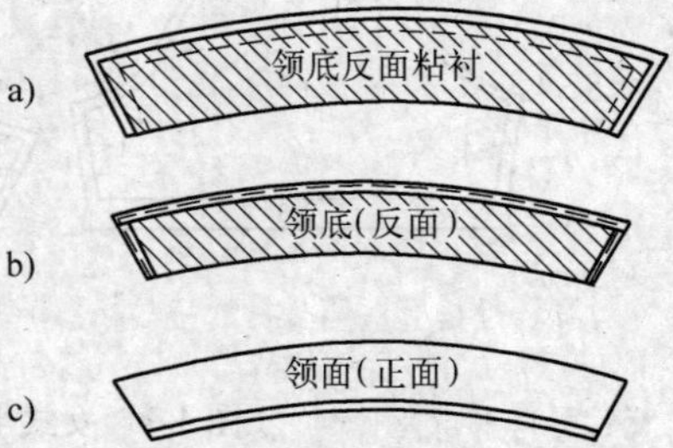

图 4-9 领衬

2. 省道的处理

看衣片里面，缉腋下省，省缝向上烫倒，见图 4-10。

3. 合侧缝、合肩缝

缝合侧缝和肩缝，缝份 1cm，然后将两片对齐用包缝机锁边，见图 4-11。

4. 缉领台、缝合挂面的下摆部位

缉领台和缝合挂面下摆部位见图 4-11。

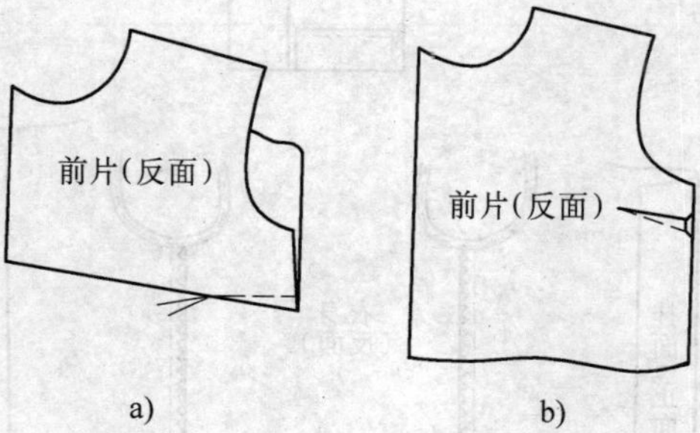

图 4-10 省道处理

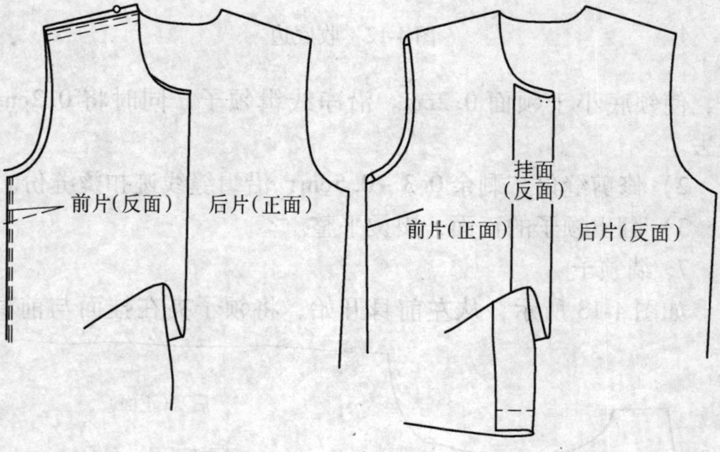

图 4-11 合侧缝、合肩缝

5. 收底边

收底边，明线宽 1.3cm，见图 4-12。

6. 做领子

1）在领底的反面画领子的净线，放在领面的上层，修剪领

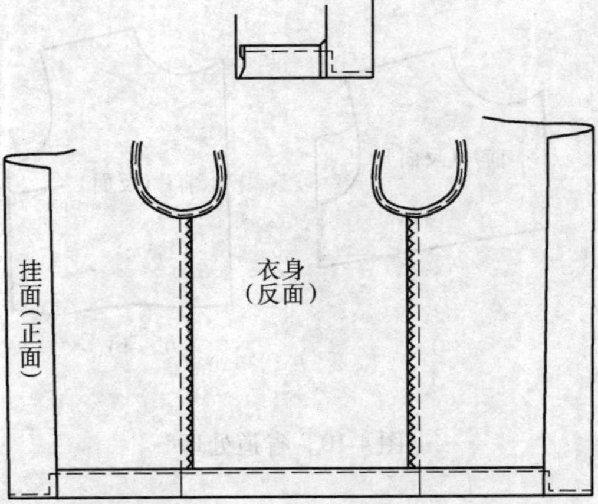

图 4-12　收底边

子，使领底小于领面 0. 2cm。沿净线缉领子，同时将 0. 2cm 吃进去。

2）修剪缝份，剩余 0. 3 ~ 0. 5cm，沿缉缝线迹扣烫缝份。

3）翻出领子的正面，熨烫平整。

7. 绱领子

如图 4-13 所示，从左前身开始，将领子夹在挂面与前身之

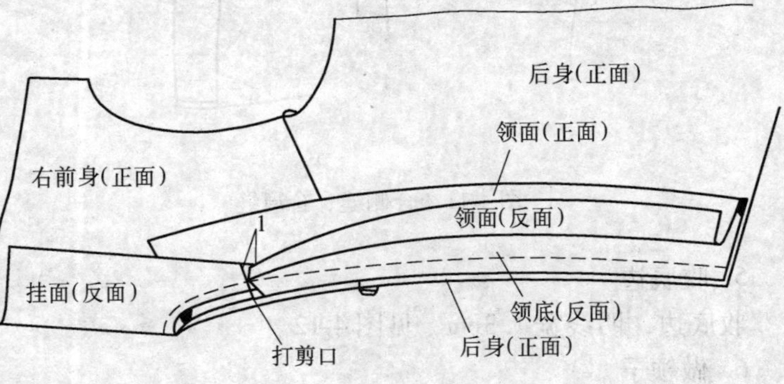

图 4-13　绱领子

间，留出领嘴。将挂面、领面、领底、前衣身四层缉在一起，起始时打倒针，缉至距挂面的边缘1cm时，打一个剪口，掀开领面，继续把领底和衣身缉在一起，直至右前身，右侧与左侧完全对称，见图4-14。将领面的缝份折进去，沿领口绱好。

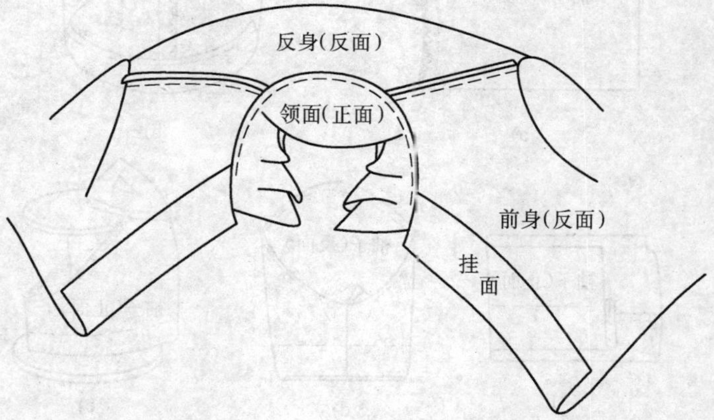

图4-14　把领底和衣身缉在一起

8. 做袖子

1）缝合袖缝，袖前侧朝上用包缝机锁边，缝份向后烫倒。

2）袖口向上卷折，缉明线。

3）将缝纫机的针距调到最大一档，距离袖山边缘0.3cm缉线。起始和结尾都要留一段缝纫线，抽出袖山吃量。

4）将抽出的袖山吃量在铁凳上熨烫均匀，见图4-15。

9. 上袖子

如图4-16所示，袖山顶点对准肩缝，袖子与袖窿正面相对，缝合一周。

10. 上袖窿条

如图4-17所示，将袖窿条覆盖在袖窿线上，沿上袖缉线上袖窿条。将袖窿条包向衣身，扣净，同做滚条的方法，缉好边缘。

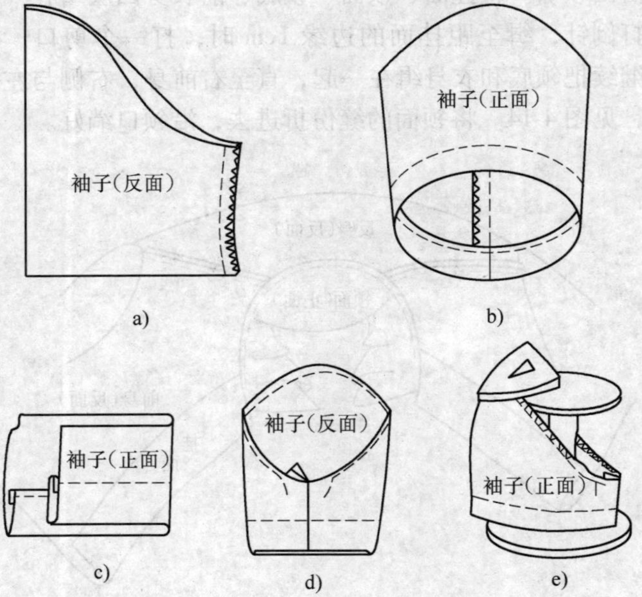

图 4-15 做袖子

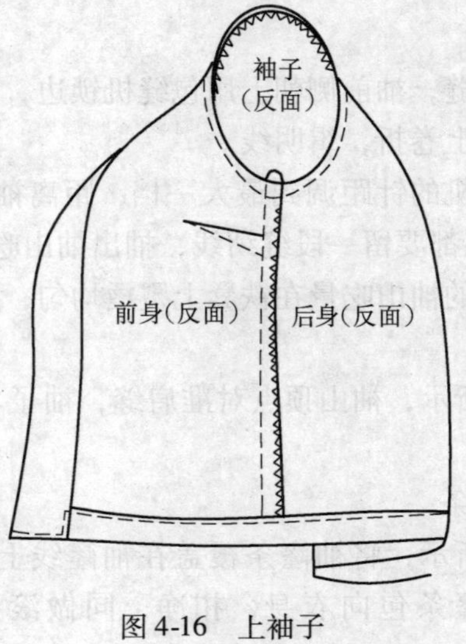

图 4-16 上袖子

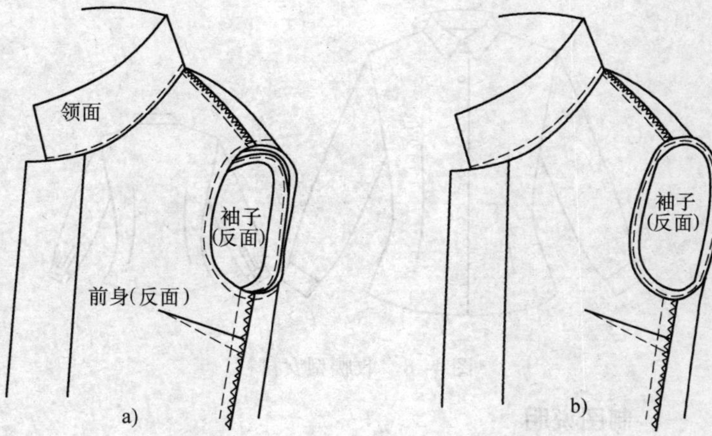

图 4-17　上袖窿条

11. 锁扣眼、钉扣

按照裁剪图中的扣眼位置，在右前身锁扣眼，在左前身钉扣子。

12. 整烫

将制作完毕的女衬衫检查一遍，清剪线头，熨烫平整。

第三节　收腰型女衬衫的裁剪

设计说明

这是一款合体型女衬衫，突出了胸部和腰部的造型，普通的衬衣领，在领角的设计上，可根据流行趋势而变化，简洁的一片袖，简单而实用，老少适宜，如果配上颜色各异、花色不同的面料，更能显现出女性的优美，见图 4-18。

使用量

面料：90cm 幅 180cm

　　　140cm 幅 120cm

图 4-18　收腰型女衬衫

一、制图说明

收腰型女衬衫裁剪图见图 4-19。

1. 身片

在身片的制图中，各部位公式计算方法同翻领衬衫相似。前领宽尺寸按领/5 +0. 5cm 计算，其中包含了一定的撇胸量，前后身片在确定腰省缝位置时，距中心线 10cm，可根据胸围大小作适当调整。腰省量收进 2cm，侧缝收进 1. 5cm，要结合腰围尺寸，加减余量，如果遇到臀围尺寸超过成品胸围时，侧缝线从腰节到下摆之间的斜度适当加大，也可作弧线连接，总之，要保证臀围尺寸。

2. 领子

领子的结构，是由座领和翻领组成的。裁剪时，首先要测量出后领和前领（○ + ◎）的弧线长度，再画裁片，座领宽 2. 5cm，领前端起翘 1cm，翻领宽 4cm，领角大小可根据自己的喜好来定。

3. 袖子

这是一款带袖头的一片袖，在确定袖长尺寸时，要减去袖头宽 5cm，袖山尺寸是根据测量身片袖窿弧线得出来的，吃量应掌握在 1cm 左右，袖山高度为 15 ~ 16cm，袖口处收两个倒褶各 2cm，所以，袖口宽 24cm 包括两个褶量。

收腰型女衬衫成品规格见表4-3。

表4-3　收腰型女衬衫成品规格　　（单位：cm）

号　型	胸围	大肩	衣长	袖长	领围
165/84A	94	38	58	54	38

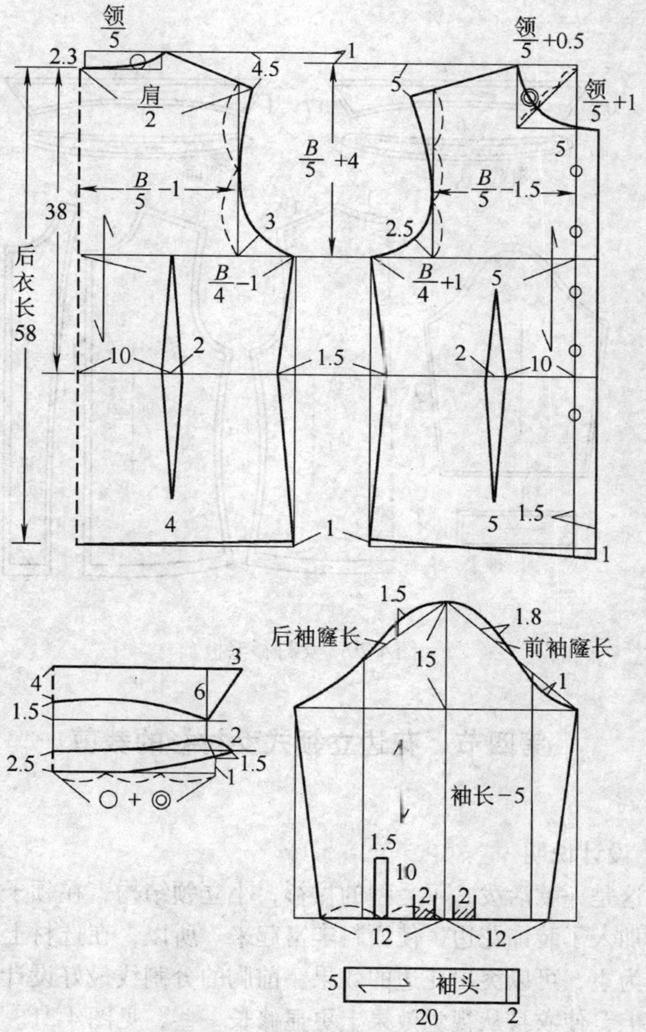

图4-19　收腰型女衬衫裁剪图

二、女衬衫毛板

女衬衫毛板见图 4-20。裁片画好后，要放出缝份才能裁剪，缝份大小按图示要求去做，图中的箭头方向就是布料的裁剪纱向，每个裁片都要写清片数、名称以便于缝制时查找。

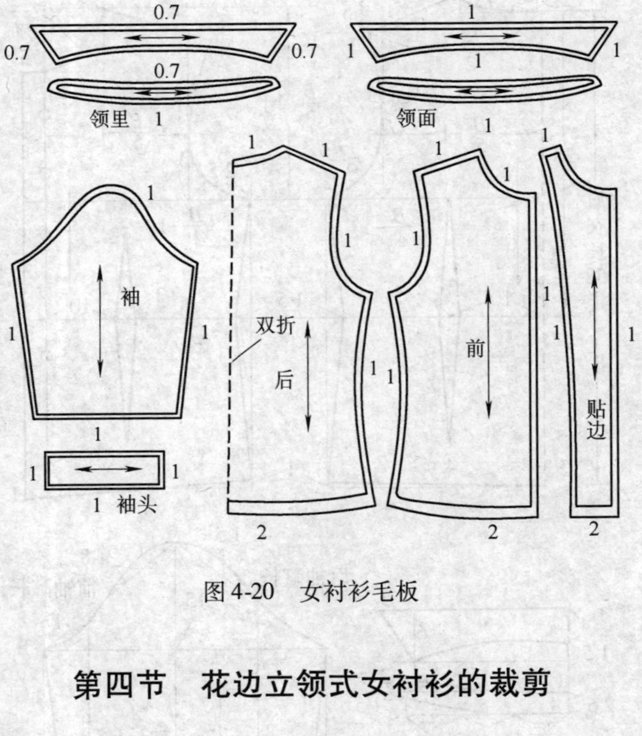

图 4-20 女衬衫毛板

第四节 花边立领式女衬衫的裁剪

设计说明

这是一款活泼、可爱型的衬衫，小立领结构，在领子和门襟处都加入了装饰花边，使面料丰富起来。所以，在选材上以单色面料为主，可以突出花边的效果。前胸的分割线最好设计在胸围线以上，使衣身从视觉效果上更显修长一些，见图 4-21。

图 4-21　花边立领式女衬衫

使用量

面料：90cm 幅 180cm
　　　140cm 幅 130cm

1. 身片（图 4-22）

这是一款略有收腰效果的女衬衫，在后身片中，加入了 2cm 的肩省量，使衣身更贴近于人体。前后衣片的侧缝线向里收腰，两侧下摆各放出 2cm 使侧缝线呈曲线形。如果想让衣身的收腰效果再明显些，可以在腰围线上加入腰省缝，省量大小自行调节。前身片在胸围线的上方设计了一条弧线型分割，花边在制作时可夹在分割线里。另外，在前片中还加入了一个腋下省，使侧缝两边长度相等。

2. 领子（图 4-23）

立领结构的制图过程比较简单，确定领围尺寸后，在前领中心线上抬高 2. 5cm，搭门量 2cm 与衣身的搭门尺寸要一致，最后画出领子的外口形状。

3. 袖子（图 4-24）

在这一款式的袖子制图中，它的制图要点是，先把袖中线双折，再确定袖山高和袖上肥，并且要核对好袖山弧线与袖窿的尺寸差。如果吃量过大，要调整袖肥尺寸（1.5 胸围/10 + 3.5cm）或降低袖山的高度。一般吃量应掌握在 1cm 左右，因夏季的衬衫面料较薄，所以吃量不宜过大。花边立领式女衬衫成品规格见表 4-4。

表 4-4 花边立领式女衬衫成品规格 （单位：cm）

号型	胸围	大肩	衣长	背长	袖长	袖口	领围
165/84A	94	38	56	38	55	20	38

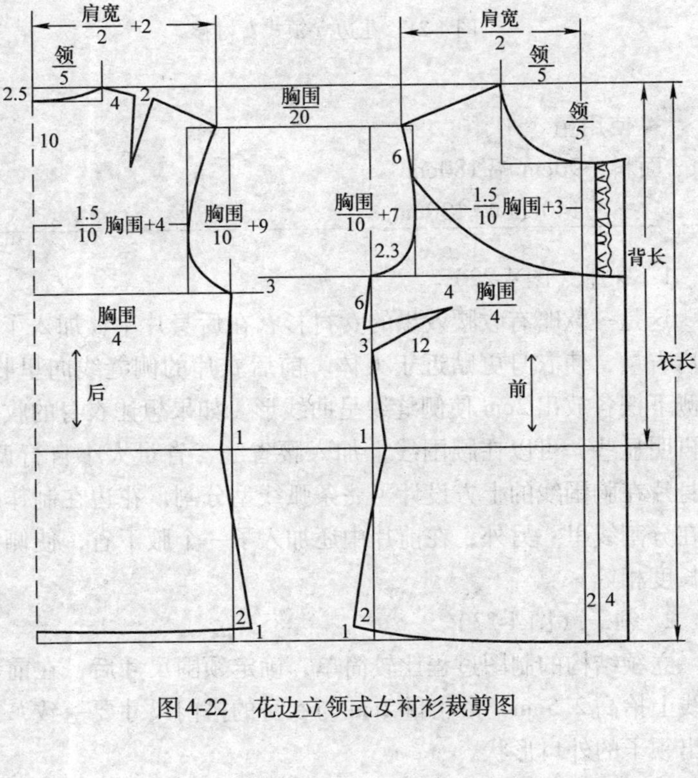

图 4-22 花边立领式女衬衫裁剪图

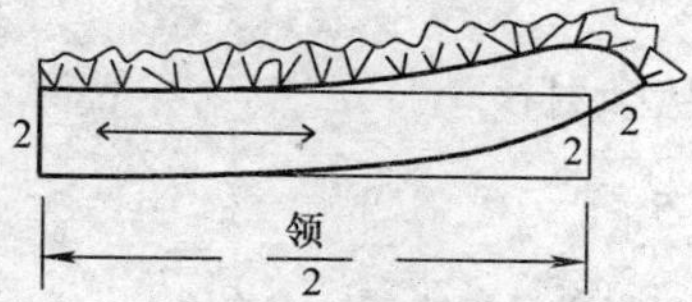

图 4-23　领子

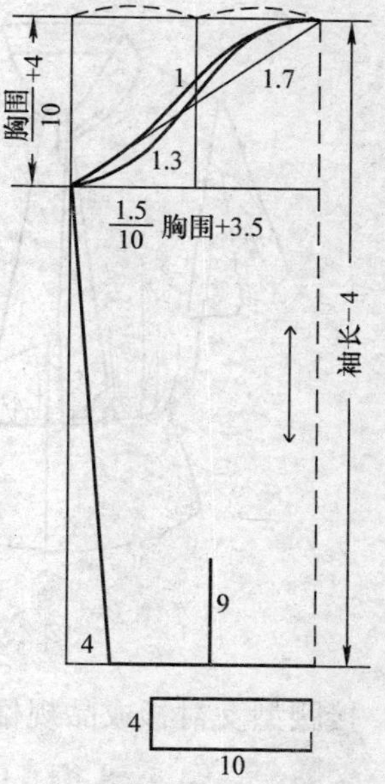

图 4-24　花边立领式女衬衫袖子制图

第五节　接腰型女衬衫的裁剪

设计说明

在这款衬衫中，它的设计特点是，腰部有一条分割线，使上下两片分开，突出了收腰的效果与衣身的合体性。袖口呈散褶状，领口处添加了一条飘带，不仅增添了女性的几分妩媚，同时也给款式结构注入了新的内涵，见图 4-25。

使用量

面料：90cm 幅 150cm

140cm 幅 100cm

图 4-25　接腰型女衬衫

接腰型女衬衫成品规格见表 4-5。

表 4-5　接腰型女衬衫成品规格　　（单位：cm）

号型	胸围	大肩	衣长	袖长	袖口	领围
165/84A	94	38	56	24	40	38

1. 身片（图 4-26）

在制图中，需要特别注意的是腰围线上的分割，从断开处张开了 1.5cm，就是为了使分割线呈弧线型，以符合身体的形状。另外，分割线以上从腰围处抽碎褶或收成省缝，使衣身合体起来，所以胸围、腰围的加放量不宜过大，胸围加放量为 8 ~ 10cm，腰围加放量为 4 ~ 6cm。领口处的飘带可以单独围系在脖颈上。

2. 领子（图 4-27）

飘带形式多种多样，在这一款式中，把飘带与衣身分离使用，这样搭配起来会更方便些。飘带前端为斜角状由宽变窄，可根据自己的喜好来定长短。

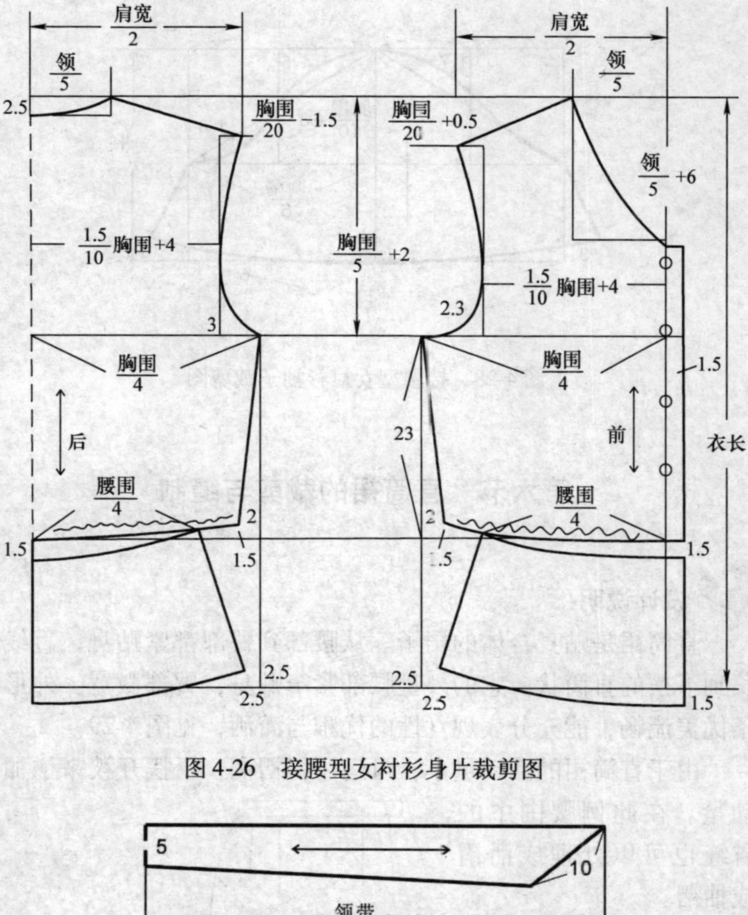

图 4-26　接腰型女衬衫身片裁剪图

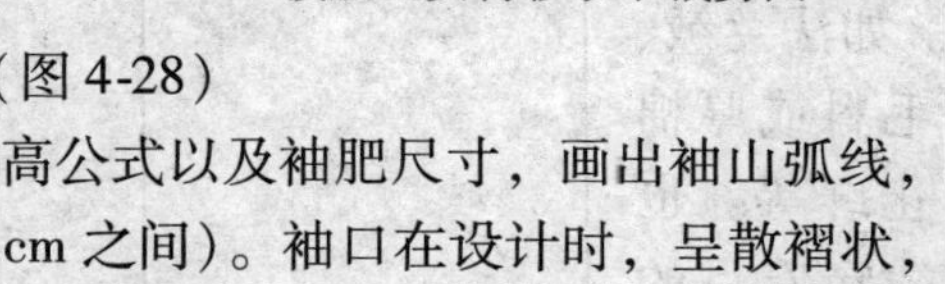

图 4-27　接腰型女衬衫领子裁剪图

3. 袖子（图 4-28）

根据袖山高公式以及袖肥尺寸，画出袖山弧线，掌握好吃量大小（0.5 ~ 1cm 之间）。袖口在设计时，呈散褶状，所以袖缝两侧要向外张开 5cm 并且画顺袖口弧线，做成后褶量自然下垂，会给人凉爽的感觉。

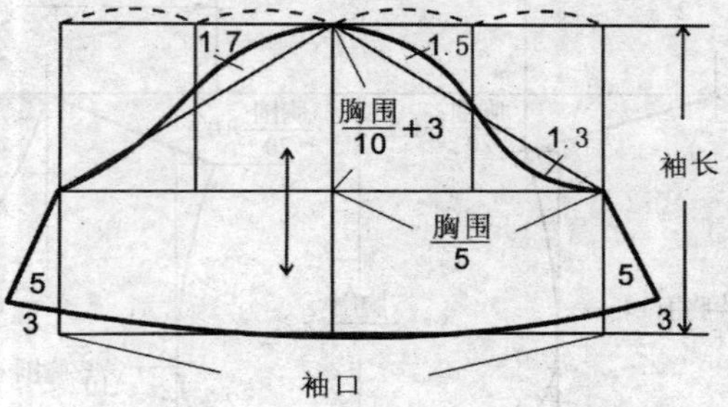

图 4-28 接腰型女衬衫袖子裁剪图

第六节 直筒裙的裁剪与缝制

设计说明

直筒裙是贴身合体的裙子。从腰部到臀部都紧贴身，直线延长到下摆的直筒状。它的外型腰部紧窄贴身，臀部微宽，外形线条优美流畅，能充分表现女性的优雅与潇洒，见图 4-29。

由于直筒裙的活动量小，可运用打褶裥，下摆开衩来增加活动量。在此例腰围中的省缝也可以处理成活褶或抽褶。

为了便于行走等运动，材料选择耐磨、弹性强的布料。如法兰绒、毛华达呢等毛料或厚棉织品、麻和化纤等。也可根据季节、穿着目的来选择自己喜欢的材料。

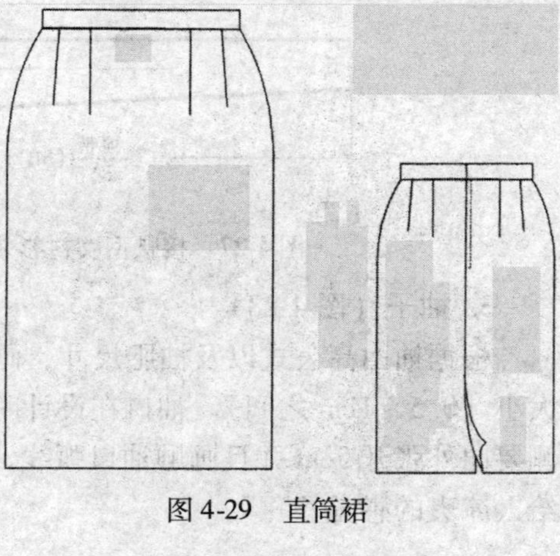

图 4-29 直筒裙

使用量

表布：140cm 幅宽 70cm（裙长 +4cm）

一、制图说明

1）臀围上加放了坐立，行走时最小限度的余量 4～6cm，腰围加 1～2cm 余量。

2）后中心的开衩是为了辅助下摆尺寸，便于行走等运动（开衩长为 20cm）。如果臀围尺寸较大，裙长在膝关节上，不防碍行走等运动时，后中心可不用开衩、打折裥等设计来辅助下摆活动量。一般情况下膝关节上 10cm 处作为折裥、开衩的终止处。

3）腰围与臀围之短差用侧缝线、省缝、上腰时的吃量来处理。从臀部到腰围的侧缝线，从体型上、缝制上，曲度不能太大，一般不超过 3cm。如果腰围与臀围相差特别大的情况下，可用多省缝或者加大省缝量来处理。

4）在腰围线上，后中心稍向下 1cm（这与体型有关）。侧观人体，可见腹部前凸，而臀部略有下垂，使后腰至臀部之间的斜坡显得平坦，并在上部处略有凹进，腰际至使臀底部处呈 S 型。这样腹部的隆起使得前裙腰斜向上方移升，后腰下部平坦使得后腰下沉，使整个裙腰处于前高后低的非水平状态，这时在后中腰口低落 1cm 左右，就能使裙腰部处于良好状态。

5）确定裙腰长时，裙腰尺寸加 3cm（3cm 为搭门宽），裙腰可以拼接，裙腰宽 3cm（可以连折）。

6）按以下方法绘制的裁剪图见图 4-30，尺寸采用的是成品尺寸，即各部位加放了松量，裁剪图的轮廓线全部为净粉或叫净板。实际裁剪时，要在此图的基础上放相应的缝份（缝线到布边的距离）和折边，即成粉（毛板）。图中 *W* 表示腰围，*H* 表示臀围是英文的缩写，这样表示裁剪图显得整洁规范。

直筒裙的成品规格见表4-6。

表4-6　直筒裙成品规格　　　　（单位：cm）

号型	裙长	腰围	臀围	腰长
160/66A	63	68	96	18

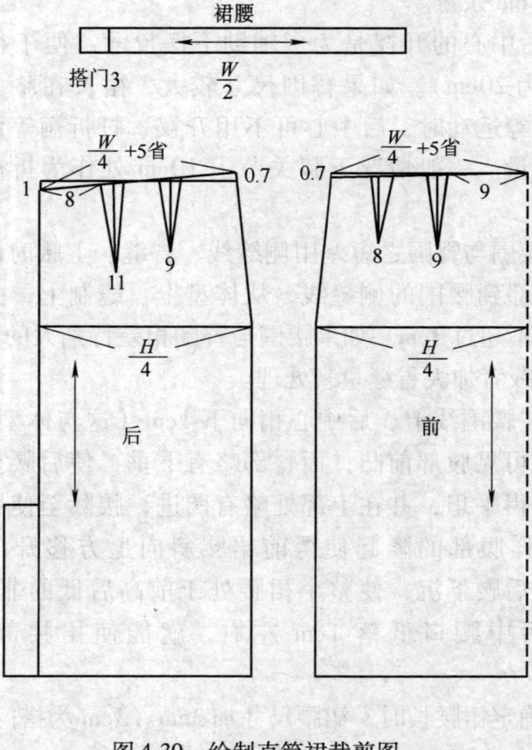

图4-30　绘制直筒裙裁剪图

二、直筒裙毛板的加放方法

直筒裙毛板的加放方法，见图4-31。

其中腰口、侧缝和裙腰都是1cm缝头，后中心的缝头是1.5cm，下摆折边4cm，前片中线是双折的，不留缝头。各部位

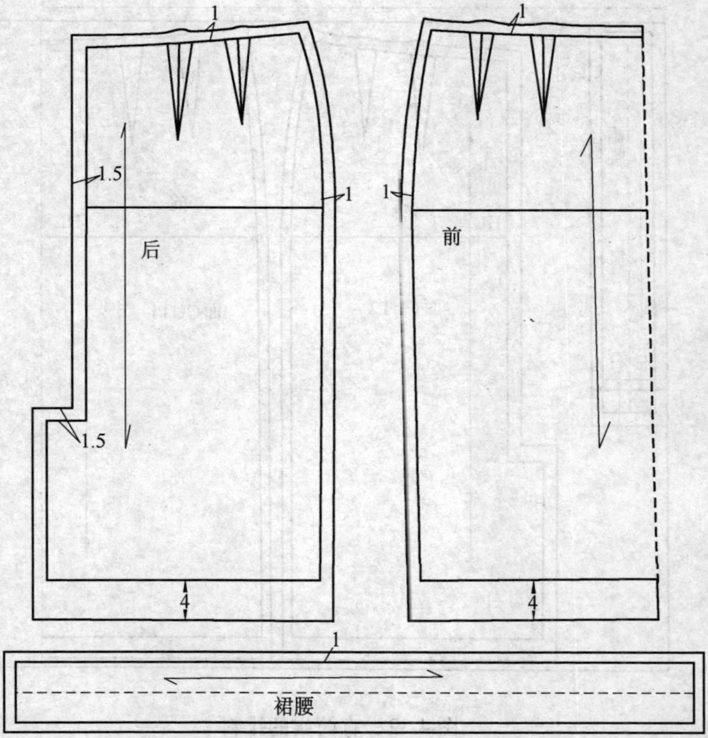

图 4-31　直筒裙毛板加放方法

放好缝头之后，毛板上应标明该裁片的名称、用料的纱向、裁片的数量、合印点。沿着外轮廓线剪下即为毛板，拿着毛板就可以在面料上排板裁剪了。

需要用面料裁剪的裁片是：前片一整片、后片两片、腰一整片。

三、直筒裙的排料

直筒裙的排料见图 4-32。

图 4-32 中采用的是双幅面料。双幅料的宽度一般为 140 ~

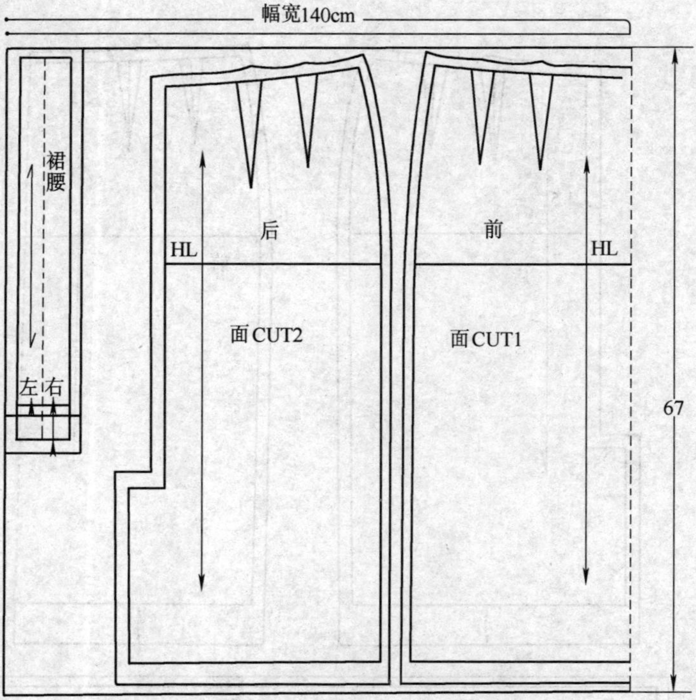

图 4-32　直筒裙的排料

144cm，沿中间面朝里对折。排料时要将面料对折反面朝外，按照样板上标明的纱向方向，合理安排各自的位置。有倒顺毛的面料方向要一致；排板时要先排大片，后排小片；若面料上有疵点，排板时应避开。裙腰的腰里腰面均使用本料，中间不剪开，裙腰要使用布的光边裁剪。CUT 表示裁片。

四、直筒裙的缝制

1. 检查裁片

前裙片一片，后裙片两片，腰面、腰里连口一片，腰衬一片，牵条衬一片，下摆开衩处所粘衬两片。

2. 粘衬

在裙腰的反面粘衬，在裙开衩部位粘衬，见图 4-33。

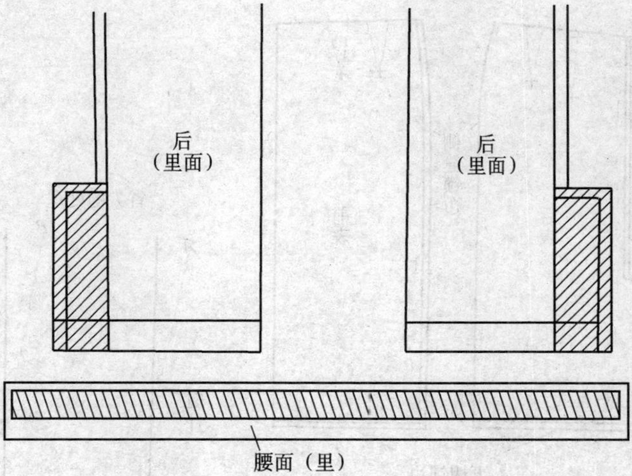

图 4-33 粘衬

3. 做缝制标记

根据不同的面料的需要，选择打线钉、剪眼刀等方法做缝制标记，见图 4-34。

1）前裙片：省位、裙下摆折边。

2）后裙片：省位、裙开衩终止点、绱拉链终止点、裙下摆折边。

4. 锁边

裙子前片侧缝、下摆。裙子后片侧缝、下摆，后中心包括开衩处。

5. 收前后片裙省

省的大小长短、位置要缉准确，省缝要缉顺缉尖，首尾打回针，见图 4-35。

6. 倒烫省缝

可按图 4-36a 所示向后中心倒烫省缝，较厚的布料，省缝可按图 4-36b 所示劈开后压烫，再用拱针固定。

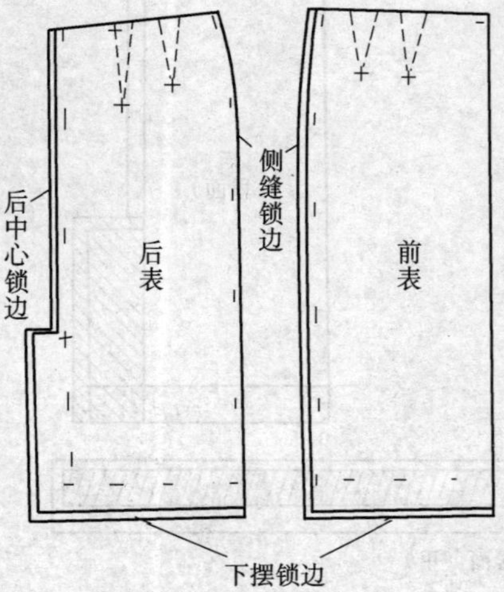

图 4-34　做缝制标记

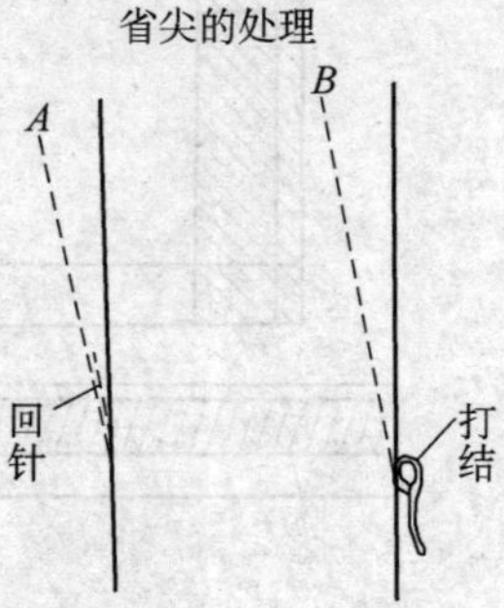

图 4-35　收前后片裙省

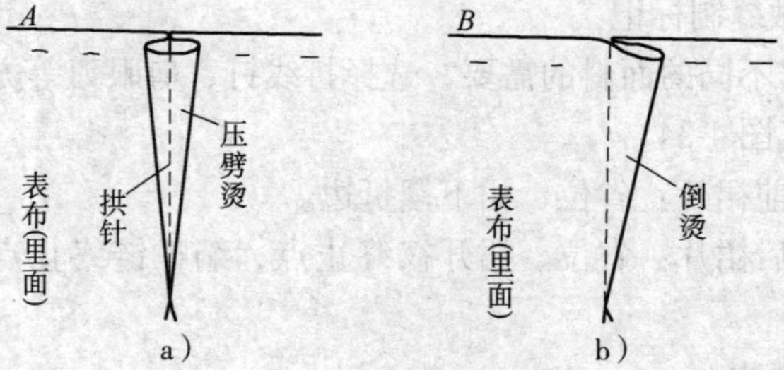

图 4-36　倒烫省缝

7. 缝合左右后中心

按净印从拉链铁头下 0. 5cm 处开始缝合至后开衩终止点，首尾回针，见图 4-37。

8. 剪掉缝头

折烫后左裙片开衩边与裙下摆，轻轻地扦在衬上，剪掉右裙片下摆多余的缝头，见图 4-38。

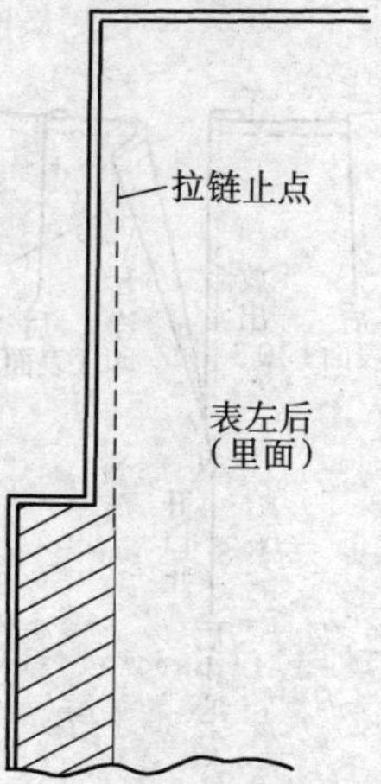

图 4-37 缝合左右后中心

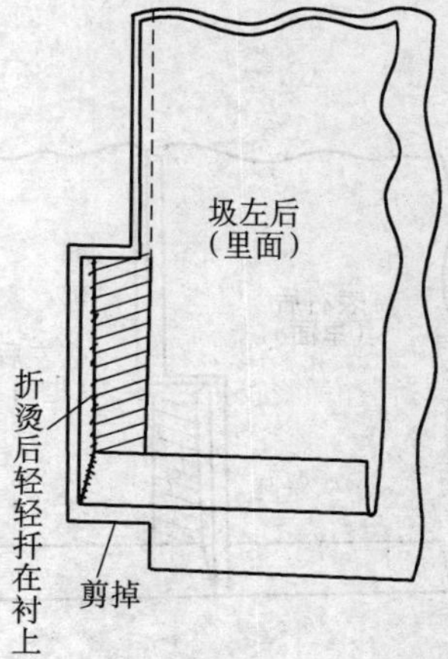

图 4-38 剪掉右裙片下摆多余缝头

9. 固定裙开衩终止点

首尾回针，左裙片的缝头打剪口，见图 4-39。

10. 劈烫后中心

在后中心绱拉链部位，后右边裙片在缝头的里面粘上衬（也可不粘），按照净样线折向里面熨烫。左边裙片的缝头，按净印烫出 0.3cm，直至拉链缝止点下 2cm 处。劈烫，向后右裙片倒烫开衩，见图 4-40。

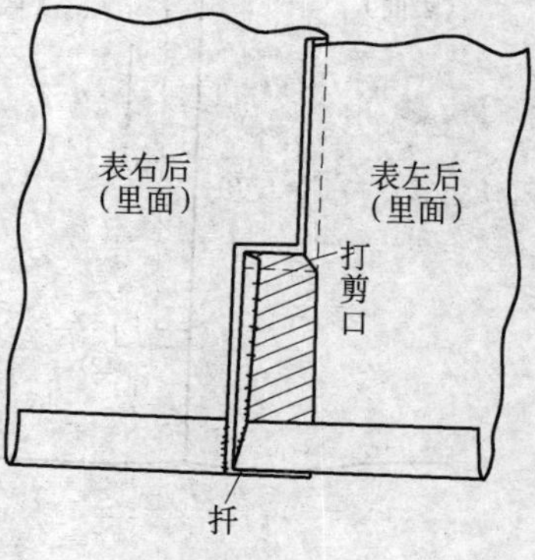

图 4-39 固定裙开衩终止点

11. 后中心上拉链

上拉链可用特种压脚。拉头要从腰净印，向下 0.7cm，左侧沿布边缝线约 0.2 ~ 0.3cm，右侧缝线 1.2cm。在拉链止处打回针，见图 4-41。

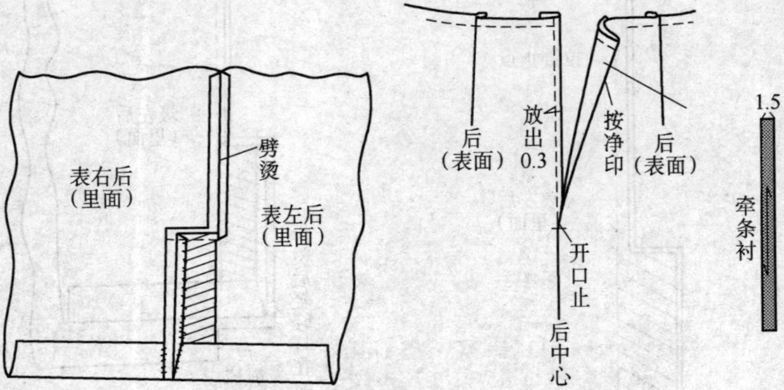

图 4-40　劈烫后中心

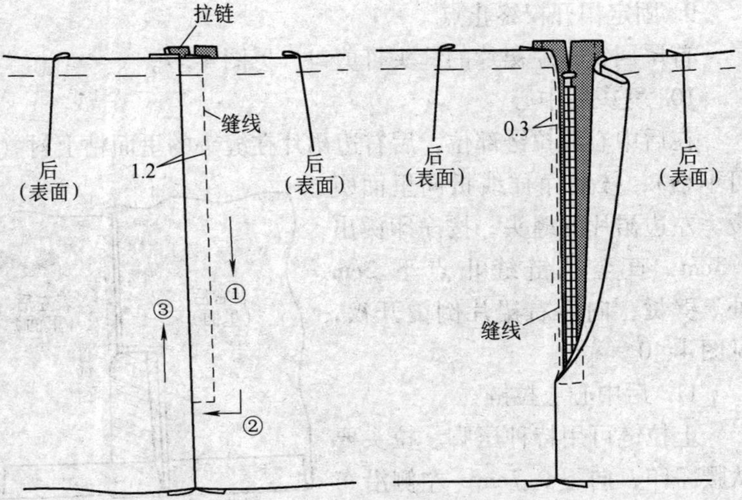

图 4-41　后中心上拉链

12. 合裙侧缝

裙前片与后裙片按净印缝线，首尾回针，见图 4-42。

13. 劈烫裙侧缝

按净印线折烫下摆。裙侧缝劈烫，弧线部位要放在烫架上或布馒头上熨烫，见图 4-43。

14. 绱裙腰

将腰面与后裙的右片腰线比齐，让开搭门量，按合印点绱裙腰。考虑到腰衬的厚度，要在缝头一侧，离开净印线 0.1cm 缝线，首尾回针，见图 4-44。

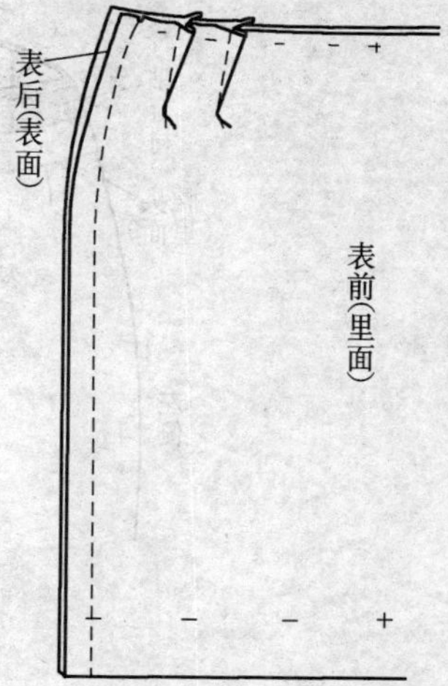

图 4-42　合裙侧缝

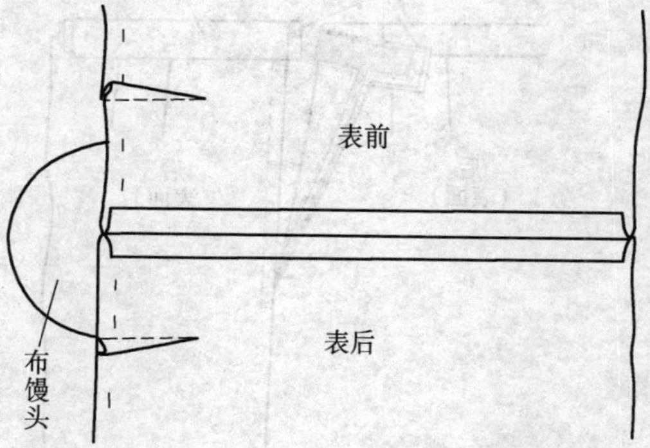

图 4-43　劈烫裙侧缝

15. 勾腰头两端

将绱好的腰面两端，分别面对面，贴着腰衬边缘缝线。考虑到腰衬的厚度，要在腰缝头一侧，离开净印线 0.1cm 缝线，首尾回针，见图 4-45。

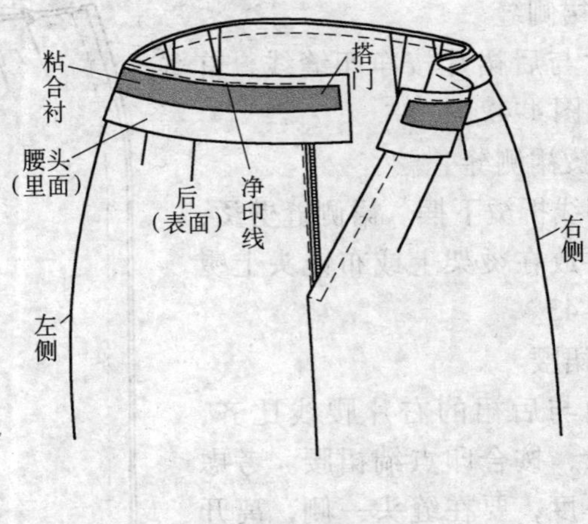

图 4-44 绱裙腰

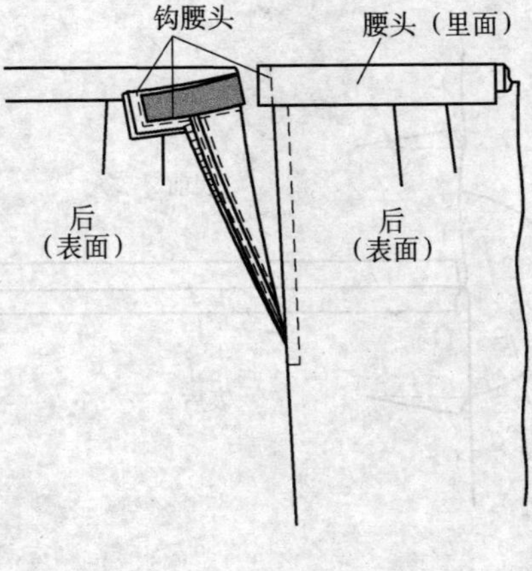

图 4-45 勾腰头两端

16. 固定腰里

将腰两端的缝头扣烫，翻转，把绱腰缝头压烫，烫平。用小针码把腰里扦在绱腰线的边缘，或在腰面下口压 0. 1cm 明线，见图 4-46。

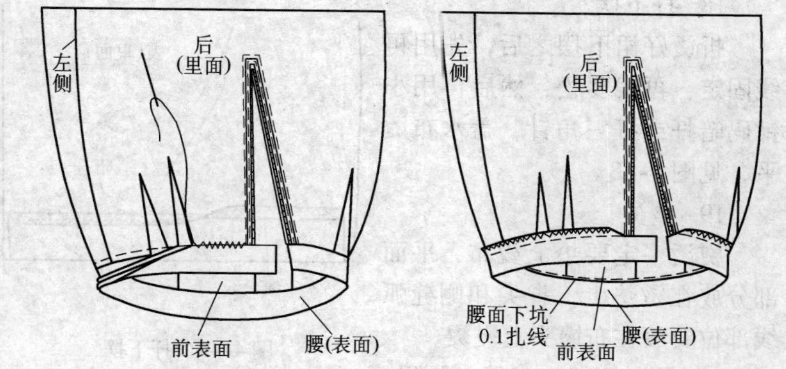

图 4-46 固定腰里

17. 上挂钩

如果是四件钩，要在绱腰之前绱挂钩。一般挂钩在绱腰之后手针锁缝，见图 4-47。

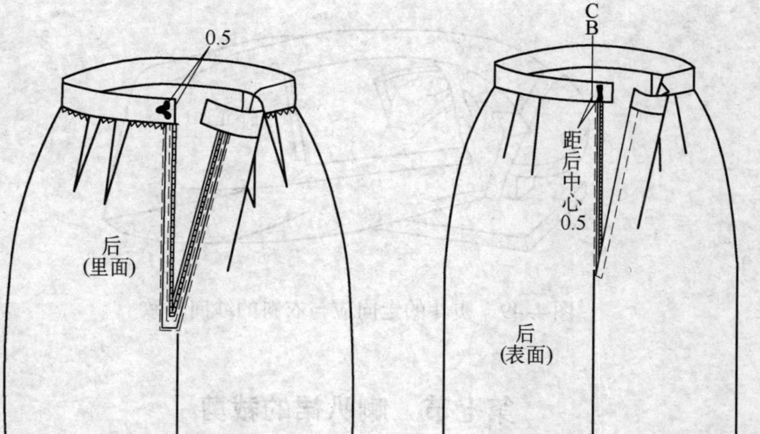

图 4-47 上挂钩

18. 扦下摆

折烫好裙下摆之后，先用再线固定，再线要松，然后再用小针码暗扦或扦三角针，盖水布烫平，见图4-48。

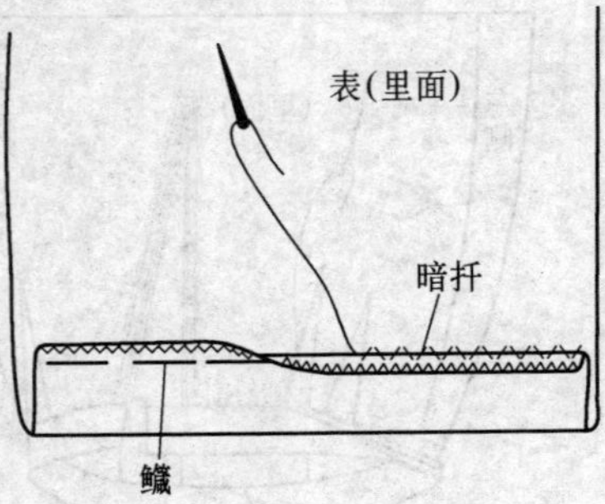

图4-48　扦下摆

19. 整烫

熨烫一定要垫上烫布，平面部分放在烫垫上，省尖和侧缝弧线部位要放在布馒头上熨烫。

1）烫平侧缝、省缝、腰里、腰面。

2）把裙子开衩折好、摆平，前后裙片都要烫一遍。正面熨烫均要盖上水布，喷水烫干。熨烫时，熨斗直上直下地烫，不能用熨斗横推。熨斗的走向应与衣料的纱向一致，以免裙子变形走样，见图4-49。

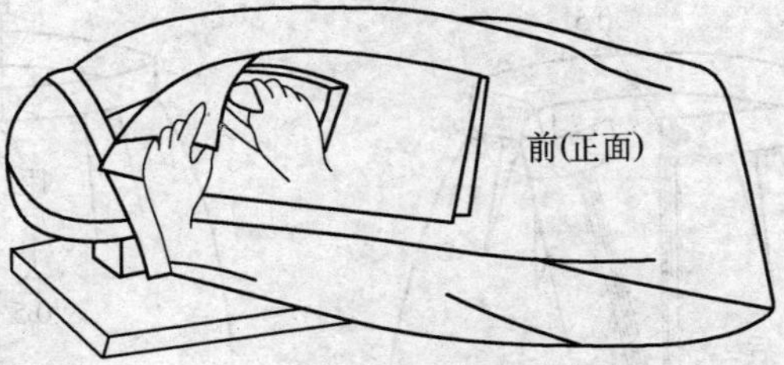

图4-49　熨斗的走向应与衣料的纱向一致

第七节　喇叭裙的裁剪

设计说明

喇叭裙的腰口小、裙摆大，呈喇叭形状，故称喇叭裙，见图

4-50。喇叭裙的腰部既不收省也不打补褶裥，有自然的波浪。有全圆式和半圆式裁剪两种方法。如果有动感的波浪更能体现女性的柔美。

图 4-50 喇叭裙

毛料、棉、化纤织品等根据用途自由选择，一般选择柔软的有垂性的布料，这样可呈现比较漂亮的波浪。避免使用过厚、过硬的布料和经纬纱、强度、捻度不相同的布料。

使用量

表布：140cm 幅宽 140cm（裙长 ×2. 3cm）

90cm 幅宽 240cm（裙长 ×4. 2cm）

一、制图说明

1）制图中腰口部位的斜纱易伸展，因此在制图时可将腰围尺寸稍减少。

2）半圆式裁剪的45°喇叭裙，全圆式裁剪的90°喇叭裙都是由四片组成，也可由两片组成。一般情况下，把腰围尺寸作为圆周长来考虑，利用圆周长算出半径，那么半圆式的圆周长为 πR，半径约为 $W/3$；全圆式的圆周长（腰围）为 $2\pi R$，半径约为 $W/6$。这里为了计算上的方便，圆周率用3来代替，多余的尺寸在侧缝削去（或者根据体型，将余下的尺寸在上腰时作为吃量处理）。

3）喇叭裙下摆斜丝部位容易伸长，使裙子变得长短不一，很不雅观。因此在实际裁剪时，可以根据原料质的性能不同，下垂伸长的长度也不一样，因此要酌情扣除，一般可扣除2cm左右。也可以在制作时把裙子预先垂吊起来，使伸长量拉开再制作（绱好裙腰后，穿好裙子，再测量裙摆的高度，订正下摆线再轻轻向上折烫）。

4）喇叭裙裁剪纱向一般根据设计、布料、花纹自由变化。按裁剪图那样以样板的中间为裁剪方向，裙摆稳定制作简单，不易变形，只是布料稍微多用一些。如果是90cm幅宽的布料，就以下摆的中点与前后中心的上端连线为经纱裁剪，比较经济实惠，也不易出差错。

5）喇叭裙由于款式的原因，不必控制臀围规格。裙摆宽大，足够活动，因此不必测量。

6）绘制的裁剪图如图4-51、图4-52所示，全部为净粉或叫净板。在实际裁剪时，要在此图的基础上加放相应的缝份和下摆折边，即放成毛粉（毛板）。图中字母 W 表示腰围。

喇叭裙的成品规格见表4-7。

表4-7　喇叭裙成品规格　　（单位：cm）

号型	裙长	腰围
160/66A	63	66

二、喇叭裙裁剪图

1）半圆式喇叭裙裁剪图，见图 4-51。

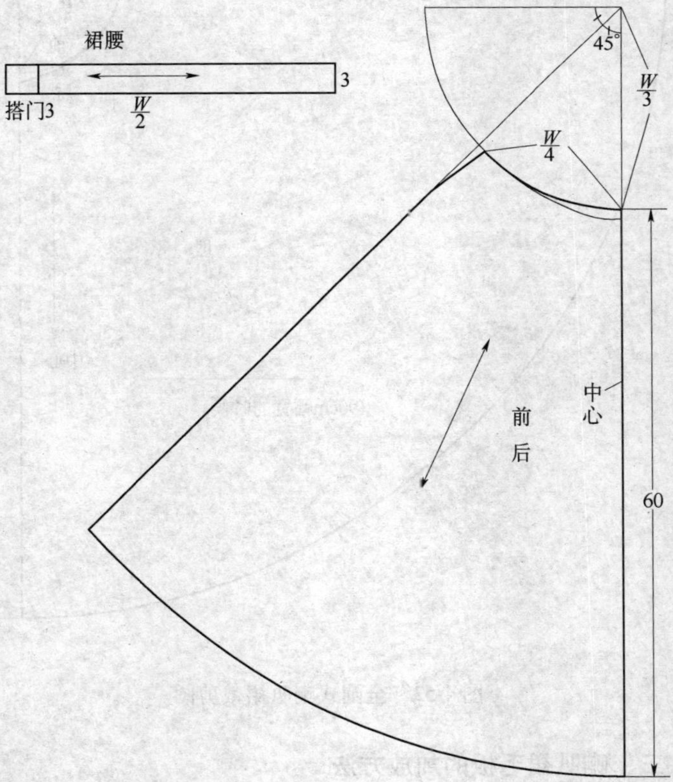

图 4-51　半圆式喇叭裙裁剪图

2）全圆式喇叭裙裁剪图，见图 4-52。

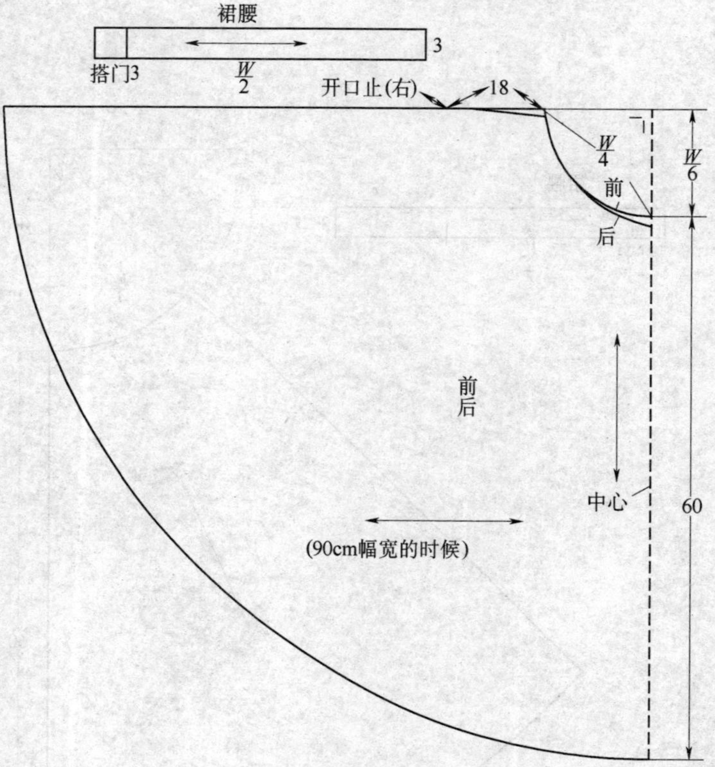

图 4-52　全圆式喇叭裙裁剪图

三、喇叭裙毛板的加放方法

半圆式喇叭裙净板基础上的毛板，内圈为净样，外轮廓为毛样，各部位加放缝头或下摆折边已在图中注明。腰口 1cm，各片侧缝 1.5cm，下摆折边 2.5cm（也可根据布料的薄厚加放下摆的折边，薄料 1.5cm 即可）。注意毛板上应标明该片的名称、纱向、片数、对位记号（合印点）以便下一程序的操作，见图 4-53。

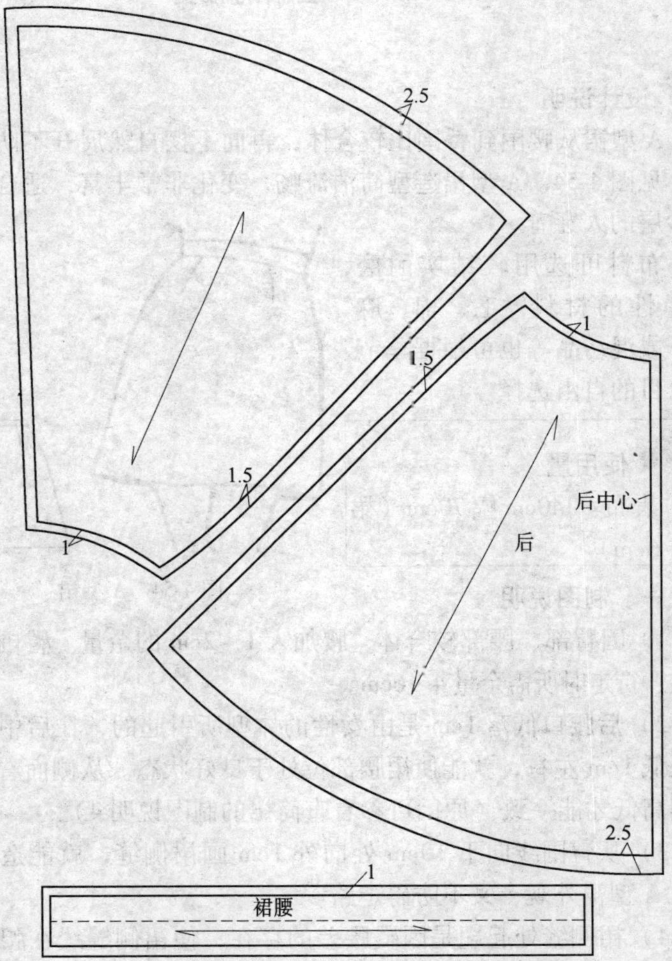

图 4-53　喇叭裙毛板加放方法

半圆式喇叭裙需要用面料裁剪的裁片是：前片两片、后片两片、裙腰一整片。全圆式喇叭裙与半圆式喇叭裙裁片相同。

第八节 A 型裙的裁剪

设计说明

A 型裙从腰围到臀围比较合体，再向下摆自然展开不防碍步行，见图 4-54。A 型裙造型简洁流畅，变化非常丰富，适合各个年龄层的人穿着。

布料可选用较结实耐磨，有弹性的材料，毛、棉、麻、化纤或混纺品等也可根据季节、穿着目的自由选择。

使用量

表布：140cm 幅 70cm（裙长 +6cm）

图 4-54 A 型裙

一、制图说明

1）因臀部、腰部较合体，腰加入 1~2cm 的余量。臀围加入坐立、行走时所需余量 4~6cm。

2）后腰口低落 1cm 是由女性的体型所引起的，在后中心腰口处低 1cm 左右，就能使裙腰部位处于良好状态。从侧面看前后裙摆高低才能一致（原因可参看直筒裙的制图说明 4）。

3）从臀围线向下 10cm 处向外 1cm 画裙侧缝，就能造出优美的 A 型裙外观，又不防碍走路。

4）裙侧缝处起翘是因臀腰差的存在，使裙侧缝线在腰口处向里。侧缝处腰口向里使得前后裙片在缝合后，在腰缝处产生凹角。而起翘的作用就在于能将凹角得到填补，下摆起翘的原因也同样如此。

5）腰口的省量大小，个数与臀腰差有关，臀腰差越大，省缝的个数越多，省缝量越大。反之省缝的个数越少，省量的大小越大。省的长度与省量有关，省量大则省长，省量小则省短，同时还应结合原料质地和造型要求适当调节。

6）图 4-55 所示的裁剪图，全部为净粉或叫净板。实际裁剪时，要在此图的基础上加放缝份和下摆折边量。图中尺寸采用的是成品尺寸，即各部位已加放了余量。

A 型裙成品规格见表 4-8。

表 4-8 A 型裙成品规格 （单位：cm）

号型	裙长	腰围	臀围	腰长
160/66A	63	68	96	18

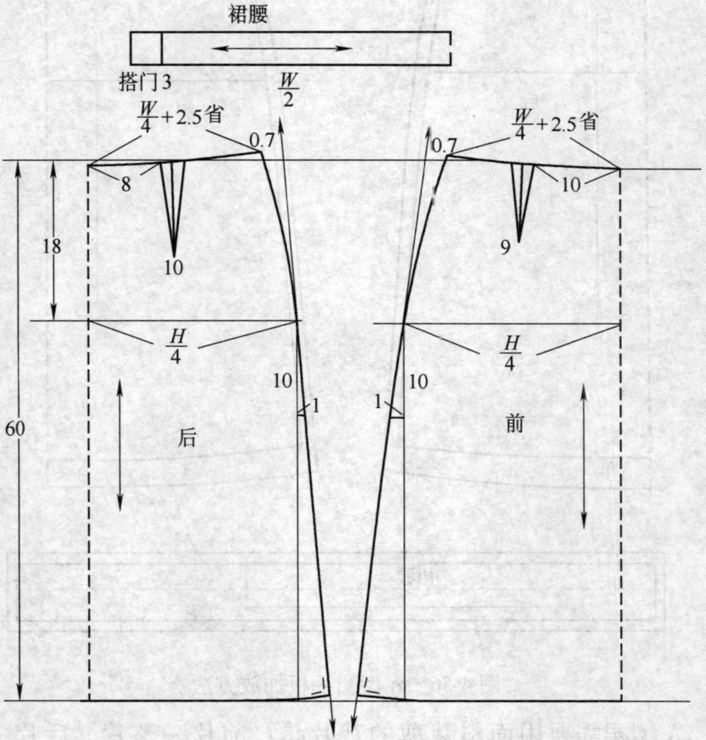

图 4-55 A 型裙裁剪图

二、A 型裙裁剪图

A 型裙裁剪图见图 4-55。

三、A 型裙毛板的加放方法

A 型裙毛板加放是：腰口 1cm 缝份，侧缝 1. 5cm 缝份，下摆 3cm 折边。前后片中线是连折的，不留缝份。标上名称、纱向、省缝大小、位置、裁片的数量、合印点（如臀围线，上拉链的缝止点），见图 4-56。

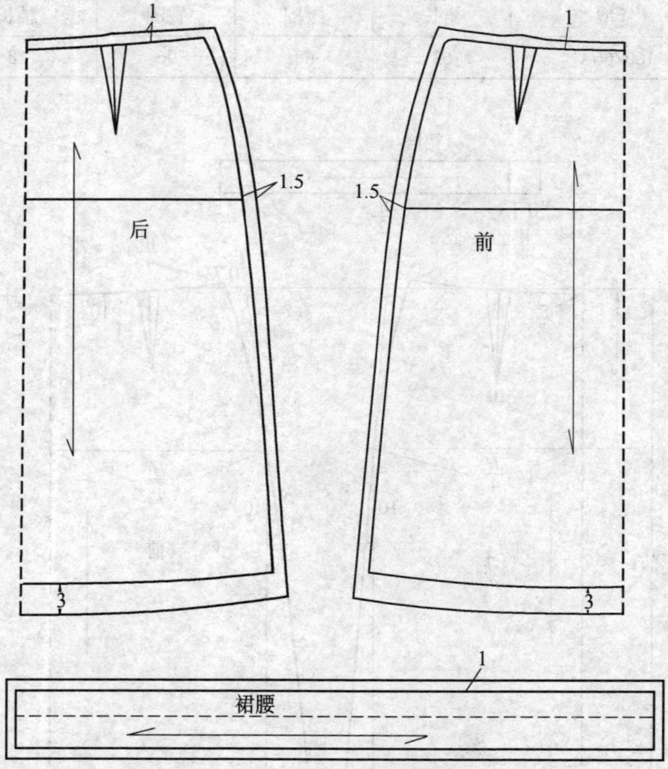

图 4-56　A 型裙毛板加放方法

A 型裙需要用面料裁剪的裁片是：前片一整片，后片一整片，裙腰一整片。

第九节　修身型连衣裙的裁剪

设计说明

此款是修身合体型连衣裙。领型设计为圆领口；袖子为泡泡袖，袖口处抽碎褶，绱有袖头；前后裙身均在腰部断开，这样连衣裙的上半身和下半身可采用不同颜色的面料进行搭配，在前身的腰部可以加上一款漂亮的装饰环（或装饰扣），在裙子的后中心安装隐形拉链。上下裙身在进行面料搭配时，根据不同颜色的搭配，可适合 18 ~ 40 岁各年龄段的女性穿着。具体款式见图 4-57。

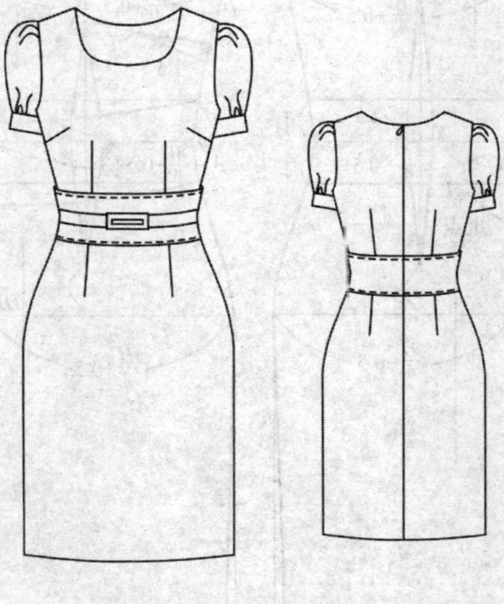

图 4-57　修身型连衣裙

修身型连衣裙成品规格见表 4-9。

表 4-9　修身型连衣裙成品规格　　（单位：cm）

号型	部位	胸围	腰围	臀围	裙长	肩宽	领围	袖长
165/84A	规格	94	74	96	90	38	38	18

一、制图说明

在修身型连衣裙裁剪制图中使用成品尺寸计算，净胸围加10cm余量，净腰围加4～6cm余量，净臀围加4cm余量。前、后裙身的裁剪图见图4-58。

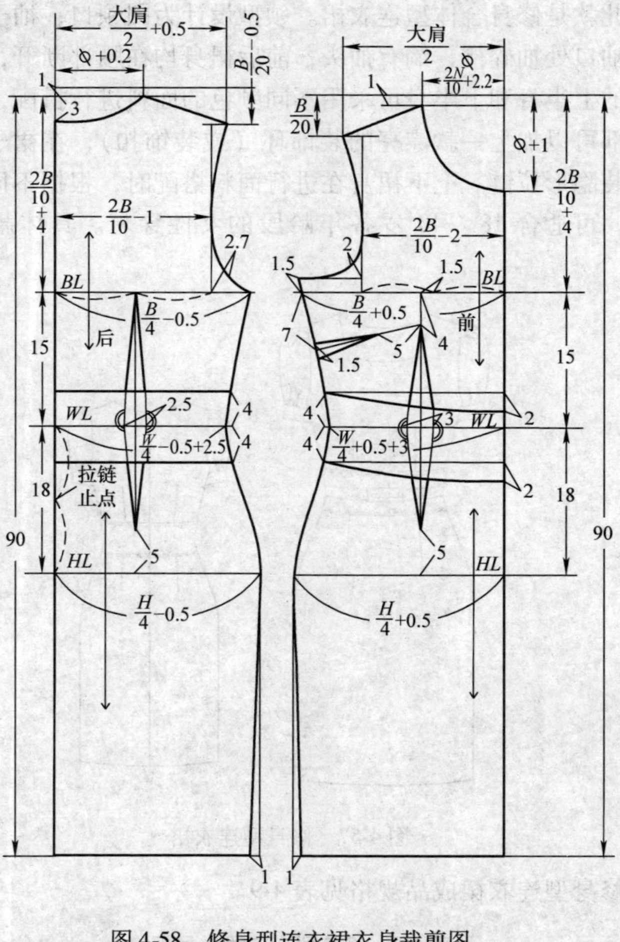

图4-58　修身型连衣裙衣身裁剪图

1. 前身

1）前领深：从上水平线沿前中心线向下测量2*N*/10＋3.2cm。

2）前领宽：从上水平线向下1cm做水平线的平行线，再从前中心线沿此水平线向左测量$2N/10+2.2cm$。

3）前袖窿深：从上水平线沿前中心线向下测量$2B/10+4cm$。

4）前腰围线的位置：从前袖窿深线沿前中心线向下测量15cm。

5）前臀围线的位置：从前腰围线沿前中心线向下测量18cm。

6）前落肩线：从上水平线沿前中心线向下测量$B/20$。

7）前肩宽：从前中心线沿上水平线向左测量大肩宽的1/2。

8）前胸宽：从前中心线向左测量$2B/10-2cm$。

9）前胸围宽：从前中心线沿袖窿深线向左测量$B/4+0.5cm$。

10）前腰围：从前中心线沿腰围线向左测量$W/4+0.5cm+3cm$。

11）前臀围：从前中心线沿臀围线向左测量$H/4+0.5cm$。

2. 后身

1）后领深：从上水平线沿后中心线向下测量3cm。

2）后领宽：从后中心线沿上水平线向右测量$2N/10+2.4cm$。

3）后袖窿深：从上水平线沿后中心线向下测量$2B/10+4cm$。

4）后腰围线的位置：从后袖窿深线沿后中心线向下测量15cm。

5）后臀围线的位置：从后腰围线沿后中心线向下测量18cm。

6）后落肩线：从上水平线向上1cm做一条水平线，再从此线沿后中心线向下测量$B/20-0.5cm$。

7）后肩宽：从后中心线沿上水平线向左测量大肩宽的$1/2+0.5cm$。

8）后胸宽：从后中心线向左测量$2B/10-1cm$。

9）后胸围宽：从后中心沿袖窿深线向左测量$B/4-0.5cm$。

10）后腰围：从后中心沿腰围线向左测量$W/4-0.5cm+2.5cm$。

11）后臀围：从后中心沿臀围线向左测量 $H/4-0.5\text{cm}$。

3. 袖子

修身型连衣裙袖子裁剪见图 4-59。

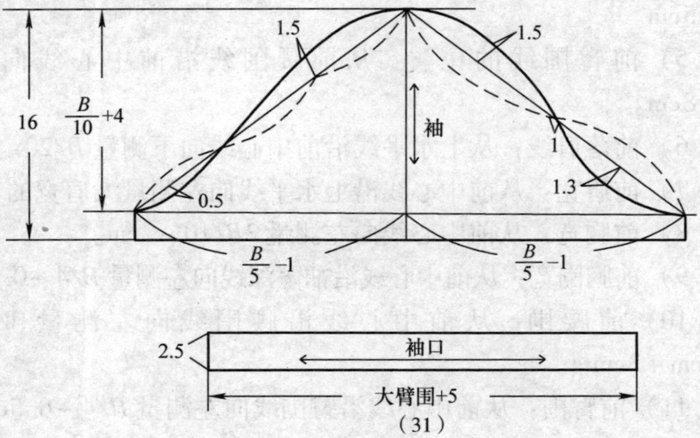

图 4-59　修身型连衣裙袖子裁剪图

1）袖山高：从上水平线沿袖中心线向下测量 $B/10+4\text{cm}$。

2）袖肥：前袖肥从袖中线沿袖上肥线向右测量 $B/5-1\text{cm}$；后袖肥从袖中线沿袖上肥线向左测量 $B/5-1\text{cm}$。

二、样板制作要点

修身型连衣裙前、后裙腰处的省缝进行样板拼合见图 4-60，修身型连衣裙裙身样板见图 4-61。

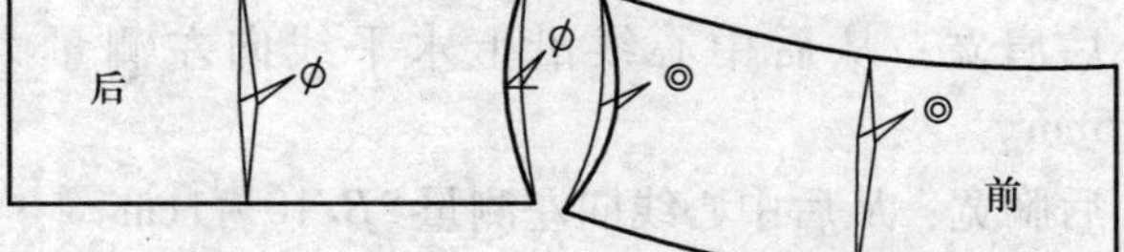

图 4-60　前、后裙腰样板拼合图

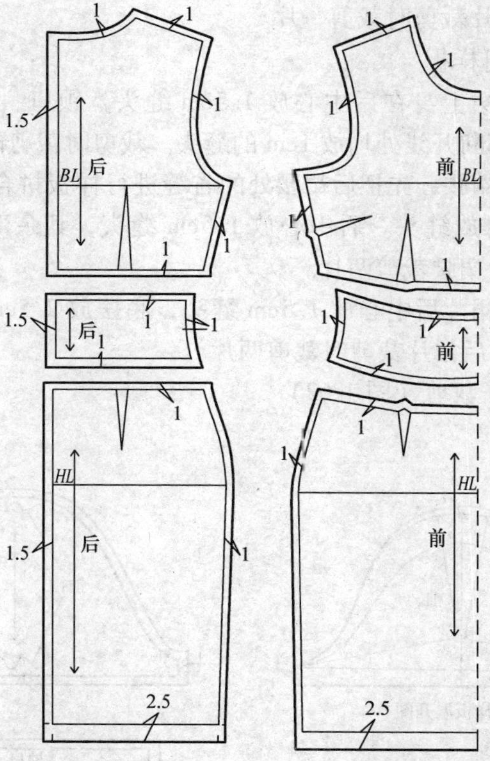

图 4-61 修身型连衣裙裙身样板

1. 前身样板

1）先订正前裙上身的胸省、腋下省及下衣裙子的腰省，然后再放缝头。前裙上身在领口、肩缝、袖窿、侧缝、腰部断开线处均放 1cm 的缝头。前中心整片裁剪，不放缝头。前裙上身裁剪一片。

2）前裙腰：先把前裙腰处的省缝进行样板拼合（参见图 4-4），然后再放缝头。前中心整片裁剪，不放缝头，其余部分均放

1cm 的缝头。前裙腰裁剪一片。

3）前裙片前中心不放缝头，底摆放 2.5cm，其余部分均放 1cm。前裙片裁剪时裁剪一片。

2. 后身样板

1）后裙上身在后中心放 1.5cm 缝头，领口、肩缝、袖窿、侧缝、腰部断开线处均放 1cm 的缝头。裁剪时裁剪两片。

2）后裙腰：先把后裙腰处的省缝进行样板拼合（参见图 4-4），然后再放缝头。后中心放 1.5cm 缝头，其余部分均放 1cm 的缝头。后裙腰裁剪两片。

3）后裙片后中心放 1.5cm 缝头，底摆放 2.5cm，其余部分均放 1cm。后裙片裁剪时裁剪两片。

3. 袖子裁剪（图 4-62）

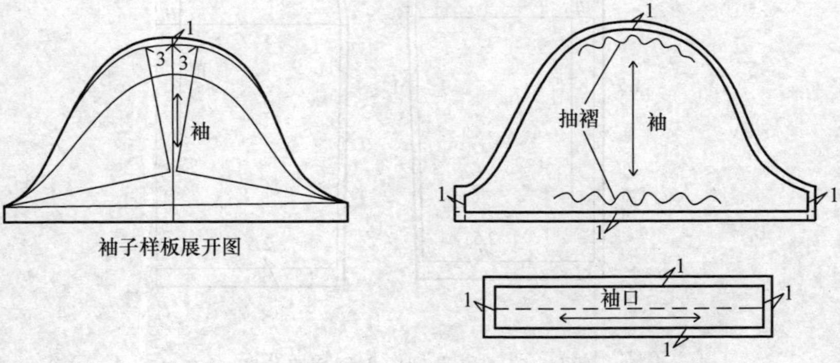

图 4-62 袖子样板制作

1）把袖子袖上肥线以上部分，沿袖中线剪开，袖肥点不动，使前、后袖的袖山点向两侧各张开 3cm，然后袖山中点再向上抬高 1cm，修顺袖山弧线。

2）袖子的袖口折边处放 2.5cm，其余部分均放 1cm。袖子裁剪时裁剪两片。袖口四周均放 1cm，裁剪时裁剪两片。

第十节 过肩型连衣裙的裁剪

设计说明

此款过肩型连衣裙在腰部和袖口处均使用松紧线抽缝。领型设计为圆领口，使用斜纱条包缝领口；袖子为一片袖，袖口处使用松紧线抽缝；前中心腰部以上系扣，腰部以下整片，后身有过肩，后身与过肩拼合处抽碎褶。可选用带有方格和碎花图案的布料。较适合 18 ~25 岁的女性穿着。具体款式见图 4-63。

图 4-63 过肩型连衣裙

过肩型连衣裙成品规格见表 4-10。

表 4-10 过肩型连衣裙成品规格 （单位：cm）

号型	部位	衣长	胸围	肩宽	领围	袖长
165/84A	规格	90	98	40	40	20

一、制图说明

在过肩型连衣裙裁剪制图中使用成品尺寸计算，净胸围加

12～14cm 余量。过肩型连衣裙裙身裁剪图见图 4-64。

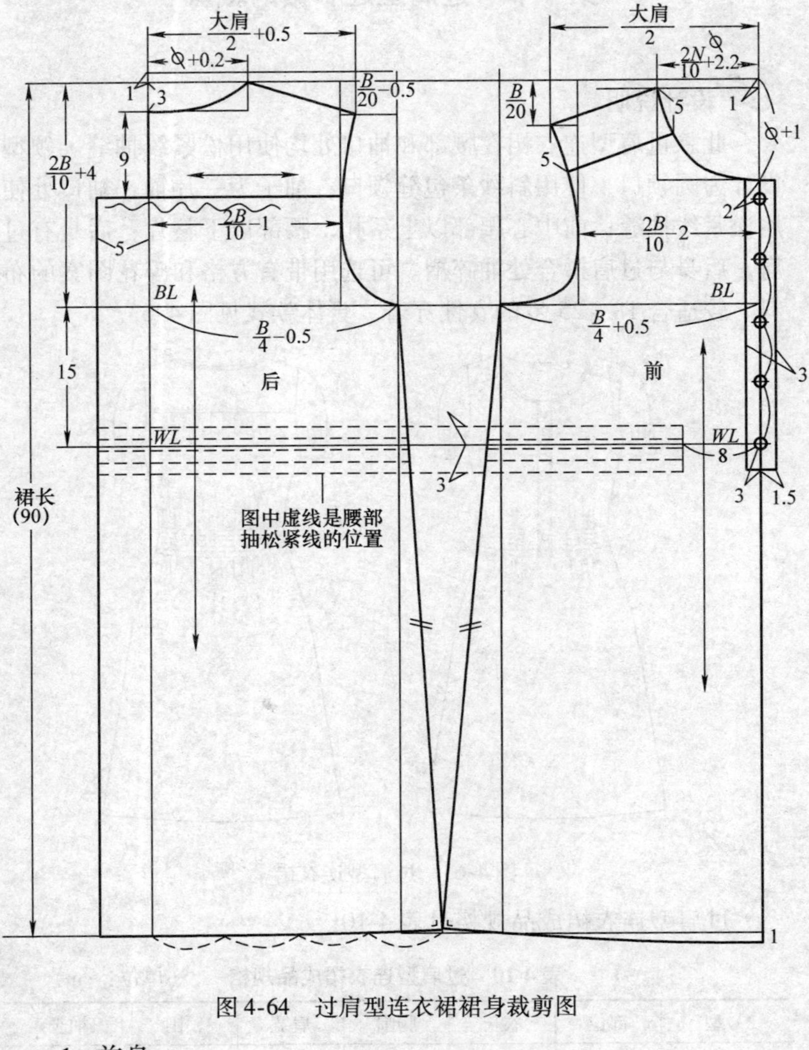

图 4-64　过肩型连衣裙裙身裁剪图

1. 前身

1）前领深：从上水平线沿前中心线向下测量 2N/10＋3.2cm。

2）前领宽：从上水平线向下 1cm 做水平线的平行线，再从前中心线沿此水平线向左测量 2N/10＋2.2cm。

3）前袖窿深：从上水平线沿前中心线向下测量 2B/10 +4cm。

4）前腰围线的位置：从前袖窿深线沿前中心线向下测量 15cm。

5）前落肩线：从上水平线沿前中心线向下测量 B/20。

6）前肩宽：从前中心线沿上水平线向左测量大肩宽的 1/2。

7）前胸宽：从前中心线向左测量 2B/10 −2cm。

8）前胸围宽：从前中心线沿袖窿深线向左测量 B/4 +0.5cm。

2. 后身

1）后领深：从上水平线沿后中心线向下测量 3cm。

2）后领宽：从后中心线沿上水平线向右测量2N/10 +2.4cm。

3）后袖窿深：从上水平线沿后中心线向下测量 2B/10 +4cm。

4）后腰围线的位置：从后袖窿深线沿后中心线向下测量 15cm。

5）后落肩线：从上水平线向上 1cm 做一水平线，再从此线沿后中心线向下测量 B/20 −0.5cm。

6）后肩宽：从后中心线沿上水平线向左测量大肩宽的 1/2 +0.5cm。

7）后胸宽：从后中心线向左测量 2B/10 −1cm。

8）后胸围宽：从后中心沿袖窿深线向左测量 B/4 −0.5cm。

3. 袖子

过肩型连衣裙袖子裁剪图见图 4-65。

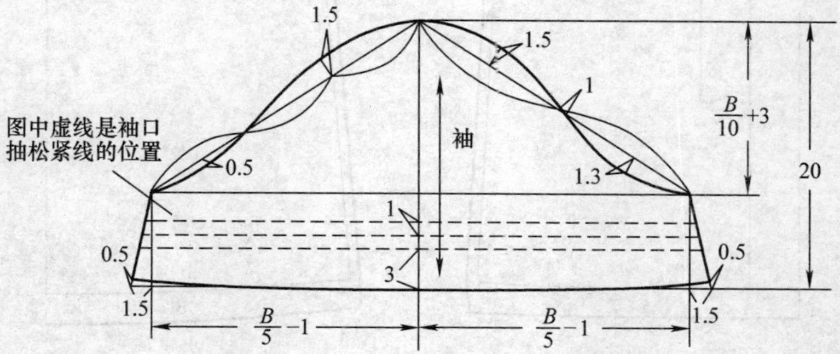

图 4-65　过肩型连衣裙袖子裁剪图

1）袖山高：从上水平线沿袖中心线向下测量 $B/10+3\text{cm}$。

2）袖肥：前袖肥从袖中线沿袖上肥线向右测量 $B/5-1\text{cm}$；后袖肥从袖中线沿袖上肥线向左测量 $B/5-1\text{cm}$。

二、样板制作要点

过肩型连衣裙裙身样板见图 4-66。

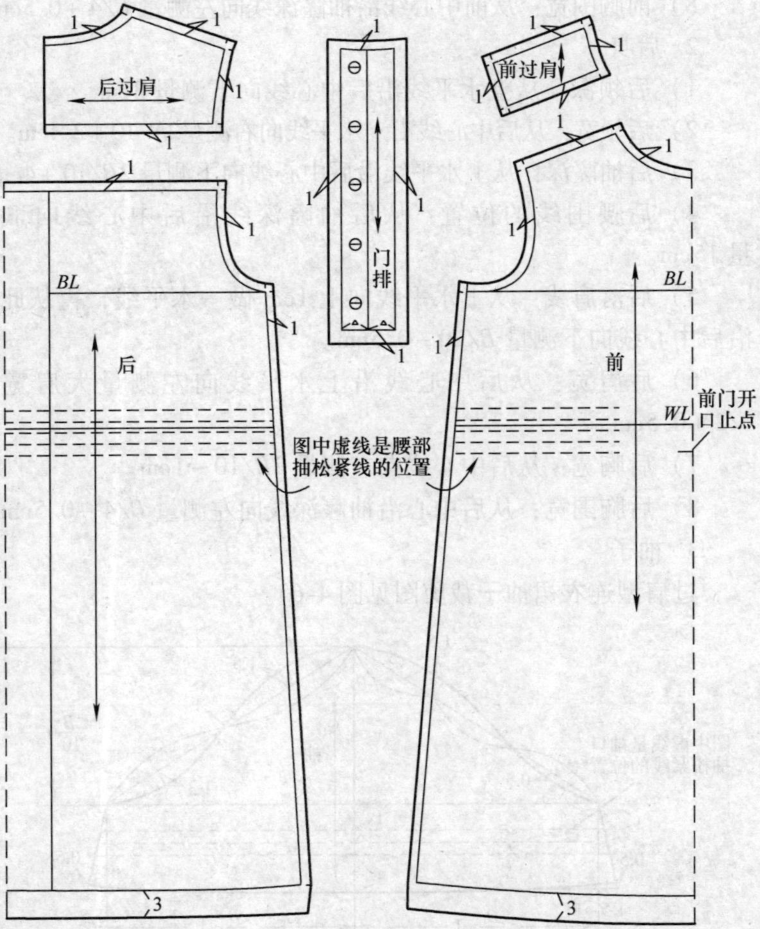

图 4-66　过肩型连衣裙裙身样板

1. 前身样板

1）前身在领口、肩缝、袖窿、侧缝、下摆处均放 1cm 的缝头。前中心整片裁剪，不放缝头，裁剪一片。

2）前门门排先放出与门排同样的宽度，再在四周均放 1cm 的缝头，裁剪时裁剪两片。

2. 后身样板

1）后身在领口、肩缝、袖窿、侧缝、下摆处均放 1cm 的缝头。后中心不放缝头，裁剪时裁剪一片。

2）过肩后中心不放缝头，其余部分均放 1cm。裁剪时裁剪一片。

3. 袖子、领口条裁剪

过肩型连衣裙袖子、领口条样板见图 4-67。

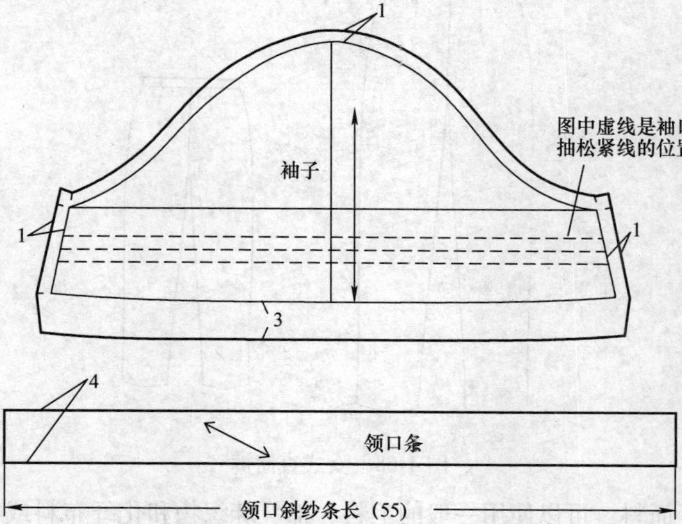

图 4-67　过肩型连衣裙袖子、领口条样板

1）袖子的袖山、袖口及袖底缝处均放 1cm 缝头，袖子裁剪时裁剪两片。

2）袖头下口放 6cm，其余部分均放 1cm，袖头使用罗纹，裁剪时裁剪两片。

第十一节　女式直筒裤的裁剪

设计说明

直筒裤造型美观，穿着方便，是近年来较为流行的一种裤型，见图4-68。它的特点是腰部、臀部较为合体，脚口、膝围尺寸适中，大小一致。穿着后外型显得高挑挺拔潇洒。此款式是装腰，前片左右反折裥两个，两侧缝直插袋，后裤片左右收省两个，前门装拉链或右侧侧缝上端开门处装拉链也可在右边侧缝处锁眼、钉扣。

图4-68　女式直筒裤

面料：可以使用一般的毛料、棉、麻织物和化纤布料或混纺面料等也可根据季节穿着目的自由选择。

使用量

表布：140cm 幅宽 110cm（裤长 +10cm－15cm）

表布：90cm 幅宽 210cm（裤长 ×2 +15cm－20cm）

一、制图说明

1）直筒裤的裤长一般都在脚踝骨以下，而膝高线比西裤要抬高一些，这样裤形比较美观。

2）从前后中心加放出来的厚度，我们把它称为裆宽，是按成品臀围尺寸的比例计算出来的。小裆的宽为 $H/20$，大裆的宽为 $H/10$。裆的宽度是由人体臀部的厚度决定的。裆宽合适穿着才会合体舒服，裆宽过大周围起空，过小则臀部绷紧。臀围尺寸相同的人，由于体型不同其裆宽也不一样。臀薄而宽的人，裆宽应小一些；臀厚而窄的人裆宽应大一些。

3）后裆缝的斜度与后翘之间的关系。后裆缝斜度是指后缝上端处的偏进量，后翘是指腰缝上的抬高量。在人体蹲、坐、弯腰时单靠直裆的长度是不够，所以裤子必须加后翘以增加后裆缝长度适应人体活动的需要。后翘与后裆缝斜度并存的，如果没有后翘，后裆缝缝合以后，后腰口会产生凹角。因此，起翘是使后裆缝缝合以后腰口顺直的先决条件。后裆缝斜度与起翘成正比。臀腰差越大，后裆缝斜度越大，后翘越高，反之越小。

4）折裥、收省与臀腰差的关系。臀腰差越大，收省，捏褶量多，并可以增加省褶的个数，反之则少。

5）后片大裆低落的原因，一是因为人的体型；二是因为后片下裆缝与前下裆缝等长。前平后凹通裆才对接顺圆，符合人体。

6）图 4-69 绘制的裁剪图为净板。实际裁剪时要加放相应的缝头和脚口折边量。图中尺寸采用的是成品尺寸，即各部位已加放了余量（活动量）。图 4-70 是女筒裤的部件裁剪图为毛板，不需要加放缝份。腰围尺寸加 3cm（里襟的宽度），腰头可以拼接。腰头宽 3cm 可以双折。

女式直筒裤的成品规格见表 4-11。

表 4-11　女式直筒裤的成品规格　　（单位：cm）

号型	裤长	腰围	臀围	脚口
160/66A	100	68	100	22

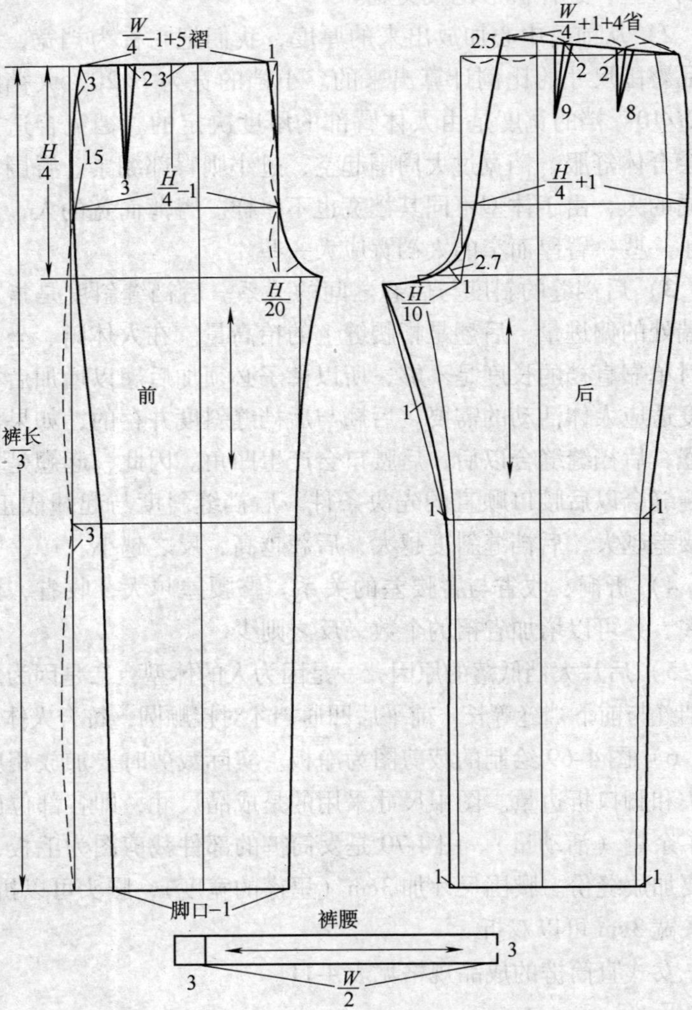

图 4-69 女式直筒裤前、后裤片的裁剪图

二、女式直筒裤的裁剪

1. 前、后裤片裁剪图

女式直筒裤前、后裤片的裁剪图见图 4-69。

2. 部件裁剪图

女式直筒裤部件裁剪图见图 4-70。

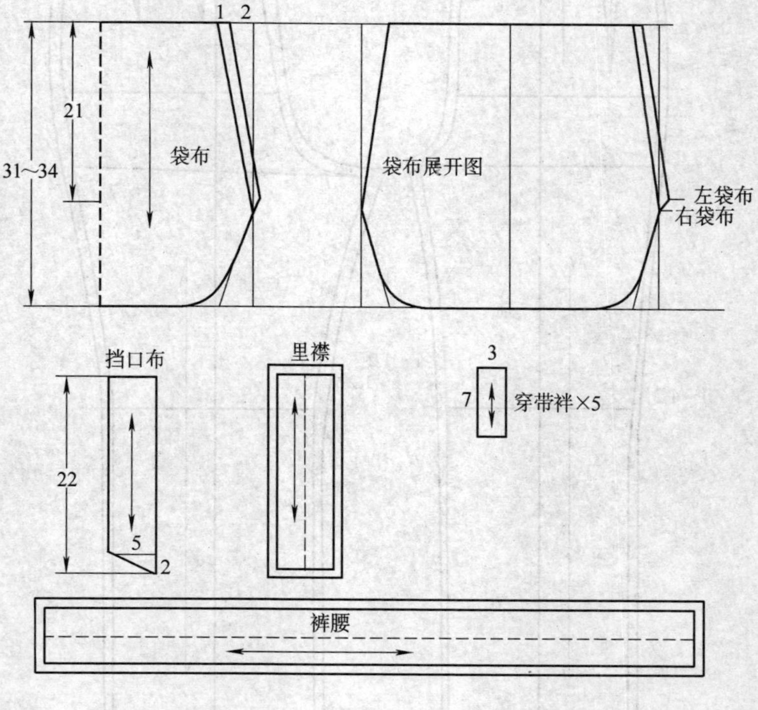

图 4-70　女式直筒裤部件裁剪图

三、女式直筒裤毛板加放方法

女式直筒裤毛板加放方法见图 4-71。其中腰口处放 1cm，侧缝放 1. 2cm，后裆缝上端放 2. 5cm，脚口放 4cm 各部位放好缝份后，标上名称、纱向、褶量、省量的大小、位置、直插袋位，前中心开口止或右侧片开口止，裁片的数量、合印点（臀围线、横裆线、膝高线）。沿着外轮廓线剪下即成为毛板，拿着毛板就可以在面料上排板裁剪了。

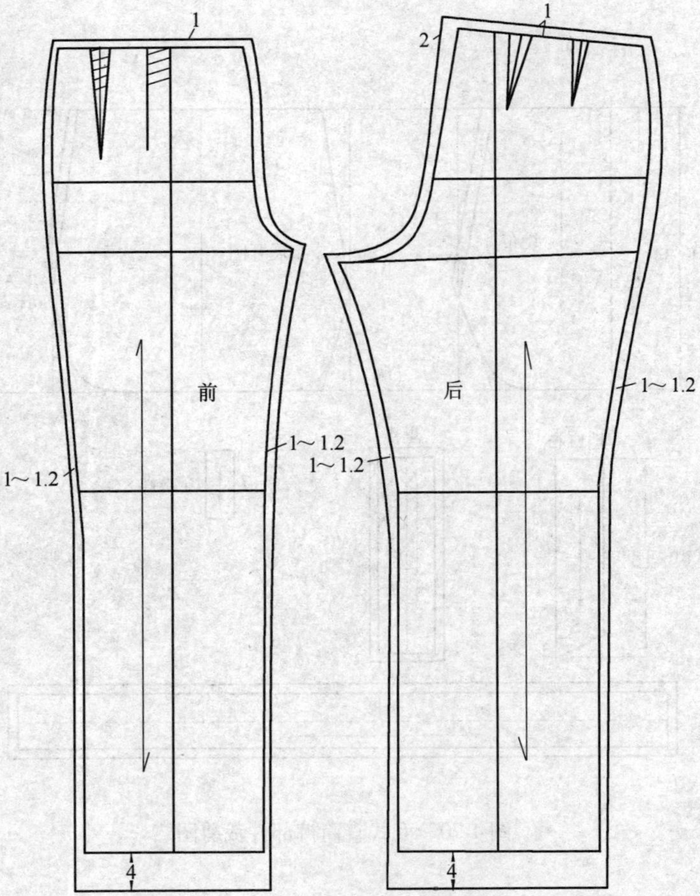

图 4-71 女式直筒裤毛板加放方法

女式直筒裤需要用面料裁剪的裁片是：前裤片两片，后裤片两片，裤腰一整片。挡口布两片，里襟一整片（如果做前开口的零部件就是门襟贴边一片，里襟一整片，挡口布两片）。串带五小片。

第十二节　女式牛仔裤的裁剪

设计说明

牛仔裤应用非常广泛，它诞生于劳动装，从开始诞生至今一直是一种十分流行的裤装，见图 4-72。牛仔裤的魅力，跨越了时空、年龄，成为街头文化的经典，更成为每个人拥有率最高的单品衣着之一。被人们称做是“世纪的服装，人的第二皮肤。”此款牛仔裤是近年来较为流行的微喇叭型牛仔裤。微喇叭的设计摒弃了腿部的平庸，增强了腿部的流线，更迎合时尚人士的个性。穿着后集潇洒、纯美为一体。牛仔裤臀部较紧，前片无褶裥，月牙形插袋，前门装拉链。后片拼后翘，贴供袋左右各一个。前供袋口、后贴袋、后翘、裤腰、侧缝均组双明线。

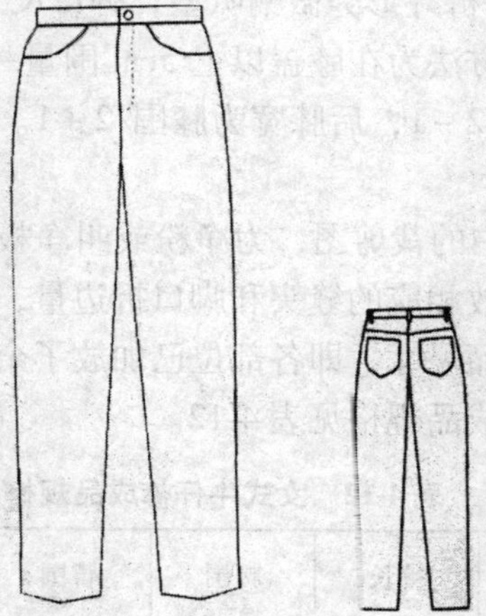

图 4-72　女式牛仔裤

面料：选用布料一般是劳动布，牛津劳动布或棉涤混纺的有弹性，结实耐洗的为宜，也可选用化纤等面料。

使用量

表布：90cm 幅宽 210 ~ 220cm

一、制图说明

1）牛仔裤属紧身型裤装。它的各个部位的加放量较其他裤型（适身型）要小，立裆要浅。因是紧身型的裤子前片无褶裥，前片前裆缝在腰口处向里的尺寸要加大。如果前片侧缝弧度还是太强的话，制做时侧缝会出现鼓包，这个尺寸还可以进到 2. 5cm 左右。或者稍加大腰围的余量，以减小臀腰差。总之要使裤腰口处向里的尺寸控制在适量的范围内。

2）后片的过腰，即起到了装饰作用，有具有实用性，暗含了后腰省。牛仔裤后裆缝的倾斜度、后翘比其他适身型裤子要小，后裆缝长度较短，在运动或弯腰时比较紧，但裤型挺直美观。后大裆宽度小于适身型裤子，这样合体度高，能保持整条裤子规格协调一致。

3）此款牛仔裤外形为微喇叭型，脚口尺寸稍大于膝围尺寸。膝围尺寸的确定方法为在膝盖以上 5cm 围量一周加放 2cm 余量。前膝盖宽为膝盖/2 – 1，后膝宽为膝围/2 + 1。脚口的计算方法可参看女筒裤。

4）图 4-73 中的裁剪图，为净粉或叫净板。实际裁剪时要在此图的基础上加放相应的缝头和脚口折边量，即放成毛板。图中尺寸采用的是成品尺寸，即各部位已加放了余量（活动量）。

女式牛仔裤成品规格见表 4-12。

表 4-12　女式牛仔裤成品规格　（单位：cm）

号型	裤长	腰围	臀围	脚口	膝围
160/66A	100	68	94	23	42

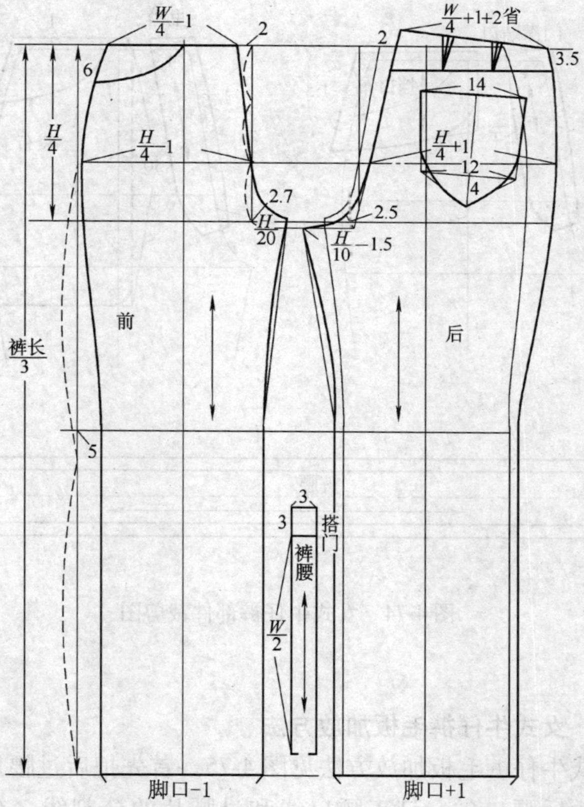

图 4-73　女式牛仔裤裤片裁剪图

二、女式牛仔裤裁剪

1. 裤片裁剪图

后裤片裁剪图见图 4-73。

2. 部件裁剪图

女式牛仔裤部件裁剪图见图 4-74。

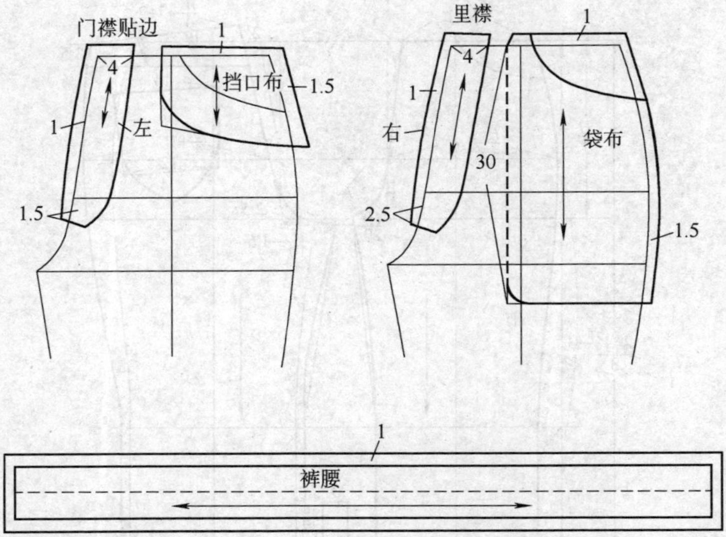

图 4-74 女式牛仔裤部件裁剪图

三、女式牛仔裤毛板加放方法

女式牛仔裤毛板加放方法见图 4-75。首先把后过腰片拓印下来，折叠后腰口省，订正腰口线和过腰片的分割线，在四周放 1 ~1. 2cm 的缝份。前裤片腰口放 1cm，侧缝放 1 ~1. 2cm，脚口放 2cm。后片与过腰片分割处放 1 ~1. 2cm，侧缝放 1 ~1. 2cm，脚口放 2cm。放完缝份后，在后过腰片上要标上贴袋的位置，其他操作可参照女筒裤毛板加放方法后面的内容。

女式牛仔裤需要面料裁剪的裁片是：前裤片两片，后裤片两片，后过腰片两片，后贴袋两片，挡口布两片，门襟贴边一片，里襟一整片，串带五小片，裤腰一整片。

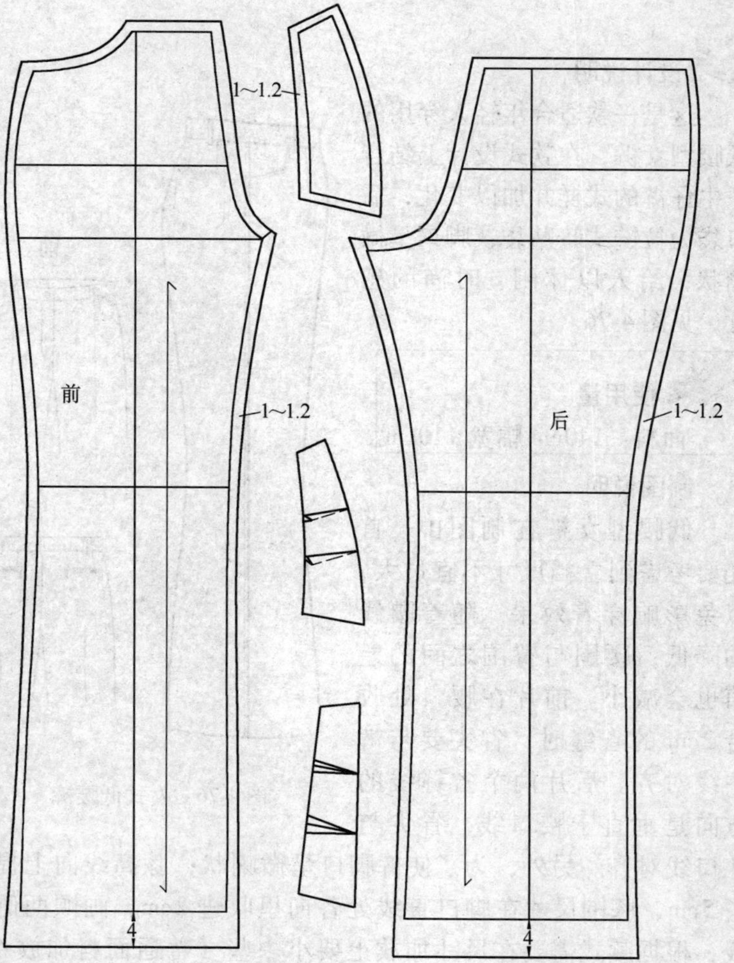

图 4-75　女式牛仔裤毛板加放方法

第十三节 女式低腰裤的裁剪

设计说明

这是一款适合年轻人穿用的低腰型女裤，在款式设计上结合了牛仔裤的式样并加以变化，后口袋为拉链式暗贴袋，脚口呈微喇状，给人以休闲、时尚的感觉，见图 4-76。

使用量

面料：140cm 幅宽 110cm

制图说明

低腰型女裤在制图中，首先要考虑到立裆尺寸不宜过大，以免影响穿着效果。随着腰线的降低，腰围与臀围之间的差值也会减小。前片在腰口处收合 2cm 的省缝时，省尖要与裤中线对齐。后片两个省缝线的方向是垂直于腰口线，省尖与斗口线对齐。另外，为了使裤脚口呈微喇状，膝高线向上提高了 5cm，膝围尺寸在脚口直线处各向里收进 2cm，画顺两侧弧线，根据款式需要在尺寸加放上要小一些（普通面料加放 4 ~ 6cm，弹力面料加放 1 ~ 2cm 作为参考）。女式低腰裤裁剪图见图 4-77。

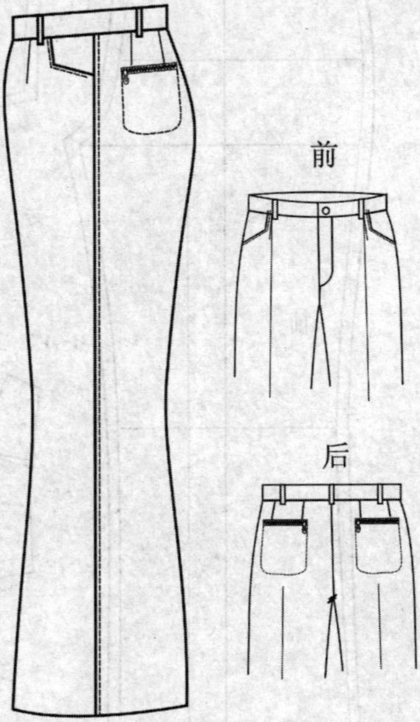

图 4-76 女式低腰裤

女式低腰裤成品规格见表 4-13。

表 4-13　女式低腰裤成品规格　　　　（单位：cm）

号型	裤长	腰围	臀围	脚口
165/68A	100	68	96	23

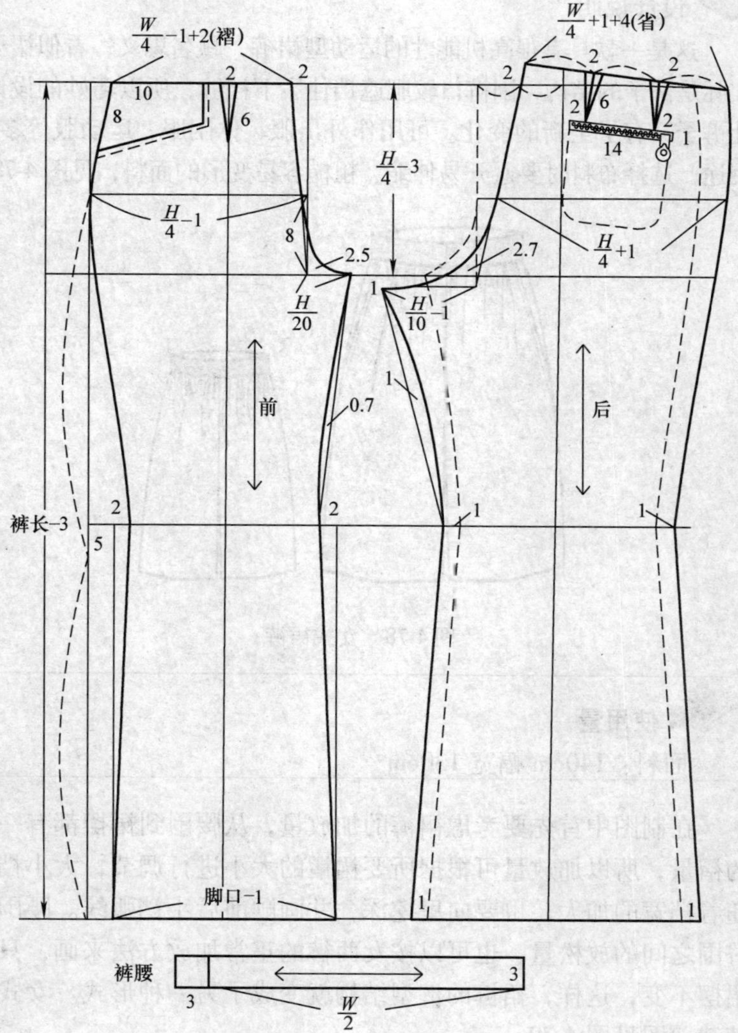

图 4-77　女式低腰裤裁剪图

第十四节 女式裙裤的裁剪

设计说明

这是一款具有很高机能性的运动型裙裤，顾名思义，看似裙子，实际是裤子的结构，因裤口较肥遮挡住了下裆缝，所以巧妙的设计，让裤子又有了全新的变化。可用作外出服、休闲服、运动服等多种用途。选择布料时要避开易伸缩、粗糙容易变形的面料，见图4-78。

图4-78 女式裙裤

使用量

面料：140cm 幅宽 130cm

在制图中首先要考虑裙裤的加放量，从腰围到裙摆都有一定的褶量，所以加放量可根据所要裙褶的大小进行调节，大小裆弯随着裆宽的加大，也要向里挖深，并画顺前后小裆弧线。腰围与臀围之间的放松量，也可以按女西裤的正常加放方法来画，只是裙摆不变，这样，裙裤的裤型结构就变成了另一种形式。女式裙裤裁剪图见图4-79。

女式裙裤成品规格见表4-14。

表 4-14 女式裙裤成品规格 （单位：cm）

号型	裤长	腰围	臀围	立裆（净）
165/68A	60	68	94	26

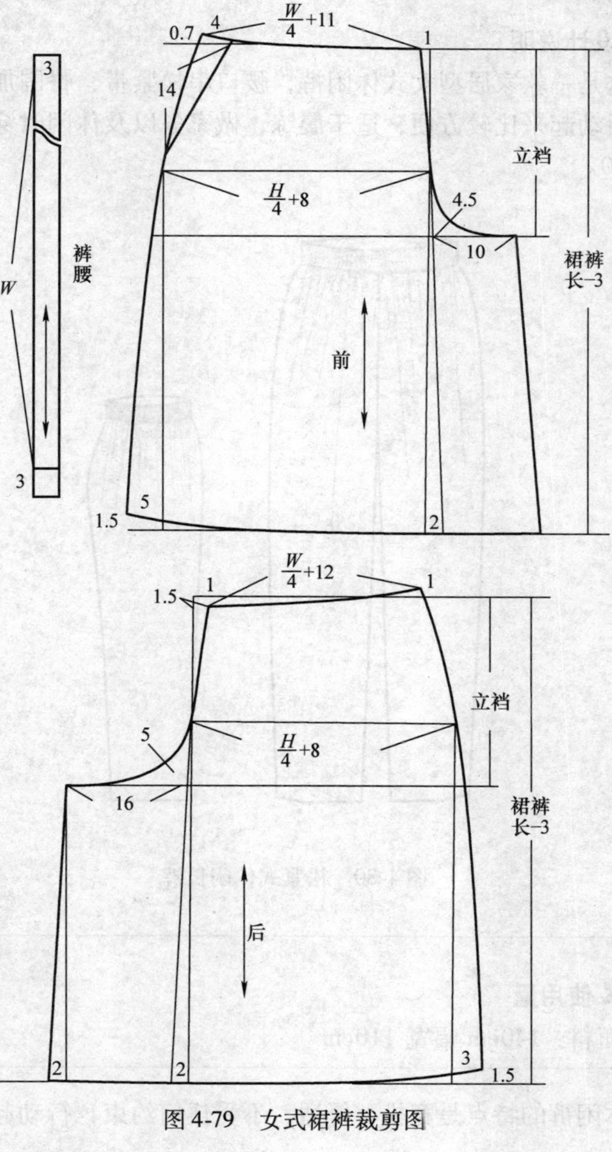

图 4-79 女式裙裤裁剪图

第十五节　松紧式休闲长裤的裁剪

设计说明

这是一款家居型女式休闲裤，腰口串松紧带，臀围加放量较大，活动起来比较方便，适于晨练、做家务以及休闲时穿用，见图 4-80。

图 4-80　松紧式休闲长裤

使用量

面料：140cm 幅宽 110cm

休闲裤的特点是宽松、舒适，不受任何约束，行动起来比较方便，所以臀围的加放量相对大一些（14～16cm 作为参考）。制图的方法比较简单，立裆线和大小裆弯的尺寸比正常女裤要大一些，裤子两侧为整片裁剪；腰口线加出腰头宽 3cm，留出串松紧带的位置；脚口线不宜过宽，以免行动不方便，见图 4-81。

松紧式休闲长裤成品规格见表 4-15。

表 4-15 松紧式休闲长裤成品规格 （单位：cm）

号型	裤长	腰围	臀围	脚口
165/68A	100	68	96	21

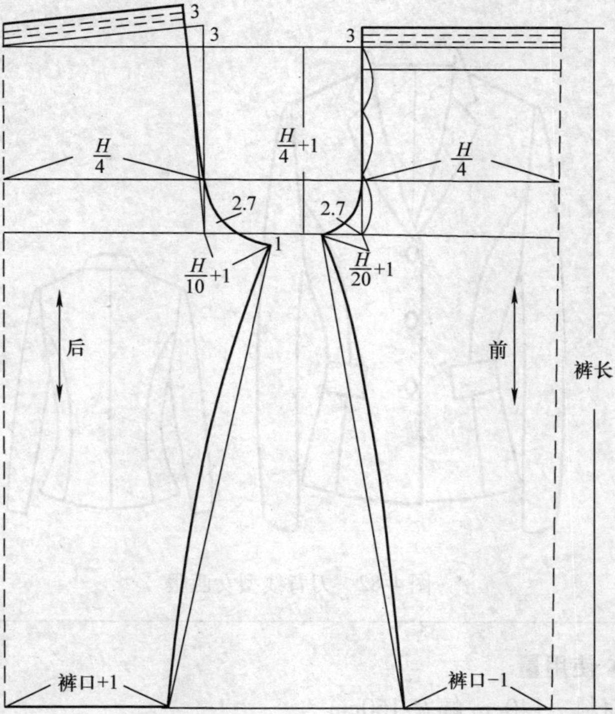

图 4-81 松紧式休闲长裤裁剪图

第十六节 刀背线型女西服的裁剪与缝制

设计说明

这是一款刀背线型女西服，除了四开身、平驳领、单排三粒扣的传统款式外，在领、袖、门襟、口袋、下摆以及宽松度、长度上可以有较丰富的款式变化，泛指女式正装上衣，见图4-82。这类服装适用面广，从日常生活到社交、外出、办公……只要选择适当的造型和材料，女式正装上衣是一年中任何季节都能穿着的理想服装。

图4-82 刀背线型女西服

使用量

面料：140cm 幅宽 160cm

里料：90cm 幅宽 190cm

衬料：90cm 幅宽 110cm

一、材料使用说明

1. 面料

女西服所使用的材料也是多种多样的，主要有：纯毛及毛混纺面料如法兰绒、华达呢、女式呢、花呢、驼丝锦、毛涤混纺、毛腈混纺等，丝绸、棉、麻、化纤及其混纺织物等。选择时要注意将面料、里料、衬料及纽扣、垫肩等辅料有机地结合起来，以达到较好的制作效果。

2. 里料

里料具有光滑的特性，所以加上里子后不仅穿着舒适、穿脱方便，还能保护面料，延长衣服的使用寿命，并有保暖、保型等作用。耐磨、耐洗、不掉色是里料应具备的条件，常用里料有美丽绸、醋酸酯纤维绸、尼龙绸、涤美绸等品种，可根据面料的材质合理选配。

3. 衬

使用衬的目的是辅助面料进行造型，增加面料的厚度和重量，使之挺括而易于造型。女装以粘合衬使用较多，分为有纺衬和无纺衬。

二、制图说明

刀背线型女西服裁剪图见图 4-83。

刀背线型女西服成品规格见表 4-16。

表 4-16 刀背线型女西服成品规格 （单位：cm）

号型	胸围	大肩	衣长	袖长	袖口	领围
165/84A	96	40	65	56	13	40

1. 身片

首先，确定好各部位的成品尺寸，画出基础线，按图示要求计算公式，后片刀背线距后背缝 9cm，前片刀背线距前中心 11cm，根据胸围大小可作适当调整，但是，要保证线条的美观、流畅。前片刀背线从袖笼处收进 1cm，使衣身更加贴近于人体，在画线时要注意订正刀背线，使两线长度相等。腰省量的大小在满足腰围尺寸的前提下，可收可减，一般掌握在 1.5 ~ 3cm 之间，刀背线至下摆处要有一定的重叠量，以满足臀围尺寸。

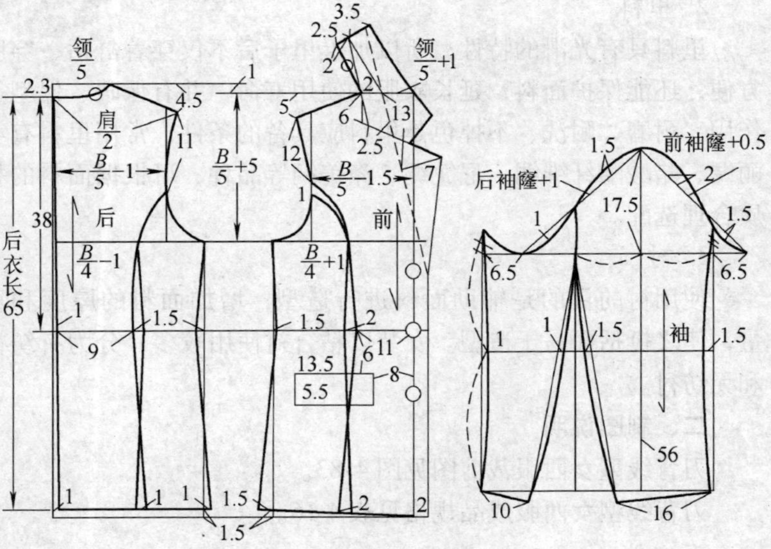

图 4-83　刀背线型女西服裁剪图

2. 袖子

这是西服两片袖，先用软尺测量出身片袖窿弧线长度，加上一定的吃量，画出袖山弧线。袖山高度依据胸围大小、袖窿深度，定寸 17 ~ 18cm 或使用公式计算（袖窿长/3），袖子画好后，要核对（身片）袖窿弧线与（袖子）袖山弧线的尺寸差，袖山弧线应大于袖窿弧线 2.5 ~ 3.5cm，作为上袖时的吃量。

3. 领子

领子是在前身片的基础上画出来的，这是一款平驳头西服领，画领前先要确定门襟的搭合量2cm，再从前领口的侧颈点处量出2cm，以翻折线止点为基准连线，这就是翻折线，后领倾倒量2cm，（倾倒量大小与翻领宽窄有关，应灵活掌握），座领宽2.5cm，翻领宽3.5cm，领前端与领台形状可根据自己的喜好来定。

三、毛板与排料

1. 面料样板

刀背线型女西服面料样板见图4-84。

女西服面料毛样板是在裁剪图的基础上，加放出缝制用的缝份，称为毛板。所放缝量要均匀，宽窄一致。领面与贴边翻折处，多放出的0.5cm是翻折量和反吐量，防止领子和贴边起翘，领里直接放份裁成斜纱。并在各片中标清纱向、裁片数、合印点以利于缝制时更加准确无误。

2. 里料样板

刀背线型女西服里料样板见图4-85。

可在面料毛样板的基础上画出里料样板，里料样板放量比面料多出0.3cm，缝制时按1cm缝合，0.3cm作为里布的余量。

3. 衬料样板

刀背线型女西服衬料样板见图4-86。

网格处是需要粘衬的部位，衬料裁剪时应注意衬料的样板比面料毛板周边缩进0.5cm，以避免粘衬时，衬上的热融胶污染粘合机的传送带或烫台。

四、排料与裁剪

女西服工艺要求较高，因此，排料和裁剪时就应注意下列问题。

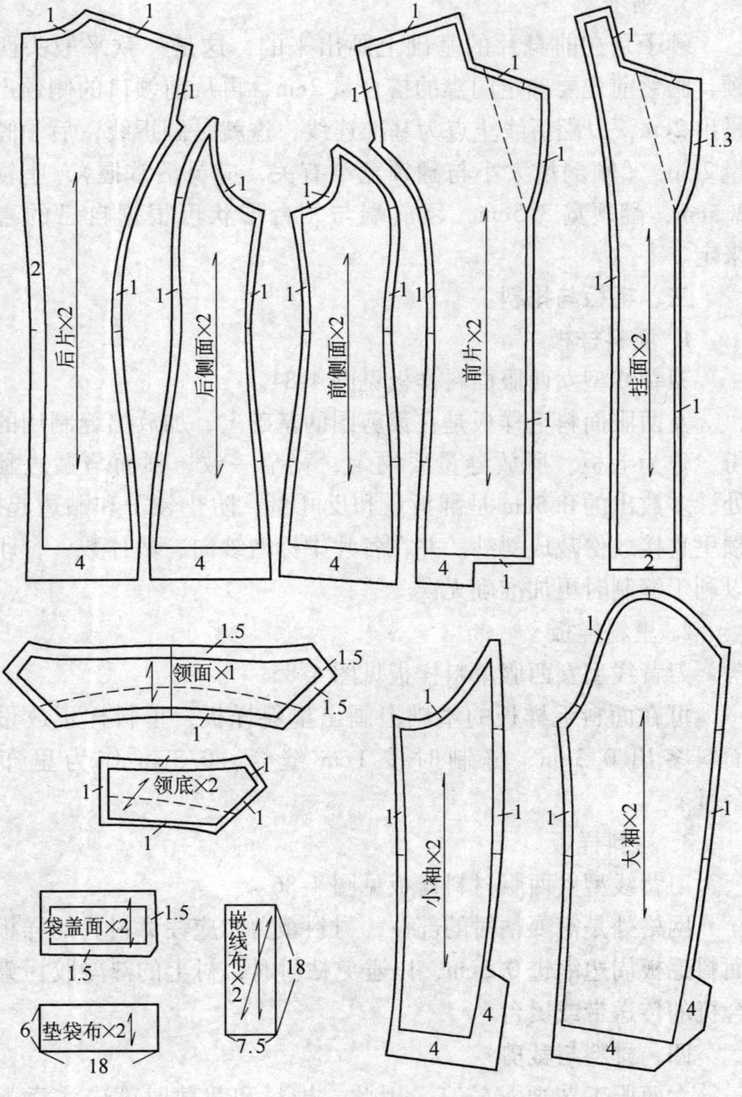

图 4-84　刀背线型女西服面料样板

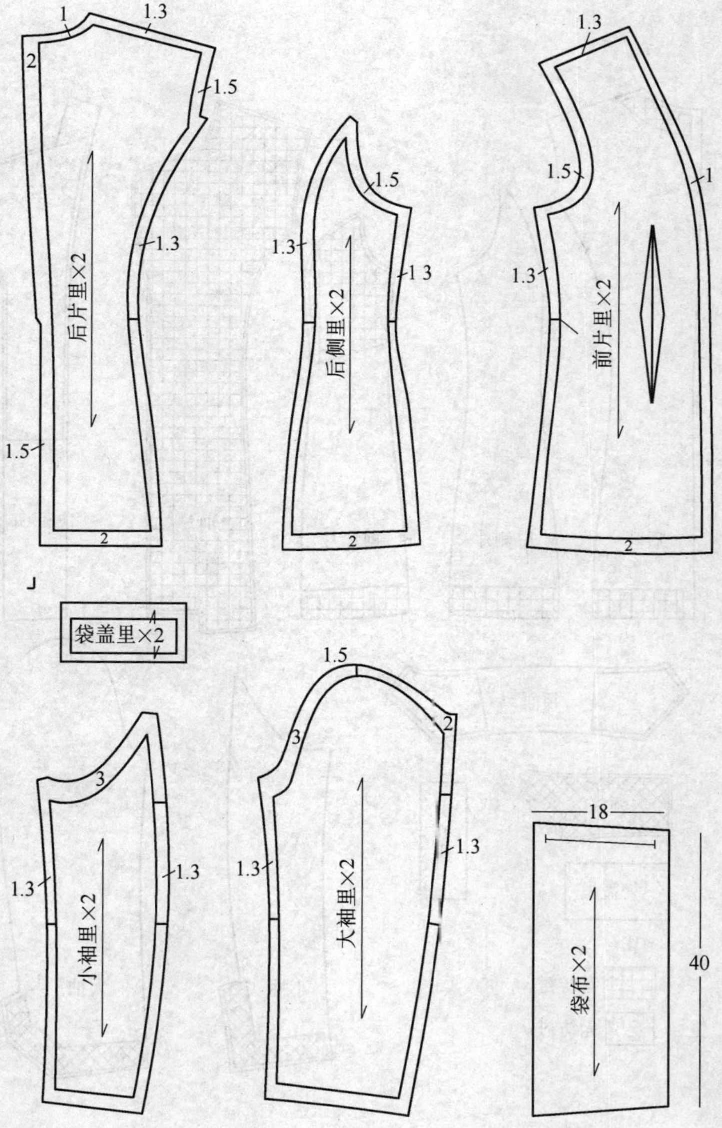

图 4-85　刀背线型女西服里料样板

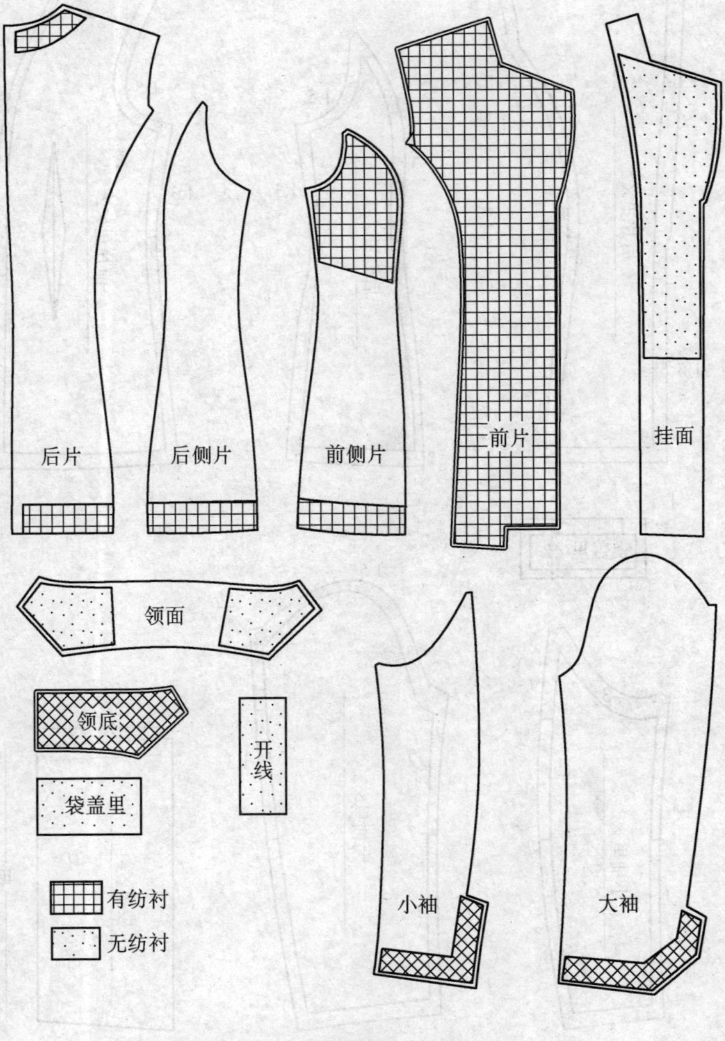

图 4-86　刀背线型女西服衬料样板

1）面料有方向性的（如毛向、阴阳格等），一套服装要保证方向一致。

2）纱向要顺直，在面料长度允许的情况下，大衣片一般不得倾斜。

3）条格面料要注意对条格。

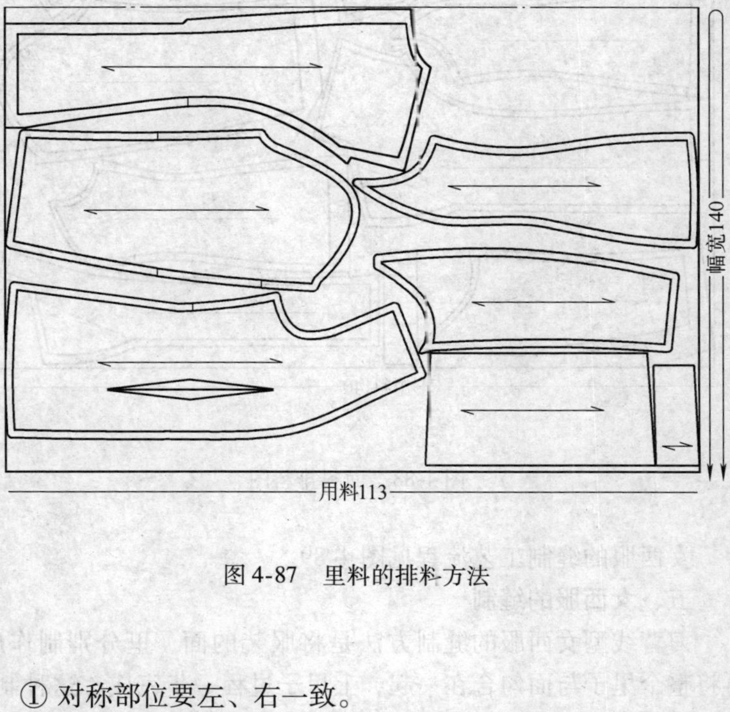

图 4-87 里料的排料方法

① 对称部位要左、右一致。

② 后身后领中部位要保证一个整花型，以便与领面对条格。

③ 袋盖、袋板要与大身对条格。

④ 大身摆缝要对格。

⑤ 大、小袖缝要对格。

⑥ 前袖窿上三分之二部位与大身对格。

里料的排料方法见图 4-87，幅宽 140cm。

面料排料图见图 4-88，幅宽 144cm。

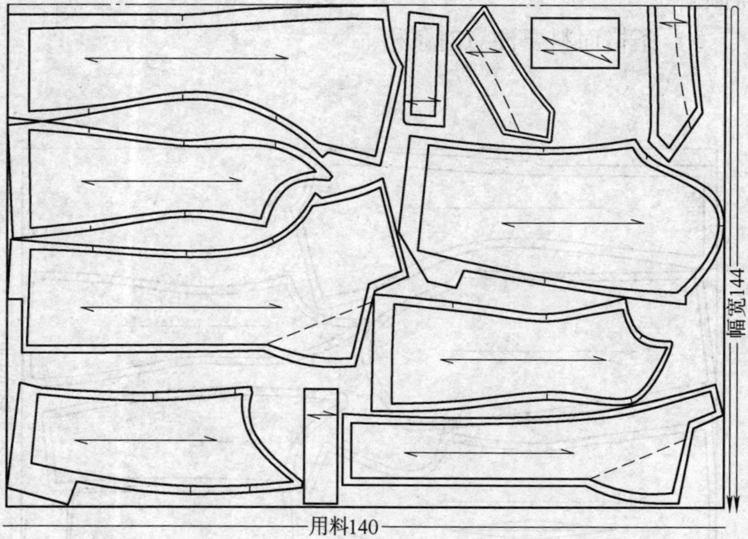

图 4-88 面料排料图

女西服的缝制工艺流程见图 4-89。

五、女西服的缝制

刀背线型女西服的缝制方法是将服装的面、里分别制作后，再将整个里子与面勾合在一起，上里子过程一步完成。这种制作工艺相对比较简单，机缝较多。这种方法还可适用于茄克、马甲、大衣等。

1. 粘衬

按前面所讲粘衬部位进行粘合。

2. 归拔衣片

主要归拔部位见图 4-90。在工业生产中，此工序多省略。

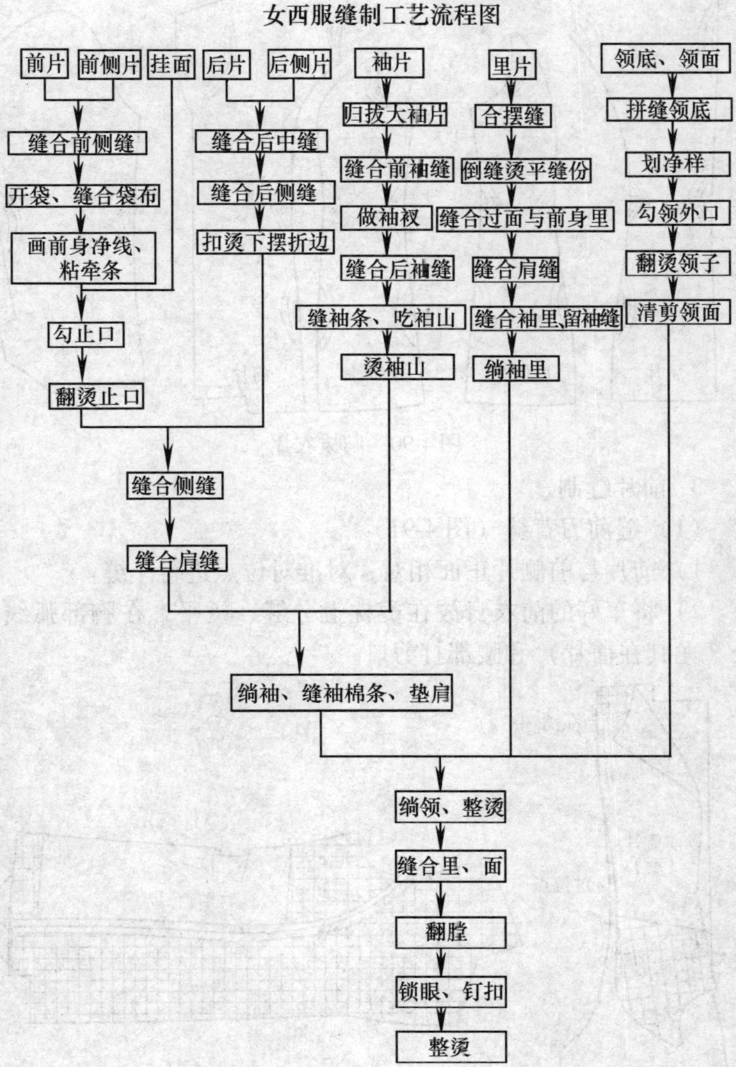

图 4-89　女西服的缝制工艺流程

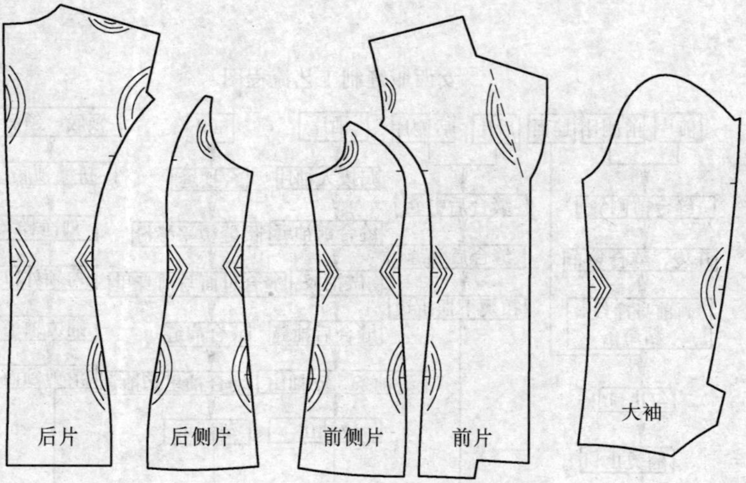

图 4-90　归拔衣片

3. 前片缝制

（1）缝前刀背缝（图 4-91）。

1）前片与前侧片正面相对，对准对位点进行车缝。

2）将车好的前衣身放在烫枕上分缝、烫平，在胸部弧线弯处（尤其在前片）和腰部打剪口。

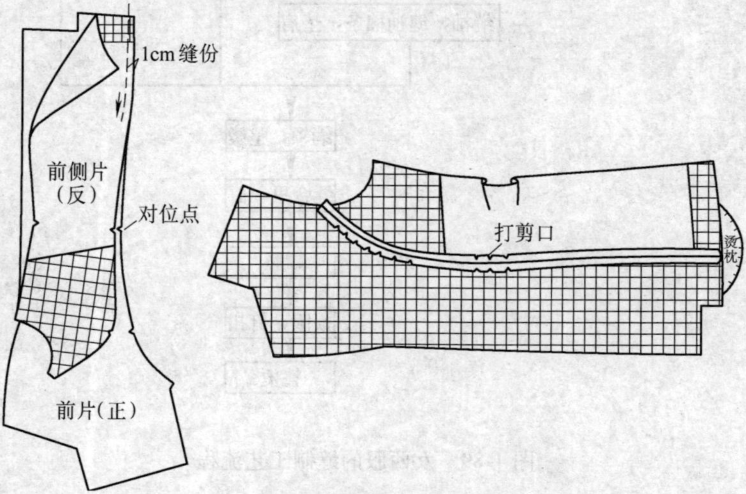

图 4-91　缝前刀背缝

(2) 做口袋（图4-92）。

1）做袋盖：袋盖里、面正面相对，袋盖面在下，袋盖里上划净线，放在上面，按净线车缝，拐角处吃缝袋盖面；翻烫袋盖，袋盖面吐出0.2cm，注意不要倒吐。在翻烫好的袋盖里上按袋盖宽画粉线标记。

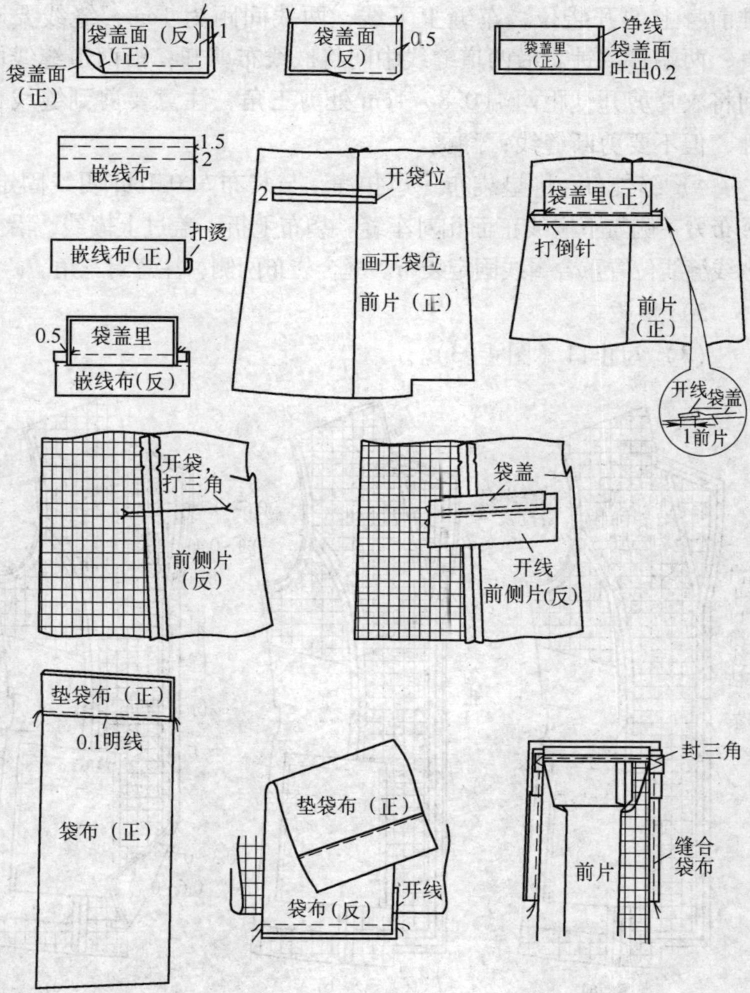

图4-92　做口袋

2）扣烫嵌线：扣烫第一条线，距边窄些，约1.5cm即可；第二条扣烫线距第一条扣烫线四个嵌线宽，即0.5cm×4=2cm。将袋盖放在嵌线布窄边的一侧，对准粉线位置，距粉线0.5cm车缝固定袋盖和嵌线布。

3）开袋：在前身上准确画出开袋位置，将烫好的嵌线布对准前身上的开袋位，车缝上下线，两线间距为1cm，缝线要顺直，两端打倒针。沿两道缝线中间将嵌线布剪开；沿两道缝线中间将衣片剪开，距两端0.8～1cm处剪三角，注意要剪到缝线根处，但不要剪断缝线；翻烫。

4）缝袋布：将垫袋布一边扣净，与袋布车0.1cm明线固定，袋布另一侧与下嵌线正面相对车缝。袋布上折，盖过上嵌线，沿上嵌线缝线位置重合缉线固定袋布。缝合袋布两侧，注意封三角。

5）整烫。

（3）勾止口（图4-93）。

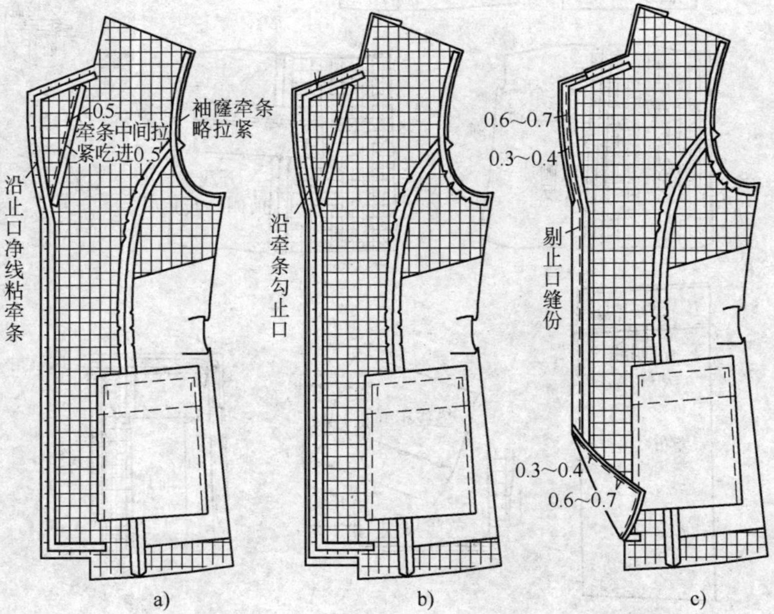

图4-93　勾止口

1）用净板划前身止口净线、翻折线。沿止口净线里侧粘直牵条；距翻折线外0.5cm粘直牵条，牵条要拉紧，根据面料和翻折线长度吃进0.4～0.7cm。

2）将挂面与前身正面相对，从驳领处开始勾止口，注意领角处略吃挂面，止口至下摆拐角处略吃大身。

3）净剪止口：驳领处挂面留0.6～0.7cm，大身留0.3～0.4cm缝份，止口处相反进行清剪。

4）翻烫止口：驳领大身一侧和止口挂面一侧倒缝车0.1cm明线固定止口，熨烫平整。

5）扣烫下摆4cm折边。

4. 后片缝制

后片缝制见图4-94。

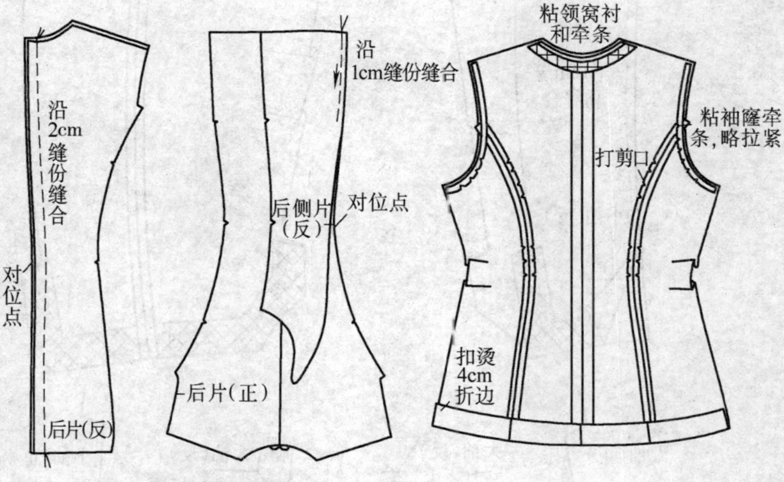

图4-94　后片缝制

1）缝合后中缝和后刀背缝，并分缝烫平。

2）后领窝、袖窿粘直牵条，袖窿上的牵条要略拉紧。

3）扣烫下摆4cm折边。

5. 缝合侧缝

1）将前后身正面相对，缝合侧缝，分缝烫平。

2）扣烫下摆4cm折边。

6. 缝合肩缝

前、后肩正面相对缝合，后肩斜略吃进约0.5cm左右（吃量根据面料质地而定），分缝烫平。

7. 袖子缝制

袖子的缝制见图4-95和图4-96。

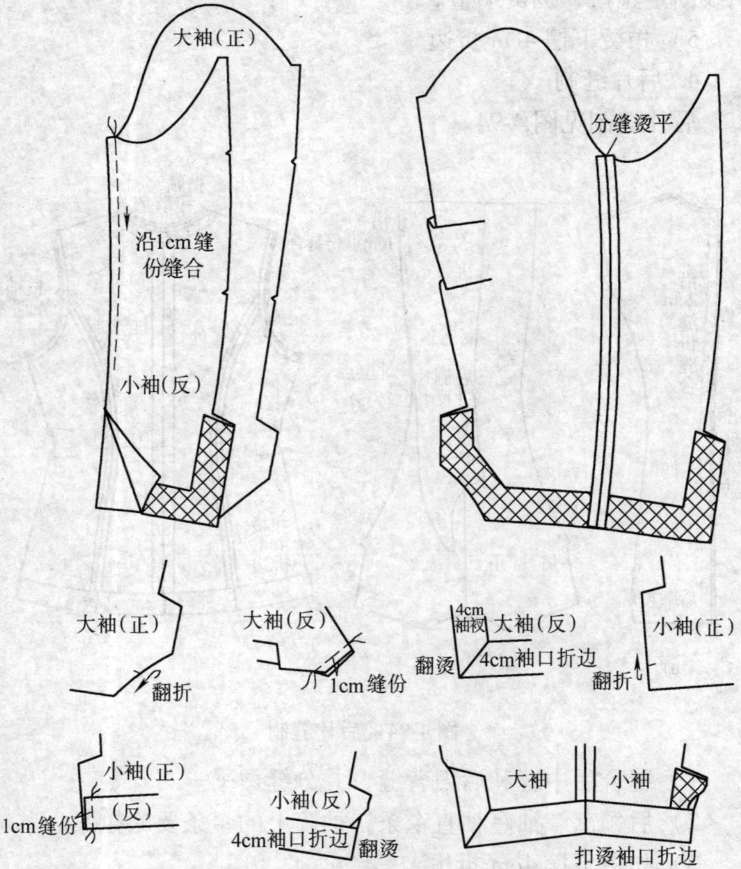

图4-95　袖子的缝制（一）

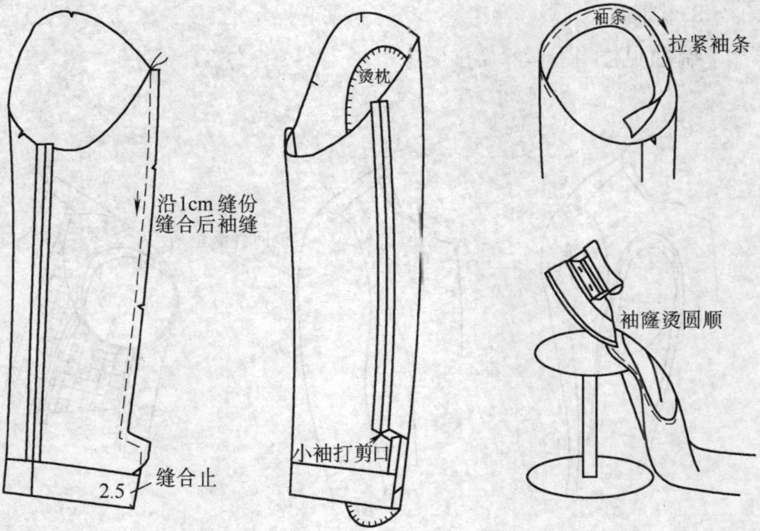

图4-96　袖子的缝制（二）

这里介绍活袖衩的做法，按照这种方法制作的袖衩较薄且美观，但做好后的袖子不能修改袖长。

1）拔开大袖片前袖缝，拔开后，大袖前袖缝处可以自然翻折过来。

2）缝合前袖缝，分缝烫平，熨烫时注意将小袖片摆放平整。

3）车缝大袖衩，分缝烫平。

4）车缝小袖衩，翻烫平整。

5）扣烫袖口折边。

6）缝合后袖缝，缝至距袖口2.5cm左右止，分缝烫平。

7）缩缝袖山：裁两条45°正斜的里料，长30cm左右，宽3cm，沿袖山净线外侧0.2cm处车缝，开始时不吃量，然后逐渐拉紧斜条，过袖山顶点后再逐渐减少拉力至平缝，缩缝量（袖山吃量）3cm左右，视面料薄厚、松紧调整缩缝量。

8）把缩缝后的袖山头放在铁凳上熨烫均匀、平滑，使袖山圆顺饱满。

8. 绱袖

绱袖见图 4-97。

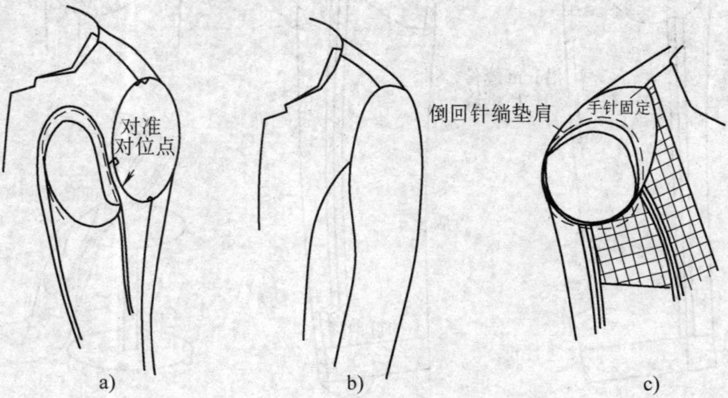

图 4-97 绱袖

1）将袖山和袖窿的对位点对好，车缝袖窿一周，注意机器吃赶（如果对位点不准确，可先用手针绷缝绱袖，确认绱袖位置准确后再车缝）。

2）装垫肩：将垫肩外口探出袖窿毛缝 0. 2cm，用倒勾针将垫肩与袖窿缝份绷牢固，绷线不宜过紧；再将肩缝与垫肩圆口缲几针固定。

9. 里子缝制

里子的缝制见图 4-98 和图 4-99。

1）缝合里子后中缝、各条摆缝，均向后倒缝、烫平，留 0. 3cm 掩皮（余量）。

2）缝合前身里与挂面 向侧缝方向倒缝、烫平。

3）缝合肩缝，向后倒缝、烫平。

4）缝合袖里 左袖里前袖缝中间部分不缝合，留口长约 12cm；向小袖片倒缝、烫平，留 0. 3cm 掩皮。

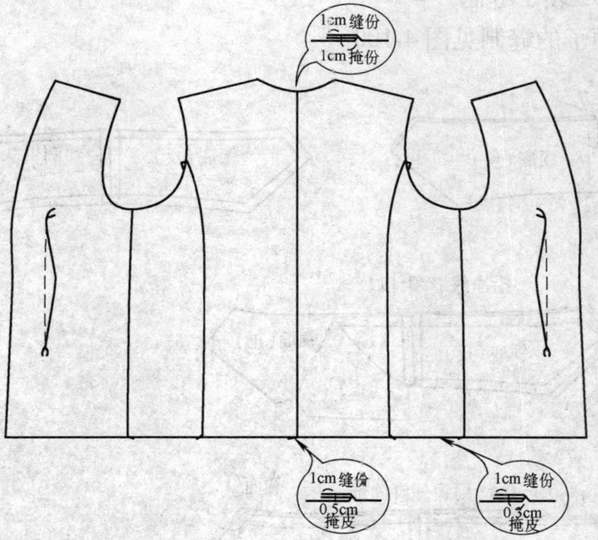

图 4-98　里子的缝制（一）

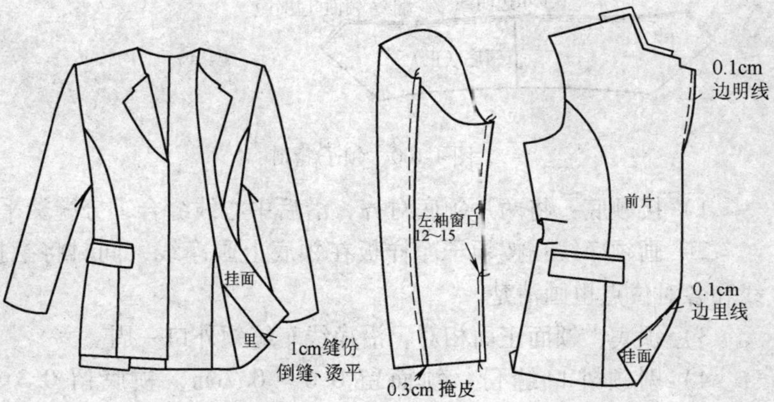

图 4-99　里子的缝制（二）

5）绱袖里，注意袖窿对位点。

10. 领子缝制

领子的缝制见图4-100。

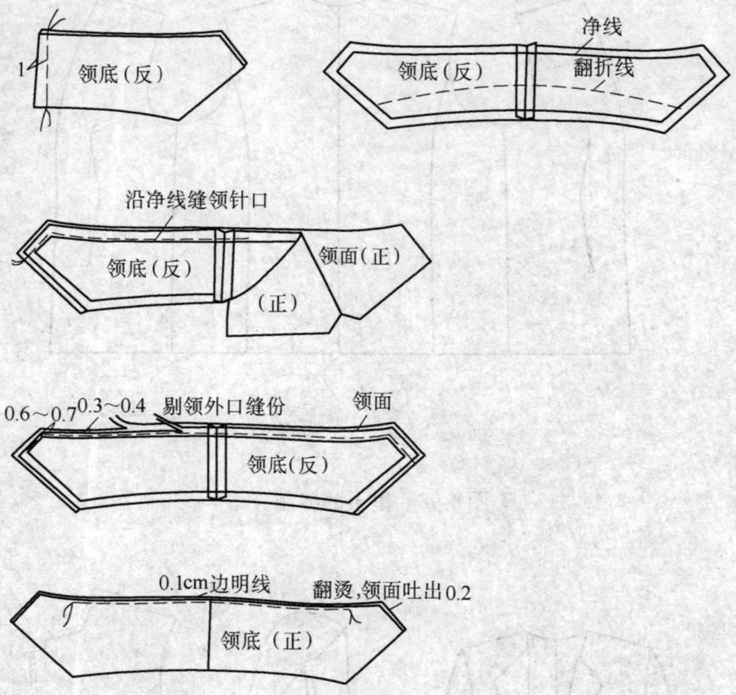

图4-100 领子缝制

1）接领底：将两片领底对齐，沿后中心线缝合，分缝烫平。

2）画领净线：按领子净样板在领底上画净线，同时将翻折线和各对位点也画清楚。

3）领底、领面正面相对，沿净线车缝领外口一周。

4）剔领外口缝份，领面留0.6～0.7cm，领底留0.3～0.4cm，翻烫平整。

5）领外口在领底一侧倒缝缉0.1cm明线固定。

6）烫领子翻折线，按领底修剪领面下口缝份。

11. 绱领子

绱领子见图 4-101。

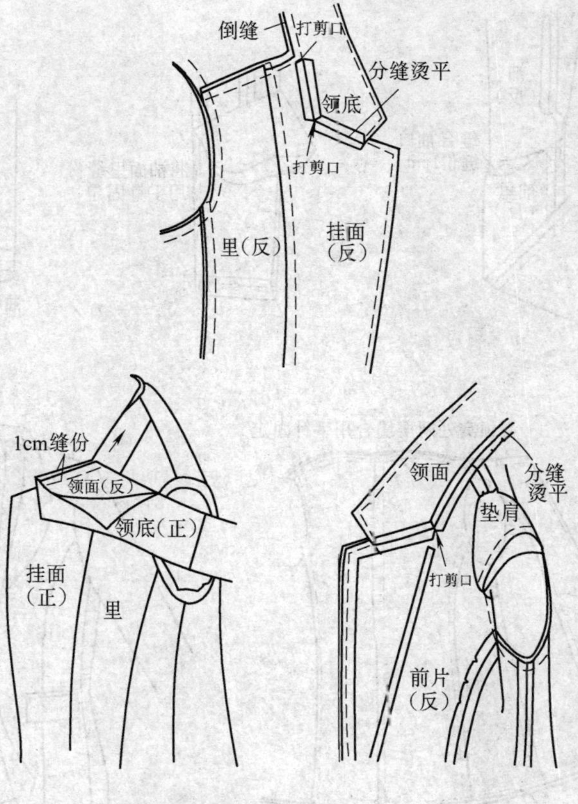

图 4-101　绱领子

1）准对位点，分别将领面与挂面、里子，领底与大身衣片在领窝处进行缝合。

2）两层领窝线分别分缝，大身里子处倒缝、烫平，必要处打剪口。

3）用手针或机器将两层领窝处的缝份缝合固定。

4）熨烫平整。

12. 缝合、固定面和里

缝合、固定面和里见图 4-102。

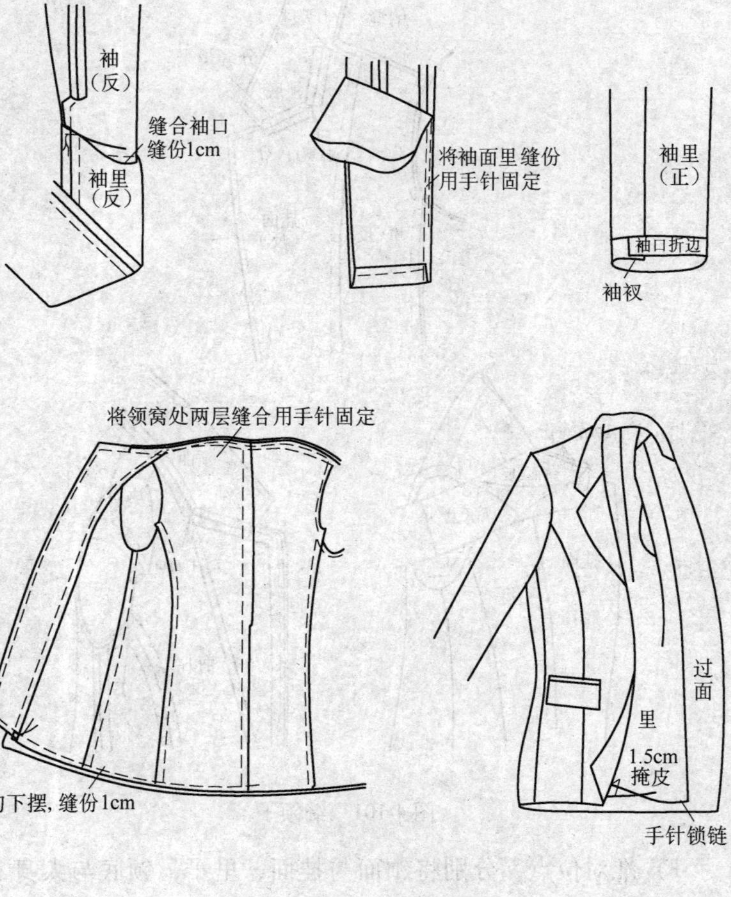

图 4-102 缝合、固定面和里

1）将面、里袖口对齐，对准前、后袖缝，车缝袖口一周。

2）手针或双面胶固定袖口折边。

3）将面、里的前后、袖缝的缝份用手针擦住固定，缝线不要过紧。

4）用手针将袖窿里的缝份固定在垫肩上。

5）将面、里正面相对，下摆对齐，车缝下摆一周。

6）用手针或双面胶固定下摆折边。

7）从左袖前袖缝预留口将整件服装翻出。

8）用手针将面、里摆缝处的缝份摇住固定，缝线不要过紧。

9）熨烫下摆，里子比面短 1.5cm 左右，留烫掩皮。

10）将袖里子上的留口处用 0.1cm 明线缝合封口。

13. 锁眼、钉扣

按样板上的位置进行锁眼、钉扣，要求位置准确，锁钉牢固。

14. 整烫

各条缝线、折边处要熨烫平整、压死、驳口翻折线第一扣位向上三分之一不能烫死。从正面熨烫时要垫上烫布，以免损伤布料或烫出极光。整烫后，要将服装挂在衣架上充分晾干后再进行包装。

第十七节　三开身女西服的裁剪

设计说明

这是一款普通型女西服上衣，三开身结构、平驳领、单排两粒扣，兜口为单袋牙，前腋下有一个省缝，为女式正装上衣，也是初学者必须要掌握的一个服种。注意材料的选择和色彩的搭配，在制图中要掌握好衣身的结构和领型、袖型的变化，见图 4-103。

使用量

面料：140cm 幅宽 160cm

里料：90cm 幅宽 190cm

衬料：90cm 幅宽 110cm

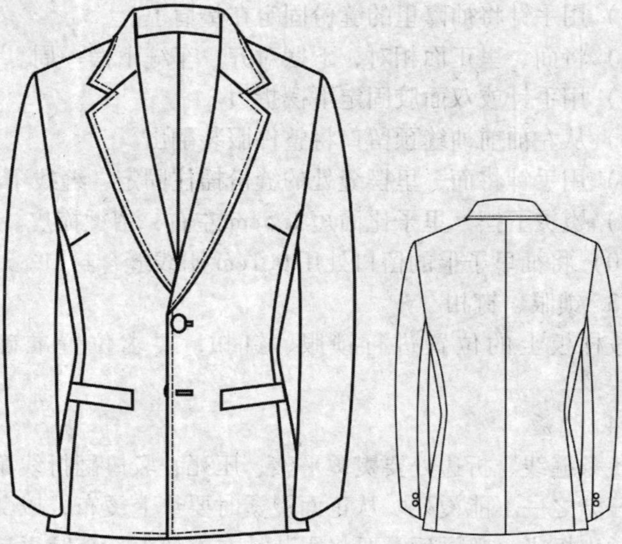

图 4-103 三开身女西服

1. 身片

三开身结构的特点是，将后片、腋下片和前片分割开来，收腰部位主要集中在腋下片两侧和后中心线上，前腋下省缝既有装饰性又能够突出胸部的造型。在领宽的处理上，前领宽（领/5 + 2 ~2. 5cm）比后领宽大 1 ~1. 5cm，将作为前胸的撇胸量。至于领角的形状、串口线高低位置和扣子的多少，都随着流行趋势在不断变化，见图 4-104。

2. 袖子

这是西服两片袖结构制图，袖山高度很重要，它将直接影响到袖型的美观性。而袖肥的确定是依据（胸 1. 5/10 + 3. 5cm），所以在测量时，要注意标记的部位，袖底缝互借 3cm，袖外缝互借 2cm 外加袖口开衩，并将袖口弧线画顺。袖子画好后，要核对（身片）袖窿弧线与（袖子）袖山弧线的尺寸差，袖山弧线应大于袖窿弧线 2. 5 ~3. 5cm，作为上袖时的吃量。

3. 领子

领子是在前身片的基础上画出来的。这是一款平驳头西服领，画领前先要确定门襟的搭合量 2cm，再从前领口的侧颈点处量出 2cm，以翻折线止点为基准连线，这就是翻折线。后领倾倒量 2cm（倾倒量大小与翻领宽窄有关，应灵活掌握），座领宽 2. 5cm，翻领宽 4cm，领前端与领台形状可根据自己的喜好来定。

4. 毛板与排料（参考刀背线型女西服的方法）

三开身女西服成品规格见表 4-17。

表 4-17　三开身女西服成品规格　　（单位：cm）

号型	胸围	大肩	衣长	腰节	袖长	袖口	领围
165/84A	96	40	65	40	56	13	40

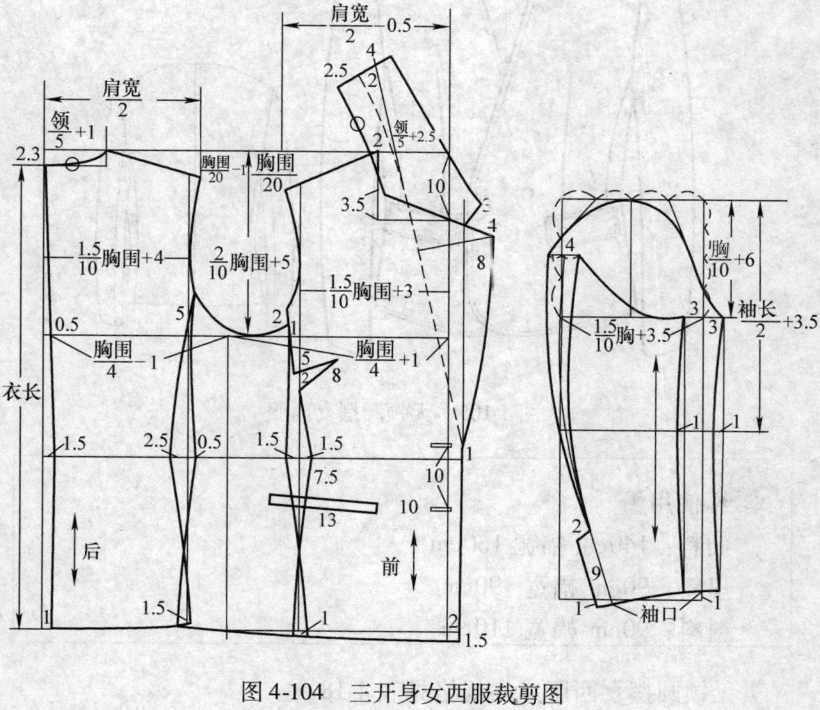

图 4-104　三开身女西服裁剪图

第十八节　无领圆摆女西服的裁剪

设计说明

这款女西服是在原有的三开身基础上，加以简单化的无领西服，前门为双排两粒扣圆摆式结构，前腋下分割线和腰省缝的长度，收到袋口上端，形成前后两片的衣身结构。因领口较低，所以套穿的内衣要搭配合理，见图 4-105。

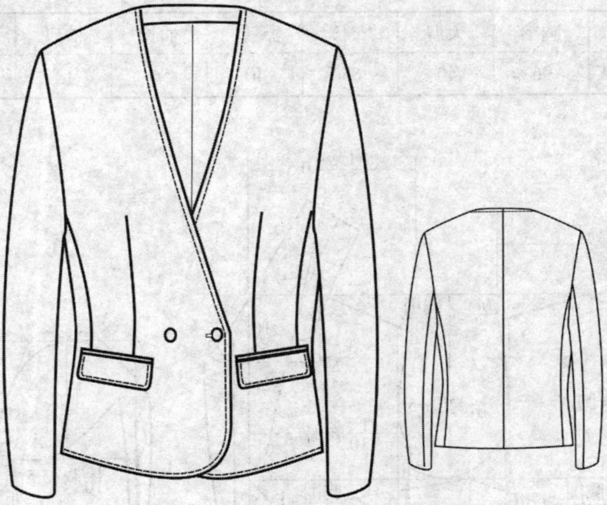

图 4-105　无领圆摆女西服

使用量

面料：140cm 幅宽 160cm

里料：90cm 幅宽 190cm

衬料：90cm 幅宽 110cm

无领圆摆女西服成品规格见表 4-18。

表 4-18　无领圆摆女西服成品规格　（单位：cm）

号型	胸围	大肩	衣长	袖长	袖口	领围
165/84A	96	40	65	56	13	40

1. 身片

衣身的制图方法与三开身结构相似，只是两条省缝线要在确定袋口的位置后，才能画出来。另外，前领口弧线不宜过大，以免领口松动、不服帖，搭门的重叠量依据款式需要进行调整（图 4-106）。

2. 袖子

运用了西服两片袖的制图方法，不论是袖山高还是袖上肥，都要按公式推算确定数值，以保证袖型的美观性。袖子画好后，要核对（身片）袖窿弧线与（袖子）袖山弧线的尺寸差，袖山弧线应大于袖窿弧线 2.5～3.5cm，作为上袖时的吃量，此款式可不做袖开衩处理（图 4-106）。

3. 毛板与排料（参考刀背线型女西服的方法）

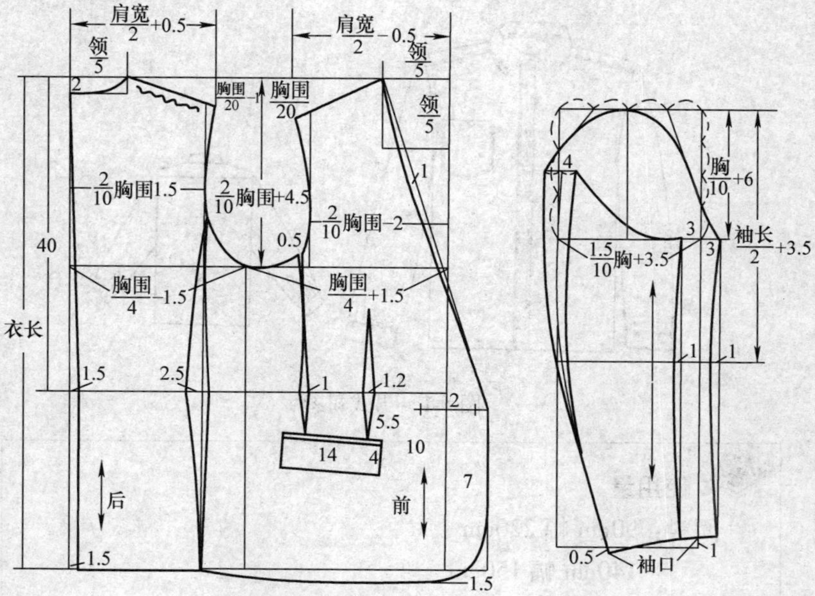

图 4-106　无领圆摆女西服裁剪图

第五章　男装裁剪与缝制

第一节　男式衬衫的裁剪与缝制

设计说明

这是一款普通型男式衬衫，见图 5-1。根据季节的不同，穿着方式也不一样，夏季可做为休闲衬衫来穿，春秋季节可穿在西服或外套的里面，也可以系上领带。正式场合最好选择单色面料，如果是休闲、度假、外出时，可选择条格、暗花、色彩鲜艳的衬衫面料。

图 5-1　男式衬衫

使用量

面料：90cm 幅 220cm

　　　140cm 幅 150cm

衬：90cm 幅 50cm

一、制图说明

普通型男式衬衫成品规格见表 5-1。

表 5-1　普通型男式衬衫成品规格　　(单位：cm)

号型	胸围	大肩	衣长	袖长	领围
175/96A	112	46	76	58	41

普通型男式衬衫裁剪图见图 5-2。

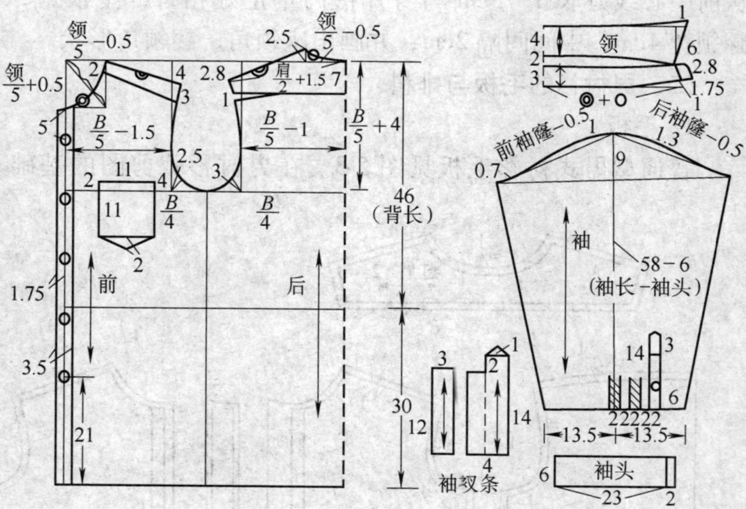

图 5-2　普通型男式衬衫裁剪图

1. 身片

首先，画出各部位的基础线，按所给成品尺寸计算公式，后片，大肩/2 + 1.5cm 其中，1.5cm 做为落肩量可大可小，要根据背宽尺寸去调节，后片中心线可裁剪成整片或平行放出 3cm 做成对褶。前片，胸袋形状为尖角或圆角，胸袋只钉在左前身，搭门量 1.75cm 同贴边连裁或做成翻贴边，如果是条格面料从视觉效果上贴边、过肩、袖头、领子等部位最好和大身纱向相反。

2. 袖子

先确定好袖山高基础线9~10cm，袖长线58~60cm（袖头宽），再用软尺测量出前后袖窿的弧线长度，按图示要求画出袖山弧线，袖口尺寸（27cm）比袖头（23cm）大出4cm正好是两个倒褶量。

3. 领子

领子在画图前，先要测量出前后领长尺寸，领头起翘1cm，从前中心线延长1.75cm与身片搭门量正好相符，座领宽3cm，翻领宽4cm，中间间隔2cm，并画出座领角、翻领角形状。

二、男衬衫的毛板与排料

1. 毛板

普通型男式衬衫毛板见图5-3。在男衬衫裁剪图的基础上，

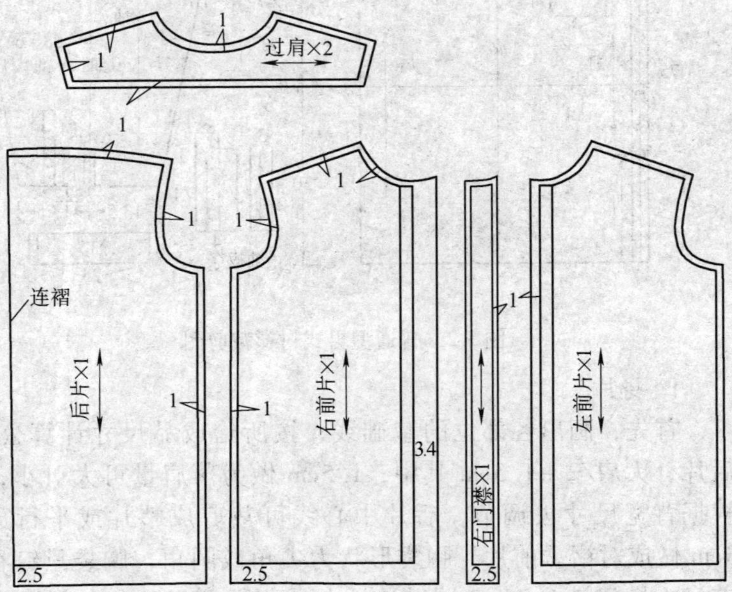

图5-3 普通男式衬衫毛板

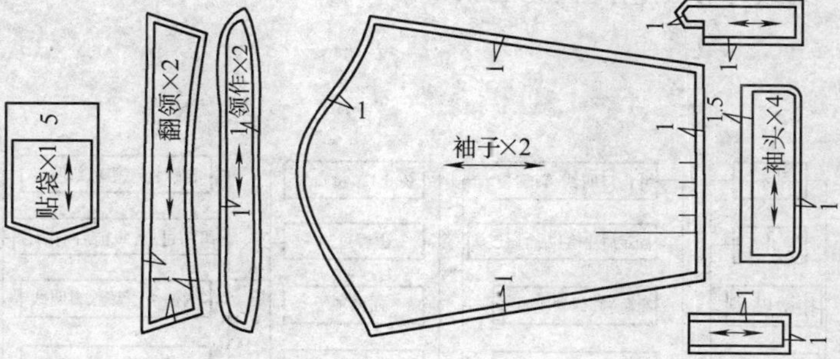

图 5-3　普通男式衬衫毛板（续）

下摆留出折边量，其他部位留出制作时所需要的缝份，沿着图中的外轮廓线剪下，此时便形成了男衬衫的毛板。在每一块毛板上标注部位、纱向及裁剪片数，以此作为排料的依据。

2. 男式衬衫排料

按照毛板上所标注的纱向及裁剪片数的要求，将其排列在90cm 的幅宽面料上，见图 5-4。图中的斜线表示剩余部分。

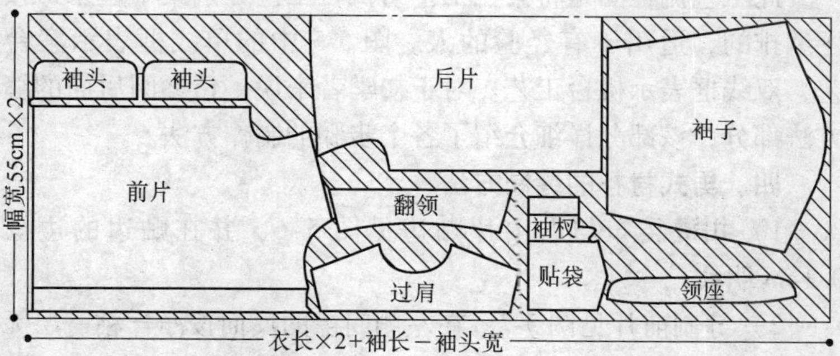

图 5-4　男式衬衫排料

三、男式衬衫的工艺流程

男式衬衫工艺流程见图5-5。

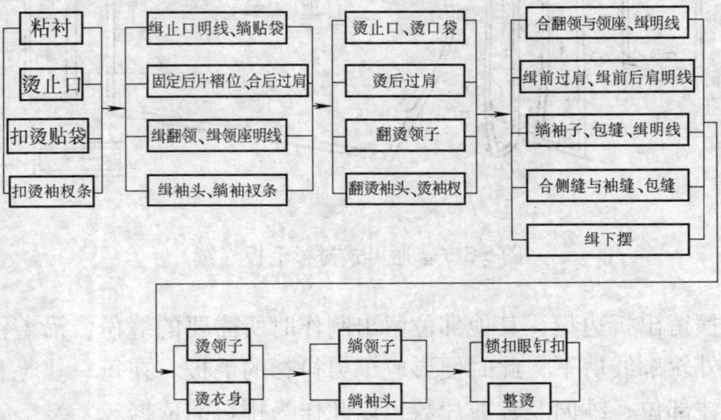

图5-5 男式衬衫工艺流程

此工艺流程图是将案台工艺与机台工艺分别集中起来，按顺序编排的，适用于有经验的人。图5-5中的单线框表示案台工艺，双线框表示机台工艺。对于初学者来说，请参阅后面的缝制方法部分，该部分详细介绍了各个步骤的制作方法。

四、男式衬衫的缝制方法

1）扣烫袋布与右前片贴边见图5-6，并在贴边的边缘缉0.1cm明线。

2）缝制前片见图5-7，在左侧门襟的反面按净样粘一层无纺衬，然后与左前片缉在一起。把门襟翻向正面烫好，两边各缉0.1cm明线。再将扣烫好的贴袋缉在相应的位置，袋口要封牢固。

图 5-6　扣烫袋布与右前片贴边

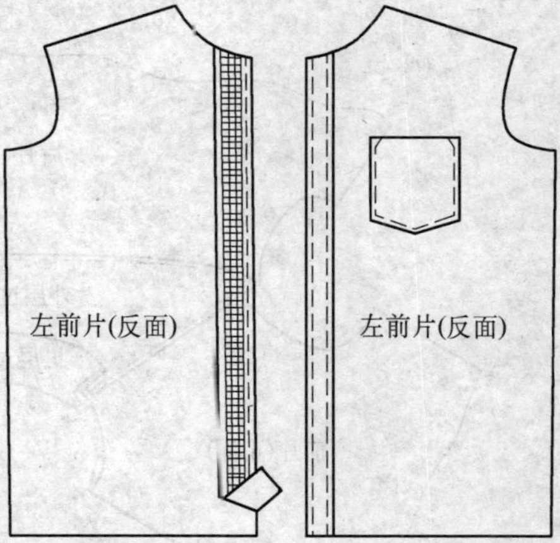

图 5-7　缝制前片

3）合过肩见图 5-8，把后片夹在两层过肩之间，三层缝合在一起。然后将过肩的外层正面朝上，缉 0. 15cm 明线见图 5-9。

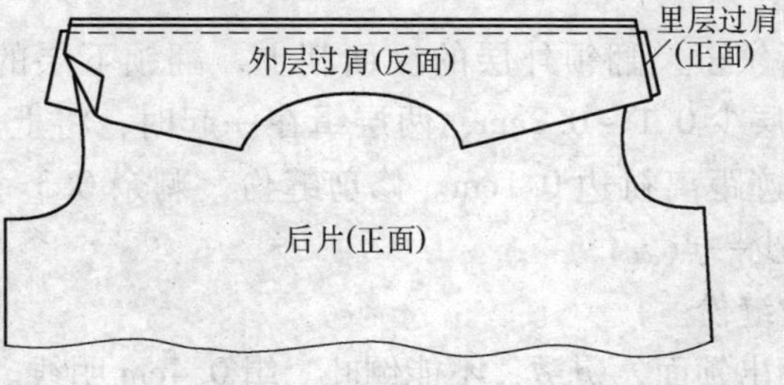

图 5-8　合过肩

4）合肩缝见图5-9，把前片夹在两层过肩之间，三层缝合在一起。另一侧方法相同，但由于是掏着缝合，因此难度稍大。之后缉0.15cm明线。

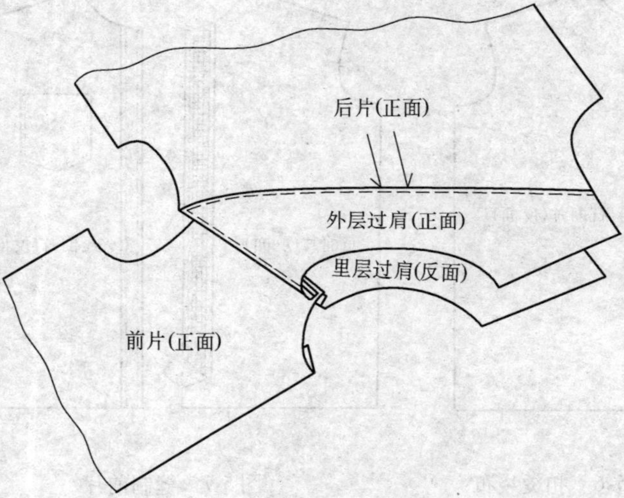

图5-9 合肩缝

5）做领子（图5-10）。

① 翻出领外层的反面按领子净样粘树脂衬，两领头再粘一层加强衬。

② 缉领子：翻领外层的反面朝上，翻领下层的反面朝下，下层比外层少0.1～0.2cm，两层缉在一起时，将上层多出的量吃进，线迹距离衬边0.1cm。修剪缝份，剩余0.3～0.5cm。领尖部位更少一点。

③ 烫缝份。

④ 翻出领面，熨烫，不能倒吐。缉0.4cm明线。

⑤ 领座的反面按领子净样粘树脂衬。

⑥ 扣烫领座下口，缉0.6cm明线。

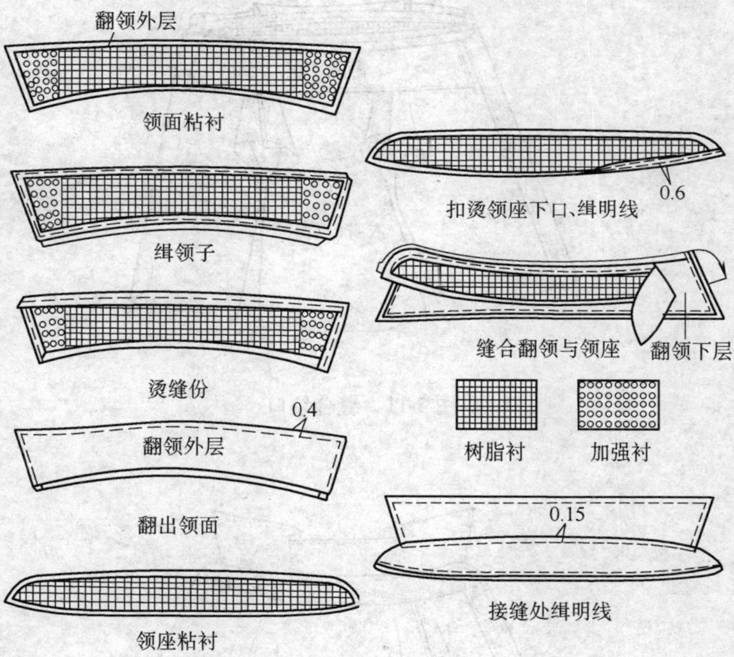

图 5-10 制作领子

⑦ 缝合翻领与领座。把翻领夹在两层领座之间，三层缝合在一起。

⑧ 在翻领与领座的接缝处缉 0. 15cm 明线。

6）绱领子。

① 将粘有树脂衬的领座的下口与领口缝合在一起，见图 5-11。

② 将未粘衬的领座下口的缝份折进，缉 0. 15cm 的明线至领嘴，见图 5-12。

7）做袖开衩（图 5-13）。

① 将位于袖子后侧的袖衩开口剪开。

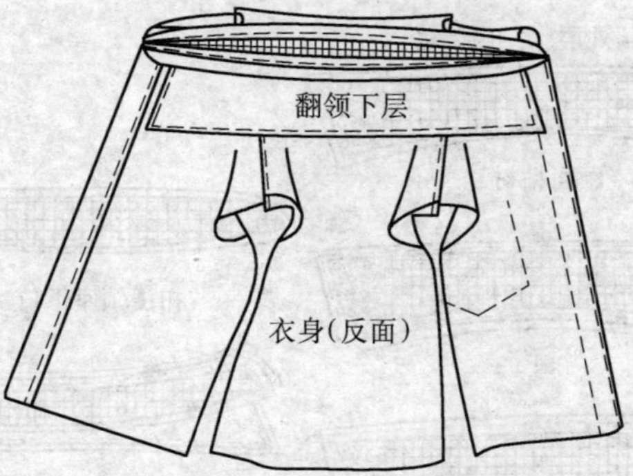

图 5-11　缝合领口

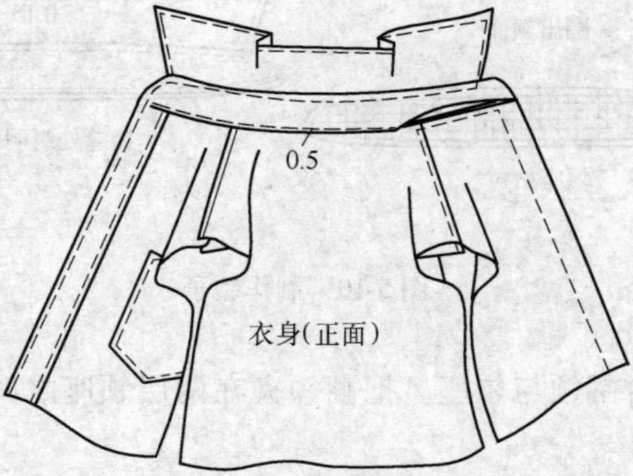

图 5-12　缝份折进缝制

② 扣烫袖衩条。

③ 将袖衩直条缉在开口的一侧。

④ 将带有宝剑头的袖衩条缉在开口的另一侧。

⑤ 将整个袖衩部位摆平，缉宝剑头处的明线。

8）缉袖褶见图 5-13，袖口有两个活褶（正面效果）。

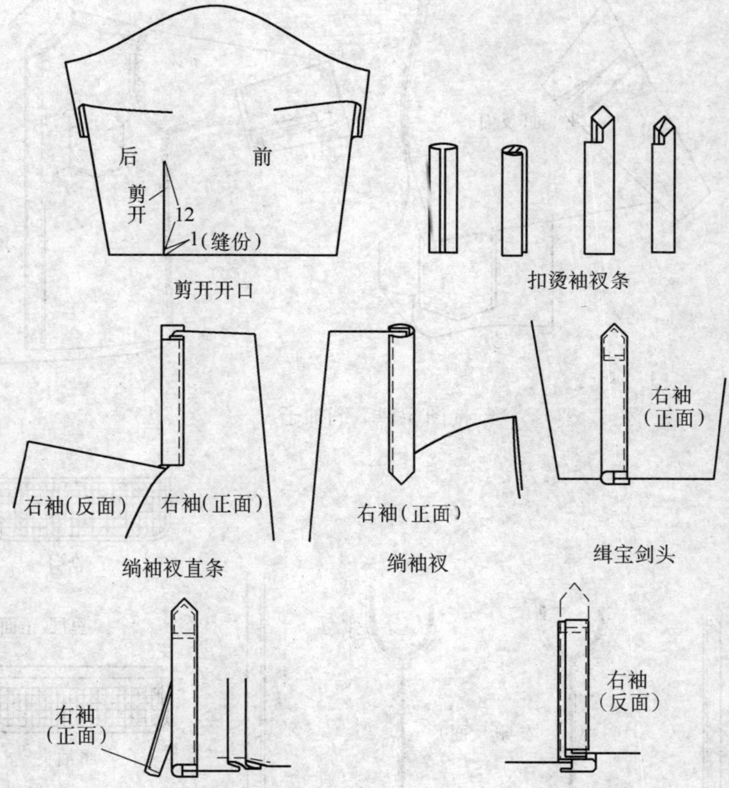

图 5-13　做袖开衩

9）绱袖子见图 5-14，袖片放在上层、衣片放在下层，缝合袖笼，然后用包缝机锁边。锁边之后正面朝上缉 0.5cm 明线。

10）合侧缝及袖缝见图 5-14，前片放在上层、后片放在下层，缝合侧缝及袖缝，然后用包缝机锁边。

11）收底边见图 5-15，沿衣长净线卷折贴边，缉明线。

12）做袖头（图 5-15）。

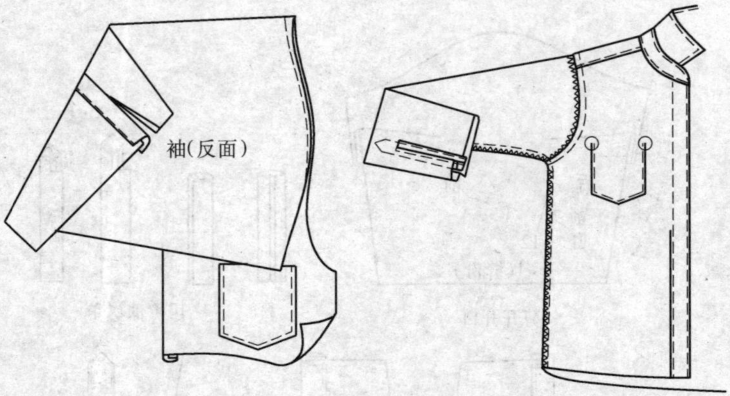

图 5-14 绱袖子

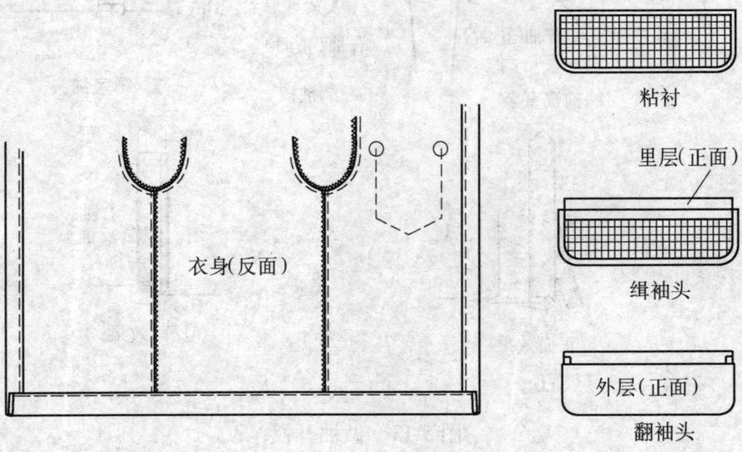

图 5-15 收底边

① 粘衬：在外层袖头反面沿净线粘树脂衬。

② 绱袖头：沿净线扣烫上层袖口，里层比外层少 0.1～0.2cm，两层缉在一起时，将外层多出的量吃进，线迹距离衬边 0.1cm。修剪缝份，剩余 0.3～0.5cm。

③ 翻出袖头的正面，熨烫。

13）绱袖头见图5-16，将袖口夹在两层袖头之间，袖头的外层朝上，缉0.15cm明线，接着沿袖头一周缉0.4cm明线。图5-16b为做好之后的效果。

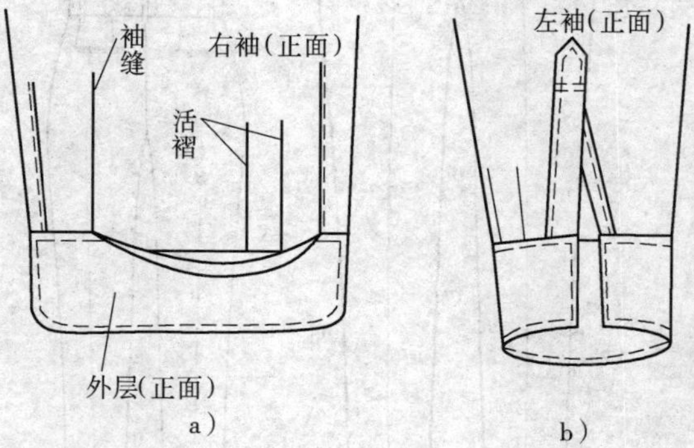

图5-16 绱袖头

14）锁扣眼、钉钮扣，按照裁剪图中的扣眼位置，在左前身领子上锁一个横向扣眼，门襟上锁五个竖向扣眼，右前身的相应位置钉扣子。

15）整烫，将制作完毕的男衬衫检查一遍，清剪线头，熨烫平整。

第二节 男式西裤的裁剪与缝制

设计说明

西裤是裤子中的基本类型，是一种较传统的裤子。西裤的腰部紧贴，臀围稍宽松，裤口大小比较适中，穿着后外型挺拔美观，见图5-17。一直以来西裤都不太受流行因素的影响，长期拥有一定的市场，不同年龄和职业的人都可以穿用。它的款式特征是前片左右反折裥两个，前开门装拉链，两侧斜插袋，后片左右各收两个省缝，双袋牙后戗袋。装腰头，串带袢六根。

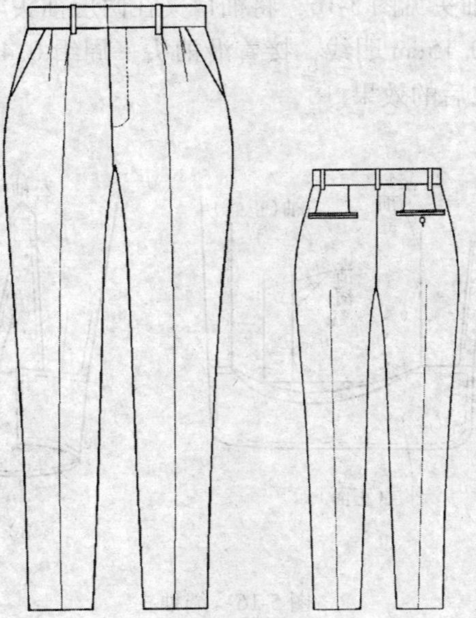

图 5-17　男式西裤

面料：可使用一般的毛料，化纤类、棉、麻和毛涤混纺织品，还可以据流行、喜好自由选择面料。

使用量

表布：140cm 幅 150cm

表布：90cm 幅 230cm

一、制图说明

1. 前片

从前片开始制图。臀围线取立裆的 1/3，前臀宽为 $H/4-1$，臀围（H）的尺寸采用的是成品尺寸。此处所减 1cm 为前后裤片互借尺寸，计算后臀宽时将加上 1cm。互借尺寸的目的，一是体型的原因，二是使裤子侧缝线稍向人体前偏离。便于手插入侧缝裤袋。腰围处也与臀围一样存在前后差，这样从腰围到臀围的线条上下线才能流畅。

2. 后片

以前片为基础制图。在前裆直线与横裆线上的交点，腰围线上向里进前裆直线与裤中线的二分之一处，连结这两点，向上延长2.5cm。后片的厚度为落裆下去1cm再取$H/10$，画顺后裆弧线。腰口线取$W/4+4$cm的省量，再加1cm的前后差。与上平线相连画顺腰口线。后臀宽为$H/4+1$cm。膝围和脚口宽度向两边各扩大1cm，连接各个基点即成裤后片。

3. 男、女裤在制图上的差别

男性臀腰差小于女性，因而男性两侧（腰至臀）的弧度小于女性，反映在裤子的裁剪图上，前后侧缝的弧度男裤小于女裤，在裥、省的收量上男裤可小于女裤。男裤的控制部位规格要大于女裤，裤子才显得大气、潇洒。男裤为前开门，女裤有侧开门和前开门两种。一般男裤腰略宽于女裤腰。男裤一定设后袋，女裤一般不设后袋。其中裁剪图中的一些原理，可参看女式直筒裤制图说明2、3、4、5。

4. 净板

图5-18中的裁剪图为净粉或叫净板。实际裁剪时要在此图的基础上加放相应的缝头和脚口折边量，即放成毛板。图中尺寸采用的是成品尺寸，即各部位已加放了余量（活动量）。

男式西裤成品规格见表5-2。

表5-2　男式西裤成品规格　　（单位：cm）

号型	裤长	腰围	臀围	脚口
175/80A	104	82	108	23.5

二、男西裤裁剪图

1. 裤片裁剪图

裤片裁剪图见图5-18。

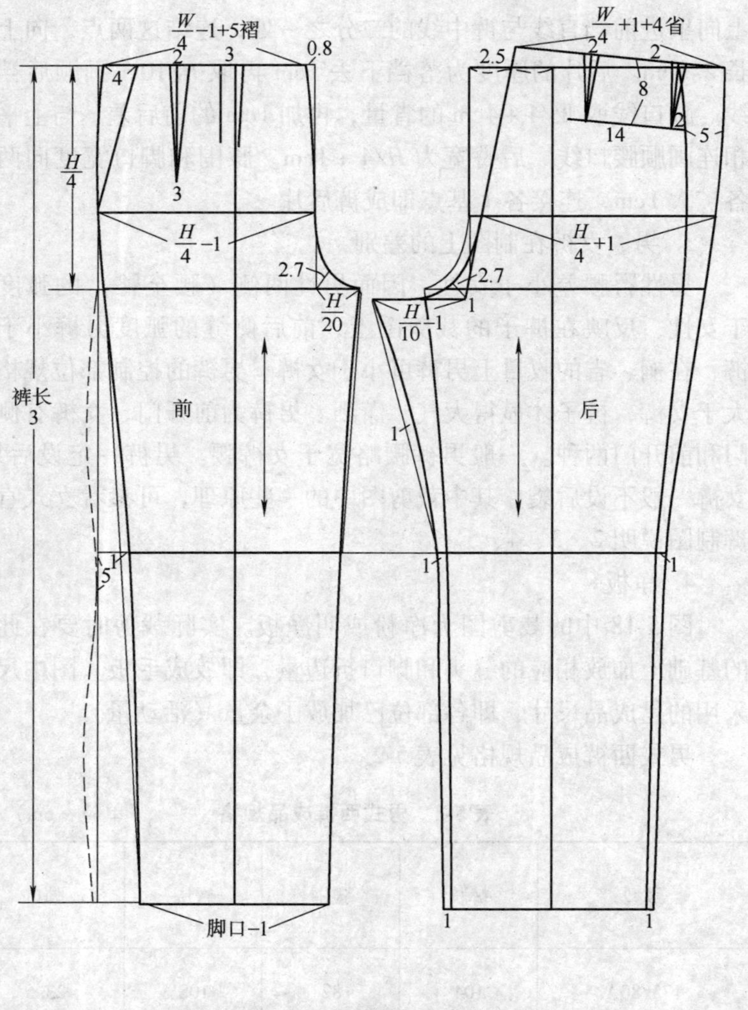

图 5-18 男式西裤裤片裁剪图

2. 部件裁剪图

部件裁剪图见图 5-19。

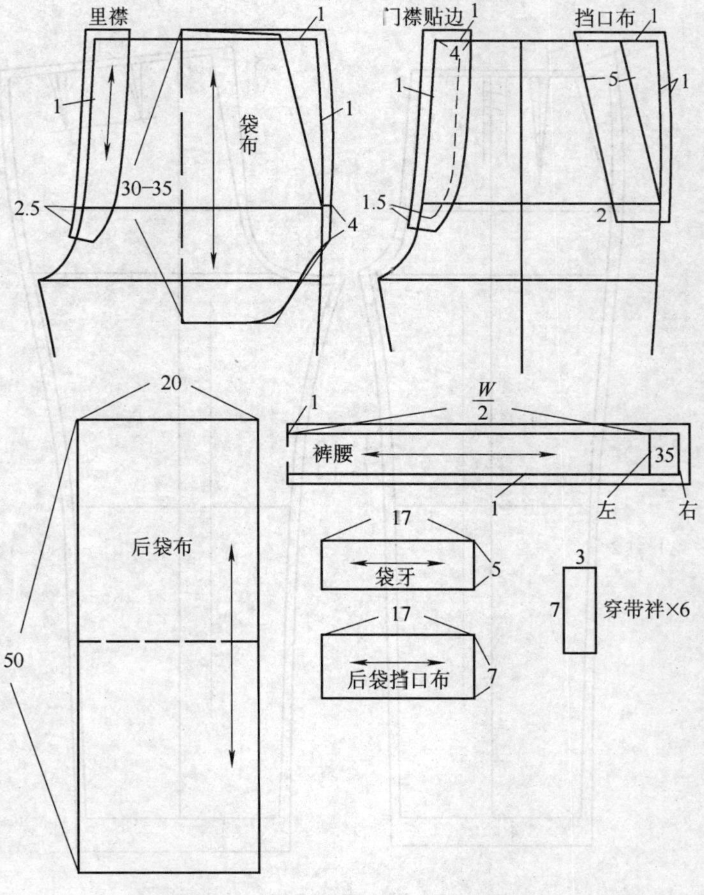

图 5-19　男式西裤部件裁剪图

三、毛板加放方法

男式西裤毛板加放方法见图 5-20。其中腰口处放 1cm，侧缝放 1. 2cm，后裆缝上端放 2. 5cm，脚口放 4cm。各部位放好缝份后，标上名称、纱向、褶量、省量的大小、位置、斜插袋位，前中心开口止，裁片的数量、合印点（臀围线、横裆线、膝高线）。沿着外轮廓线剪下即成为毛板，拿着毛板就可以在面料上排板裁剪了。

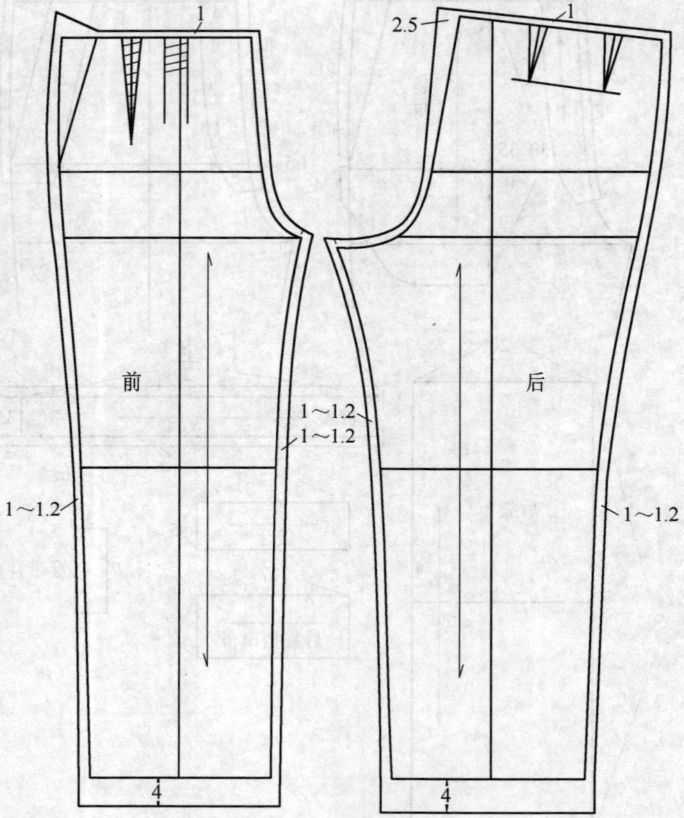

图 5-20 男式西裤毛板加放方法

男西裤用面料裁剪的裁片是：前裤片两片，后裤片两片，裤腰面一片，袋牙四片，前挡口布两片，后袋挡口布两片，门襟贴边一片，里襟两片，串带六小片。

四、男西裤的排料

男西裤的排料见图 5-21。把布幅双折后，正面向里比好纱向，前后片穿插裁剪。有方向性、倒顺毛和有光泽的布料，要向同一方向裁剪。排料时应做到排列紧凑，减少空隙，充分利用裤片的不同角度、弯势等形状进行套排，要先排大片，后排零部件。

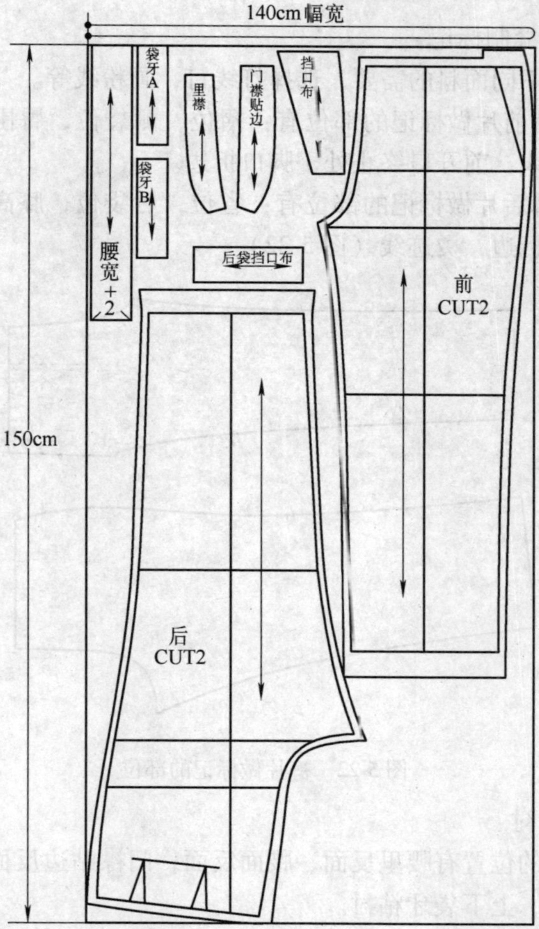

图 5-21 男西裤的排料

五、男西裤的缝制

1. 检查裁片

前裤片两片，后裤片两片，腰面、里、衬各一片。门襟贴边、衬各一片，里襟面、里、衬各一片，斜插袋挡口布两片，斜插袋布两片，后袋牙四片，后袋挡口布两片，后袋布两片，串带六小片。

2. 做缝制标记

根据不同面料的需要，选择打线钉，画粉线等。

1）裤前片做标记的部位有：褶位，侧袋位，臀围线，膝高线，烫迹线，前开口终止处，脚口折边。

2）裤后片做标记的部位有：省位，后袋位，膝高线，臀围线，脚口折边，烫迹线（图5-22）。

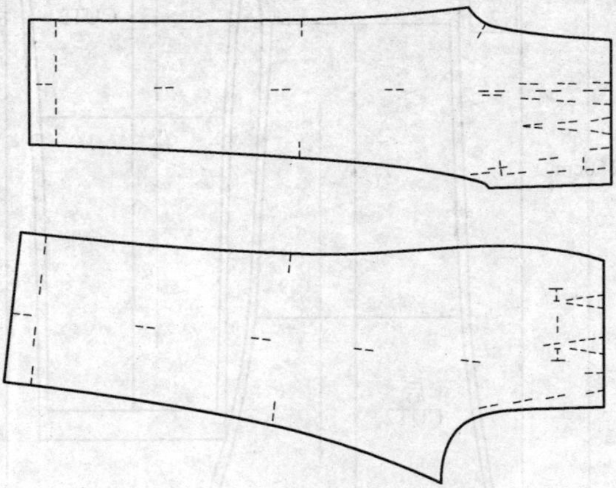

图5-22 裤片做标记的部位

3. 粘衬

粘衬的位置有腰里反面、腰面反面，门襟贴边反面，里襟面反面粘衬，上下袋牙粘衬。

4. 锁边

锁边的裁片有：裤前片两片，裤后片两片，门襟贴边外口处锁边，前挡口布除腰口位置以外的缝头都锁边。注意锁边线要松紧适宜，美观平展。

5. 烫前裤片裤中线，捏褶（图5-23）

以前裤片烫迹线标记为界，将下裆缝侧缝折叠平齐，在裤片正面盖水布，喷水烫平烫迹线。再捏褶，向裤侧缝倒烫，假缝固定褶量。

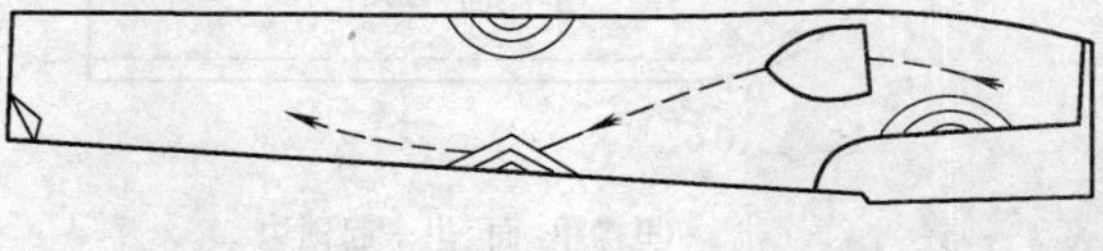

图 5-23　烫前裤片裤中线

6. 收后裤片省缝（图 5-24）

省的大小、长短、位置要缉准确，省尖要缉顺缉尖。按省位缉省，开头要打回针，省尖缉过后，空车多缝 4cm 打结。

7. 倒烫省缝

裤片反面省缝朝后裆缝倒烫，省缝烫平、烫死、省尖不起泡。丝缕横平竖直，自然与人体相符。

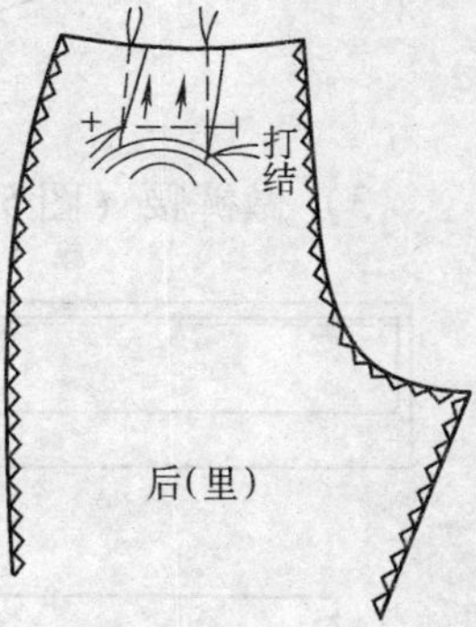

图 5-24　收后裤片省缝

8. 做零部件（图 5-25）

1）做串带袢：将两边毛边朝反面折转，再对折后，两边各缉 0.1cm 止口一道。或者正面对折，串带袢宽 1cm，缉缝头 0.3cm，将缉线的毛缝分开烫平。将正面翻出，缝头居中，沿两边各缉 0.1cm 止口一道。

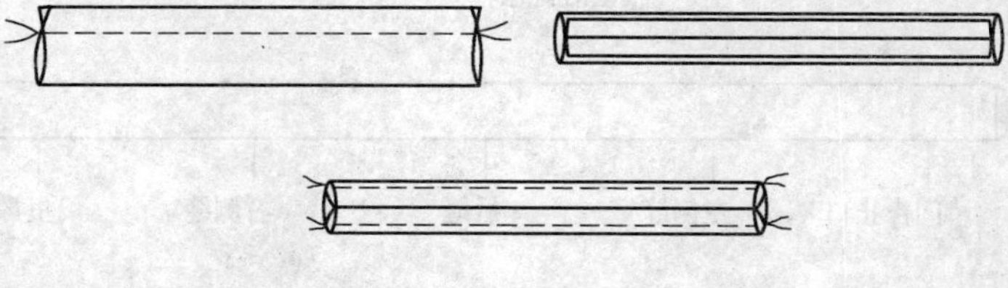

图 5-25　做零部件

2）襟：把里襟面正面与里襟里正面相叠，在外口缉 0.6cm 一道。翻烫后，里襟面吐止口 0.1cm，熨烫。然后两层里口一起锁边（图 5-26）。

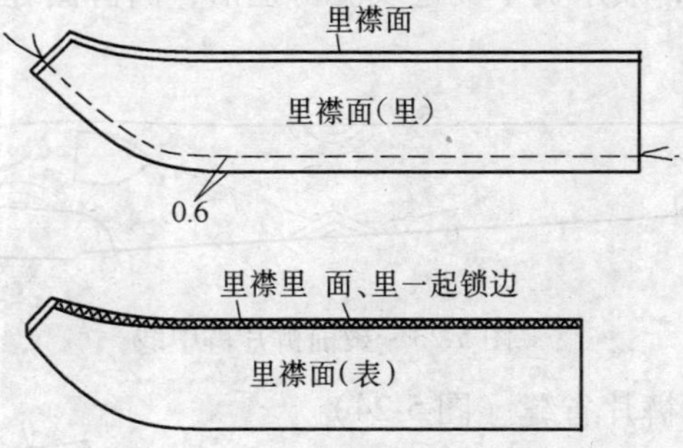

图 5-26　做里襟

3）做裤腰（图 5-27）。

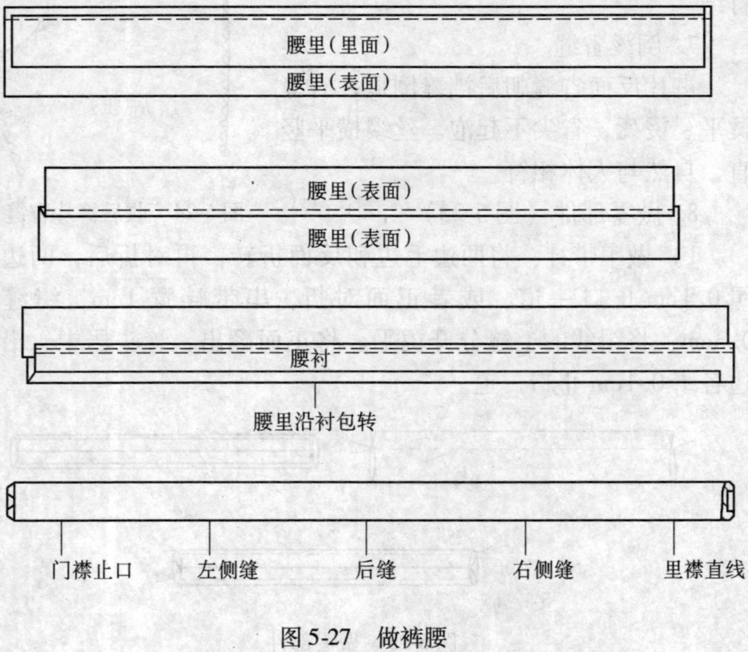

图 5-27　做裤腰

① 腰面与腰里正面相对叠放平齐，缉 0. 8cm 暗线一道，缉线时上下松紧一致，缉顺缉直。腰面如有拼接，则拼缝应对准裤

子后裆缝。

② 把腰里翻转烫平，腰面吐止口 0.2cm，沿折转边缉 0.1cm 止口线一道。

③ 在腰衬下口刮少许浆糊，把腰里扣转烫平烫干，腰里宽 5cm，腰面按腰头规格 4cm 折转，烫干烫死，并做好上腰的合印点。

9. 做后戗袋

1）在后裤片的里面按后戗袋的位置放好袋布，袋布与腰口平齐（图 5-28a）。

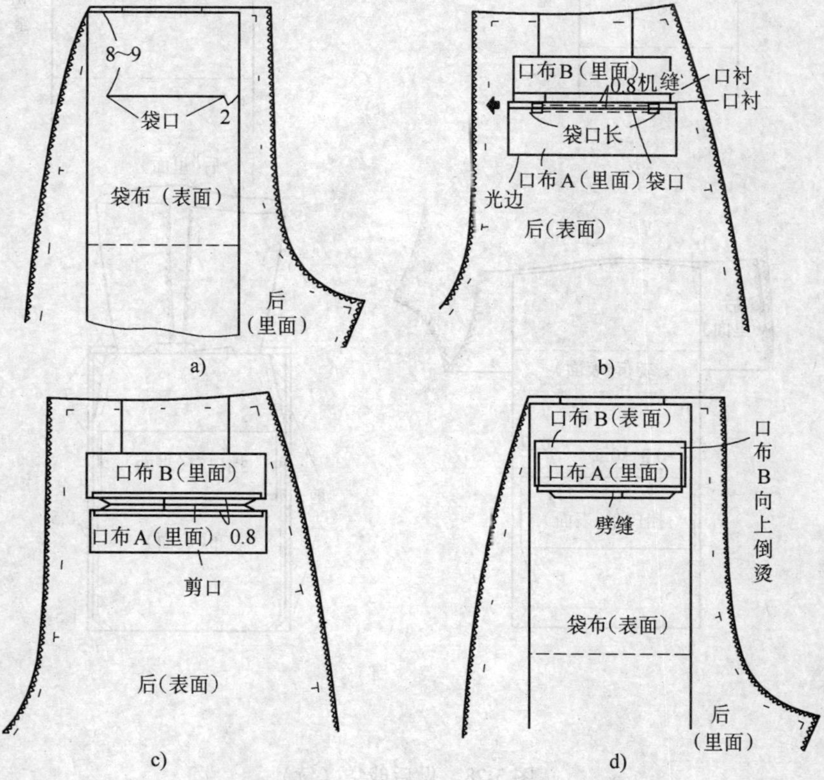

图 5-28　做后戗袋

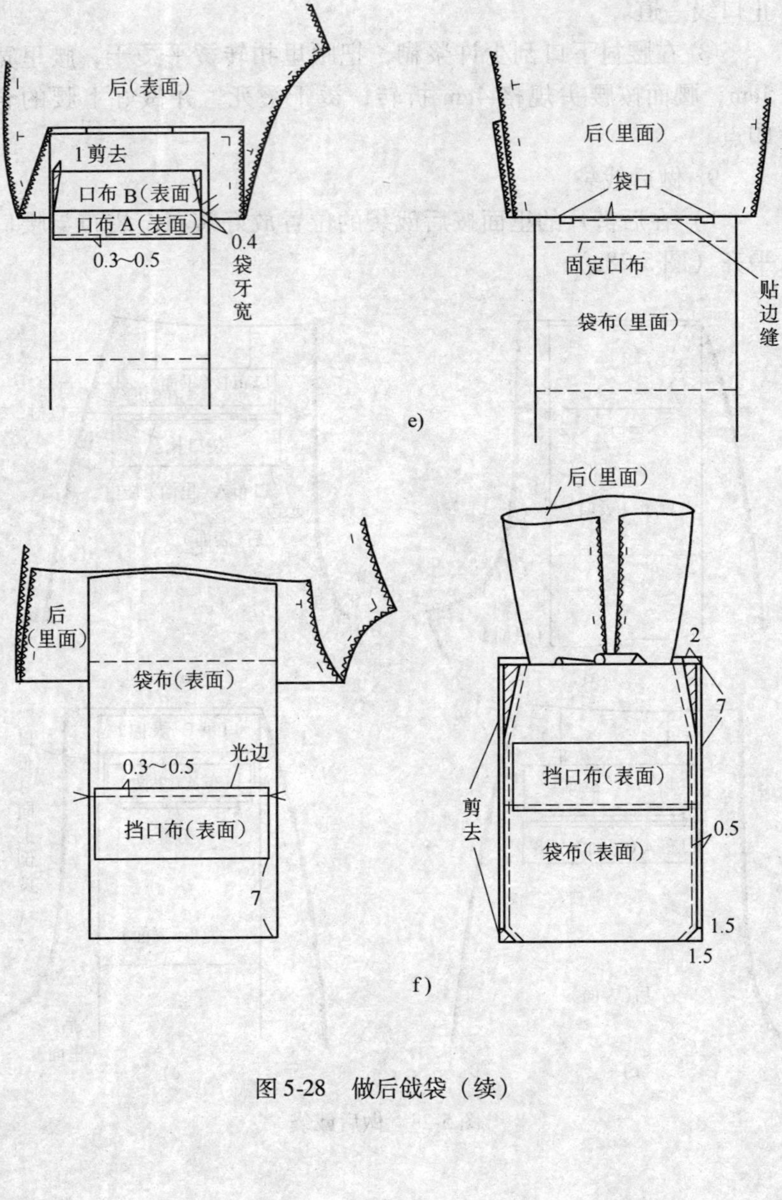
后(表面)
1剪去
口布B(表面)
口布A(表面)
0.4
袋牙宽
0.3~0.5
后(里面)
袋口
固定口布
贴边缝
袋布(里面)
e)
后
(里面)
袋布(表面)
0.3~0.5
光边
挡口布(表面)
7
后(里面)
2
7
挡口布(表面)
剪去
袋布(表面)
0.5
1.5
1.5
f)

图 5-28　做后戗袋（续）

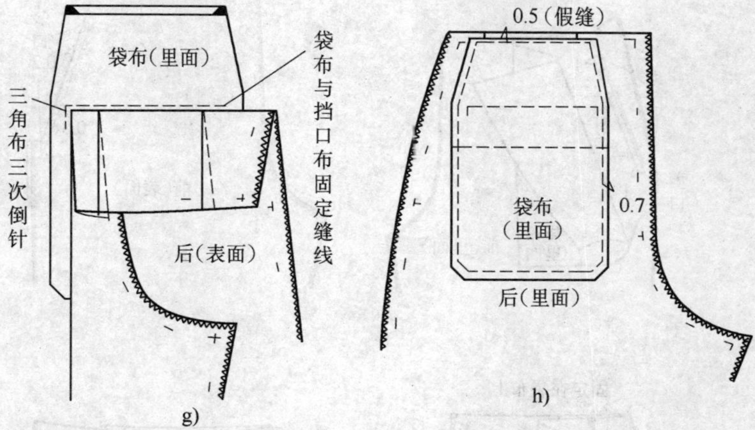

图 5-28　做后戗袋（续）

2）在后片的表面叠放好粘完衬的袋牙 A、B，按袋口大小缝线，两缝线相距 0. 8cm，首尾打来回针。注意缉线时，上下层松紧一致，缉线两端与袋口位置相符，前后袋口丝绺要直，否则袋牙在翻出时不方正（图 5-28b）。

3）开缝头，把表布与袋布打剪口（图 5-28c）。

4）把袋牙 A、B 翻入里面，劈缝（图 5-28d）。

5）把袋牙 A、B 整理出上下袋牙宽 0. 4cm 后，袋牙 A 下端固定在袋布上。从表面在袋牙 A 下贯缝，固定袋牙 A 的宽度（图 5-28e）。

6）按图示把挡口布上在袋布上。把袋布从里面比齐，剪去多余部分的缝头，按 0. 5cm 的缝头勾袋布，翻到表面（图 5-28f）。

7）在上袋牙 B 上贯缝，固定袋布与挡口布，把表布对折，袋口两端的三角布打 3 次回针（图 5-28g）。

8）用 0. 7cm 的缝头圈袋布明线，在腰口缝头上用假缝固定表布与袋布图（5-28h）。

10. 做前斜插袋

1）把袋布有倾斜的一侧贴在表布里面的袋口位置。在袋口粘宽 1cm，比袋口上下各长 1cm 的扦条。在袋口下端打剪口（图 5-29a）。

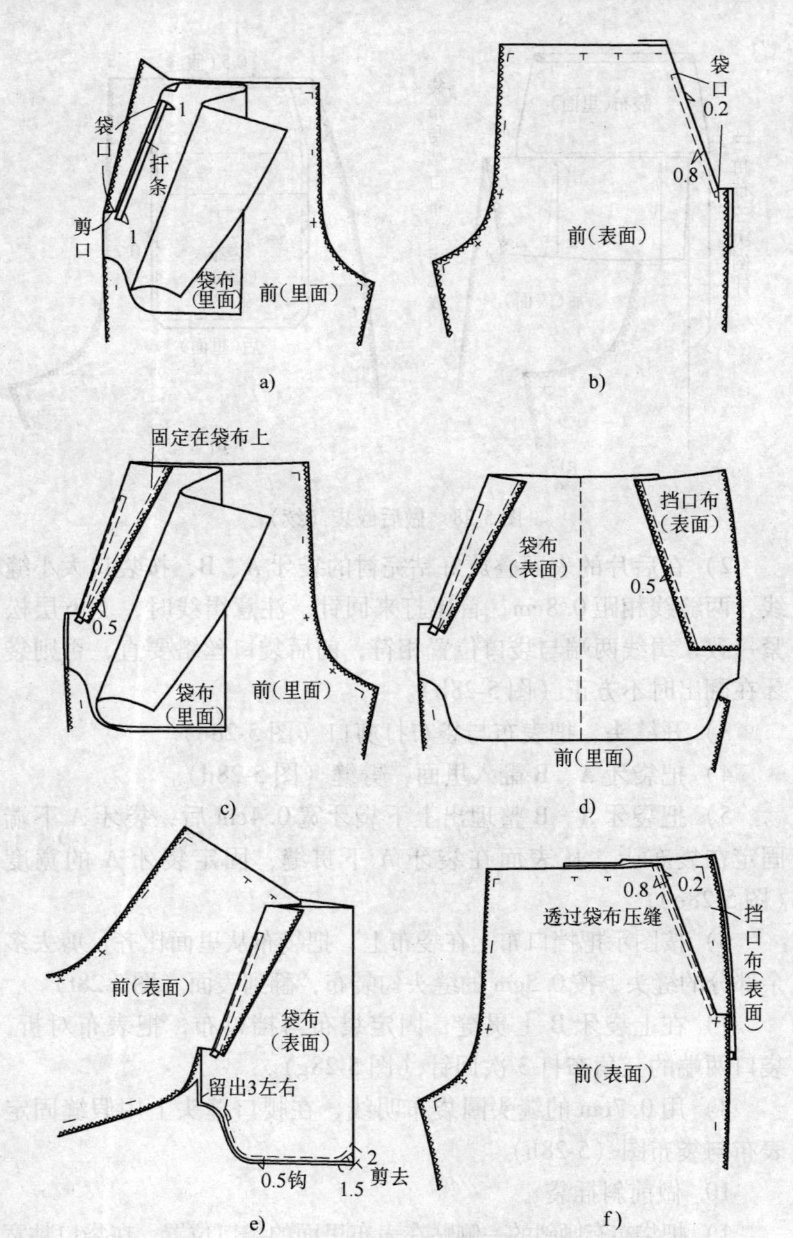
袋口
扦条
剪口
1
1
袋布
(里面)
前(里面)
a)
袋口
0.2
0.8
前(表面)
b)
固定在袋布上
0.5
袋布
(里面)
前(里面)
c)
挡口布
(表面)
袋布
(表面)
0.5
前(里面)
d)
前(表面)
袋布
(表面)
留出3左右
0.5钩
2
1.5
剪去
e)
0.8
0.2
透过袋布压缝
挡口布(表面)
前(表面)
f)

图 5-29 做前斜插袋

2）折烫袋口，从表面压0.2cm和0.8cm的明线（图5-29b）。

3）把袋口折边固定在袋布上（图5-29c）。

4）在袋布的另一侧绱挡口布（图5-29d）

5）用0.5cm的缝头钩袋布，在侧缝处留出3cm左右（图5-29e）。

6）把袋布翻到表面，整烫。把挡口布按所定的位置放好，从腰口线到袋口止处压0.2cm和0.8cm的明线（图5-29f）。

11. 合侧缝

把前后片按合印点比齐，从腰口缝合至脚口，此时要把内侧的袋布让开，缉线要顺直、平服（图5-30）。

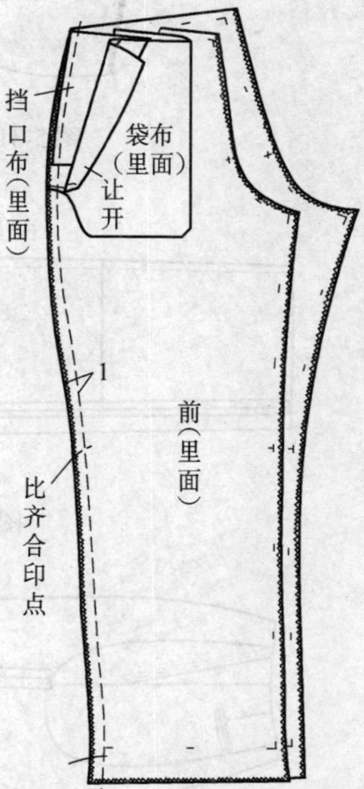

图5-30 合侧缝

12. 劈烫侧缝

先把侧缝上段放在布馒头上分烫，下段在案板上分烫。要垫烫布熨烫，注意掌握好熨烫温度，不要烫黄，烫糊。

13. 缉袋布反面，封袋口

把袋布的侧缝折0.5cm固定在缝头上。在袋布底下缝0.7cm明线，从表面在袋口封口两端打3次回针（图5-31）。

14. 缝合下裆缝

比齐合印点，缝合前后裤片下裆缝，膝高线以下前后片不能松紧不一，否则易产生吊紧涟形，裤线不正等毛病。膝高线以上缉双线固定（图5-32）。

15. 劈烫下裆缝

下裆缝分开烫煞，分烫时要把膝高线拔长，臀部推顺，脚口烫平齐。不能有眼皮，不能起吊（图5-33）。

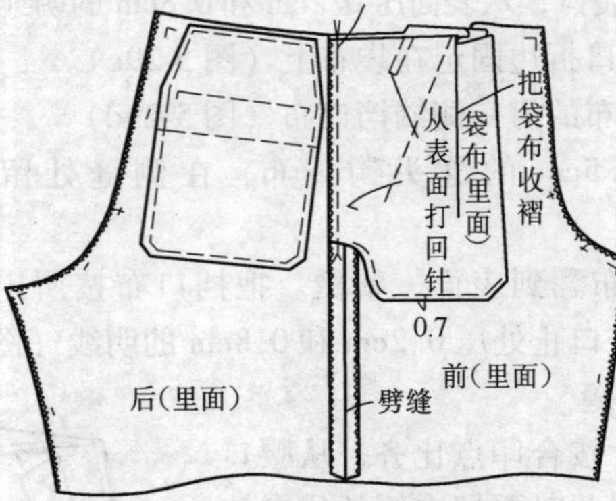

图5-31 缉袋布反面，封袋口

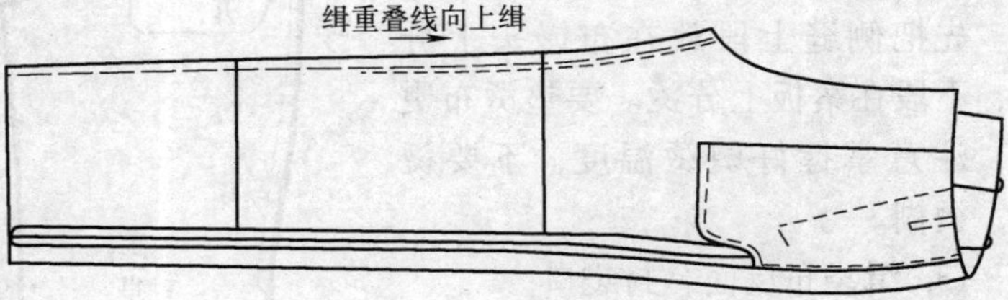

图5-32 缝合下裆缝

图5-33 劈烫下裆缝

16. 缝合前后裆缝、装门里襟和拉链

1）把门襟贴边正面与左前裤片门襟正面相对，用0.8cm缝头缝至开口处。把门襟贴边翻烫进去，吐0.2cm的止口（图5-34a）。

2）缝合前后裆缝，裆缝要缉双线加固（图 5-34b）。

3）劈烫前后裆缝，裆底放在布馒头上，用熨斗的尖部，在不拉长裆的同时，把缝头分开喷水，烫干、烫死。把右裤前片门襟处的缝头，从前中心放出来 0. 2cm 折烫后，放上拉链、里襟一起缝至开口止，拉链上面的铁头，从腰口净印线向下 1cm，下面的铁头从开口止处向上 0. 5cm（图 5-34c）。

4）把拉链缝在贴边上，让开里襟压 3. 5cm 的裤刀明线，而后在开口止处，透过里襟打结（图 5-34d）。

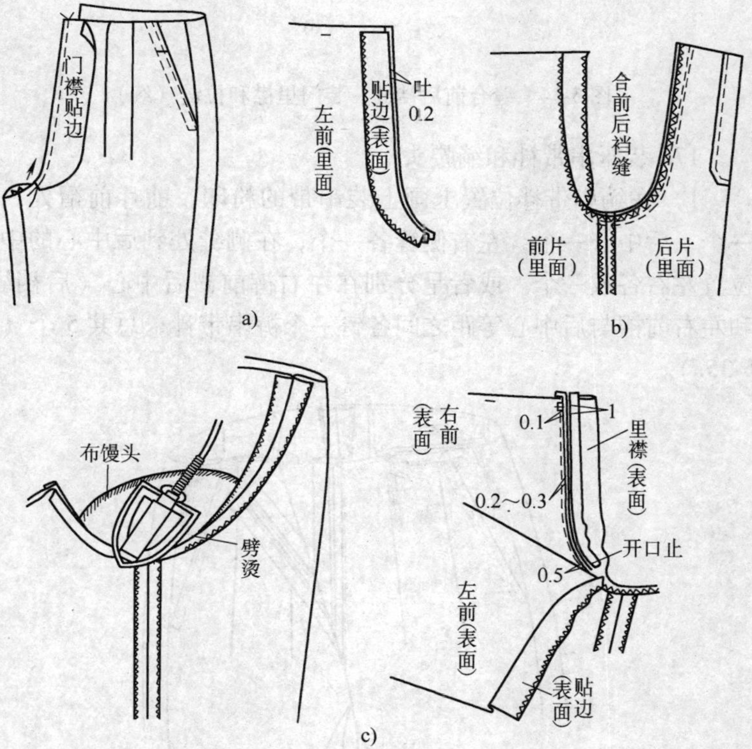

图 5-34　缝合前后裆缝、装门里襟和拉链

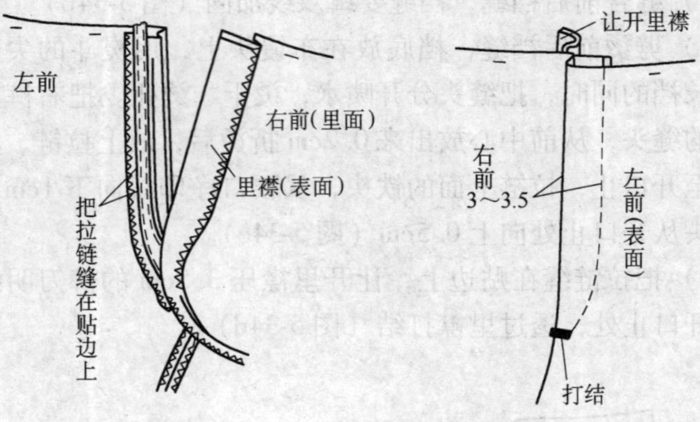

d)

图 5-34 缝合前后裆缝、装门里襟和拉链（续）

17. 装压串带袢和绱腰头

1）在绱串带袢位置上画上装串带的粉印，前片前褶处一边一个，后中心一个，左右侧缝各一个，在侧缝处到后中心的中点位置左右各放一个。或者是分别在左右裤前褶后中心（后裆缝）和左右前褶与后中心等距之间各钉一个裤串带袢，总共5个（图5-35a）。

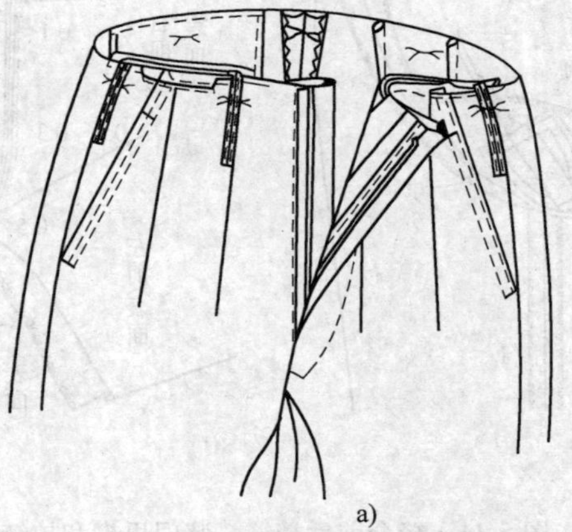
a)

图 5-35 装压串带袢和绱腰头

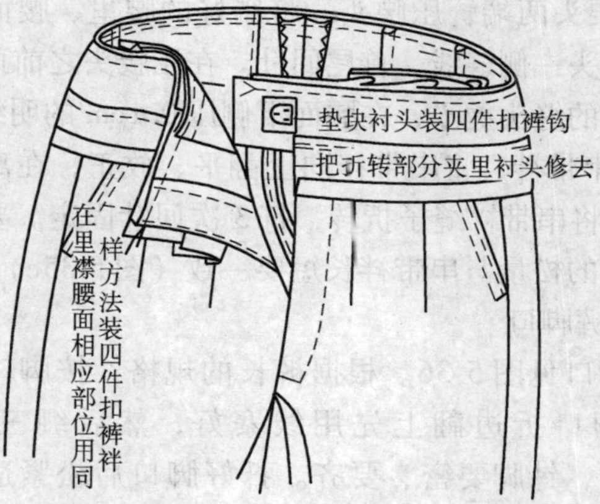

b)

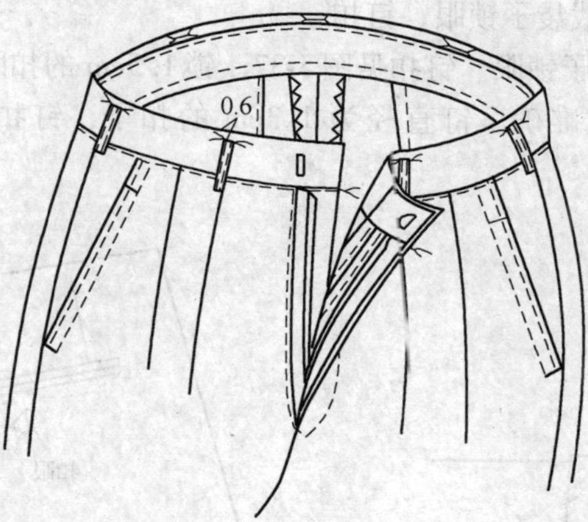

c)

图 5-35 装压串带袢和绱腰头（续）

2）把腰口与腰面缝合，缝头 1cm，在绱腰的过程中按上面画好的串带位置，边绱腰边塞串带袢。缝合完后，从绱腰处向下 1cm，来回 4 次固定串带袢。

3）上四件插式裤钩，在左前腰的里面上钩，右前腰面上袢

(图 5-35b)。

4) 勾腰头两端，压腰头。将绱好的腰里、腰面两端，面对面，在腰缝头一侧缝线，首尾回针。在压腰头之前可先将腰头寨好，把绱腰的缝头烫平，在腰面下侧压 0.1cm 的明线。

5) 压串带袢，将串带袢向上翻平、放正，在离开裤腰上口 0.6cm 处，将串带袢缝子折转，打 3 次回针固定。要注意串带袢要留有一定的松量。串带袢长短要一致（图 5-35c)。

18. 扦裤脚口

扦裤脚口见图 5-36。根据裤长的规格，按脚口折边做好的标记，把脚口折边翻上先用线寨好，然后绷三角针，针距 0.6cm 左右，针脚要密、要齐。扦好脚口后松紧适宜，表面不露线迹。

19. 后戗袋子锁眼、钉扣

后戗袋子锁眼、钉扣见图 5-37。锁 1.5cm 的扣眼，锁眼时要把位置摆放准确。钉直径为 1.3cm 的扣子，钉扣位置要准确无误。

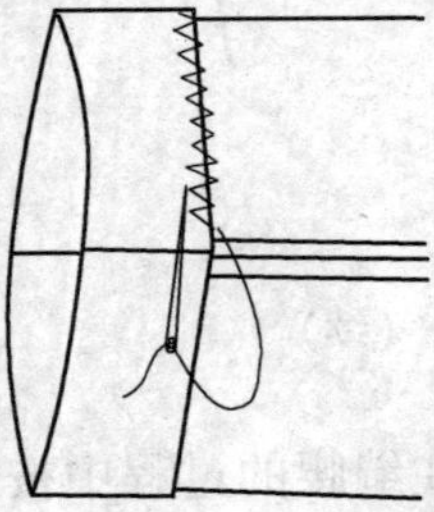

图 5-36　扦裤脚口

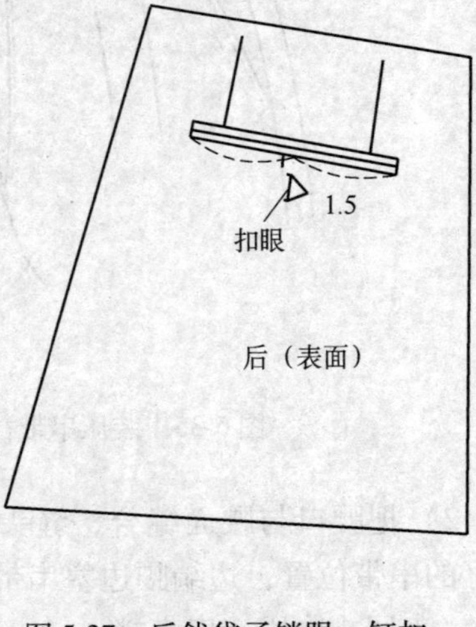

图 5-37　后戗袋子锁眼、钉扣

20. 整烫

整烫见图 5-38。

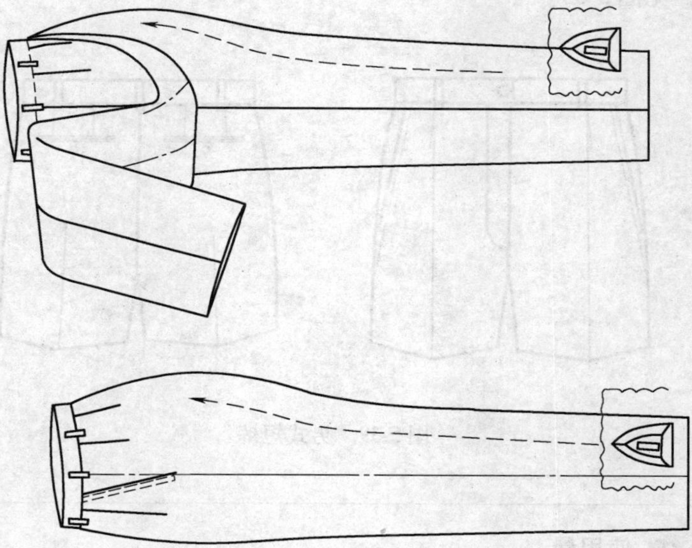

图 5-38　整烫

1）袋口、腰口，褶、省、门襟、里襟、小裆。

2）腰面、腰里、袋布，烫裤脚口。

3）烫下裆缝，前后烫迹线。

4）两个裤腿合齐，烫侧缝、前后烫迹线。注意正面熨烫要盖水布，防止出现极光污渍和烫黄，烫糊。根据不同部门的需要，借助布馒头，铁凳等式具进行熨烫。熨烫成型后要与人体型相符。

第三节　男式短裤的裁剪

设计说明

这是一款男式短裤，裤长在膝围以上，根据年龄和穿着习惯而定，因短裤的用料少，穿脱方便，舒适、凉爽，是夏季男士们最受欢迎的一款下装。材料一般使用薄形毛料、棉、麻、化纤等，见图 5-39。

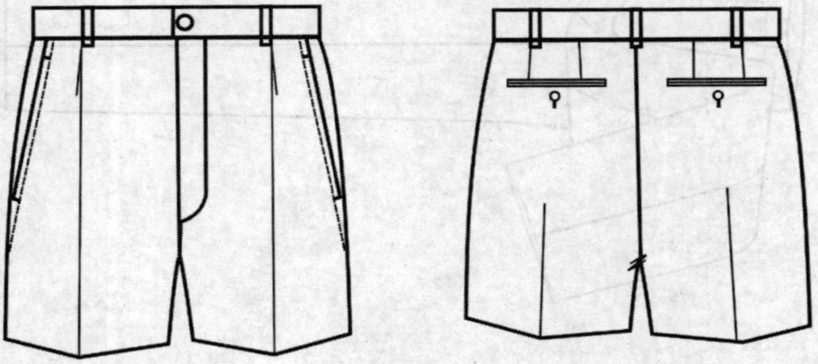

图 5-39 男式短裤

使用量

面料：140cm 幅宽 60cm

短裤的制图方法与男式西裤有着相似之处，裤长一般确定在膝围线以上，臀围加放量在 12～16cm，腰围加放 1～2cm。裤口要根据长短进行测量，长短不同，裤口也不一样，或者用公式推算。短裤的后落裆线要比普通西裤大 2～3cm，原因是后下裆缝斜度较大，与前下裆缝拼合时，容易造成长短不齐，所以需要降低落裆深（图 5-40）。

男式短裤成品规格见表 5-3。

表 5-3 男式短裤成品规格 （单位：cm）

号型	裤长	腰围	臀围
175/82A	48	82	100

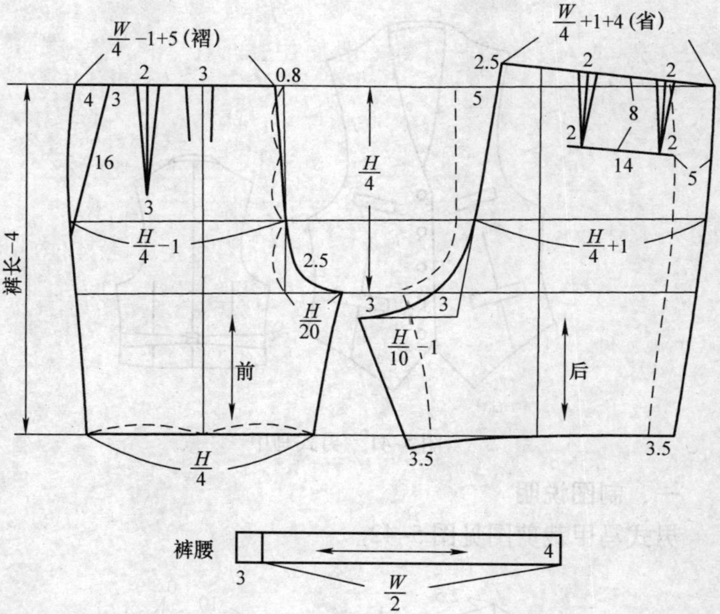

图 5-40 男式短裤裁剪图

第四节 男式马甲的裁剪与缝制

设计说明

这是一款普通型马甲，前开襟，V 字领，单排五粒扣，前下摆呈尖角，四开袋，前身收省，侧缝有开叉，见图 5-41。因为马甲穿脱方便，裁制简单、用料少、经济实用、四季皆宜、又能与其他服装随意组合，所以马甲已经成为人们日常生活中不可缺少的服装之一。

使用量

面料：90cm 幅 70cm

里料：90cm 幅 140cm

衬料：90cm 幅 70cm

图 5-41 男式马甲

一、制图说明

男式马甲裁剪图见图 5-42。

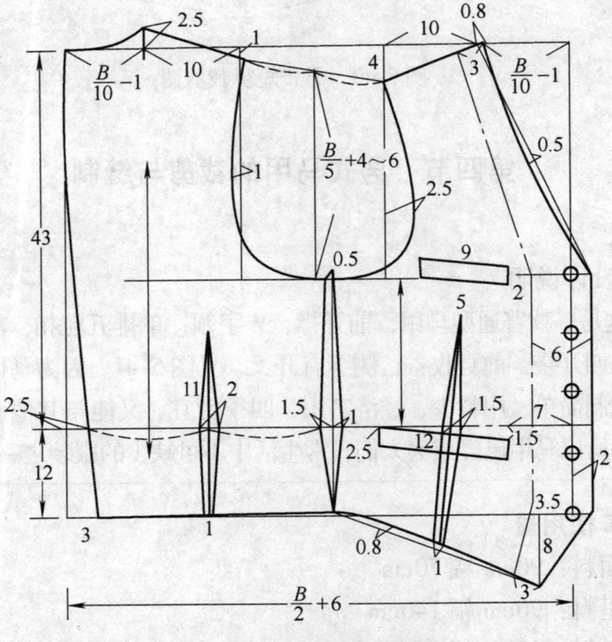

图 5-42 男式马甲裁剪图

身片

制图前，先得到胸围的净体尺寸 94cm，在画图中加放余量（胸围/2 +6cm），确定胸围线、后衣长线、腰节线，前后领宽线为（胸围/10 -1cm），前领宽缩小 0.8cm 画领口弧线，能够让领口线更加服贴，前后小肩宽 10cm，确定袖笼深时，将两个肩点连线取中点，向下画垂线，袖笼深（胸围/5 +4 -6cm），袖笼深浅可根据胸围大小调整。前片衣角处画线要美观，连接下摆时，用弧线尺画顺，最后，将省位、袋位、扣位标注完整。

净体尺寸：

号型：175/96A

胸围：96cm

后衣长：55cm

二、毛样板与排料

1. 面料毛样板

前片裁剪两片，放缝量见图 5-43。

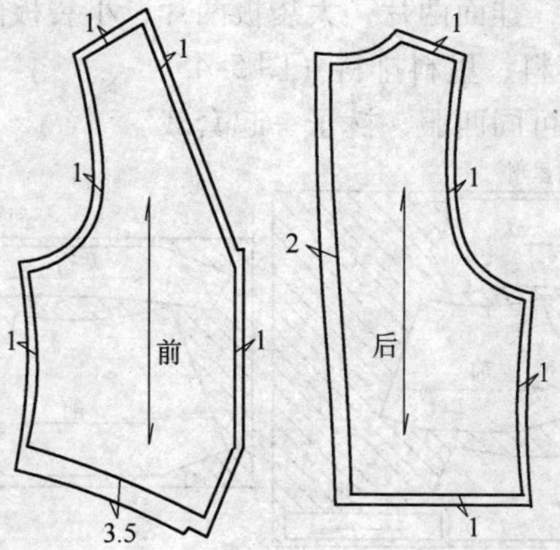

图 5-43　面料毛样板

2. 里料毛样板

前片裁剪两片，后片裁剪四片，放缝量比面料小 0.2cm 做为缝制时的反吐量。

3. 零料毛样板

大袋板两片，小袋板两片，大袋垫布两片，小袋垫布两片，大袋布两片，小袋布两片，挂面两片，见图5-44。

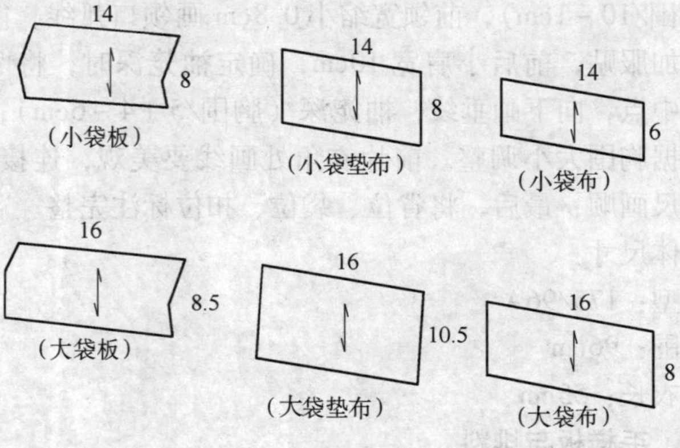

图5-44 零料毛样板

4. 粘衬毛样板

前片两片，挂面两片，大袋板两片，小袋板两片。

5. 面料排料、里料排料（图5-45）

排料时也可同西服、裤子一起套裁。

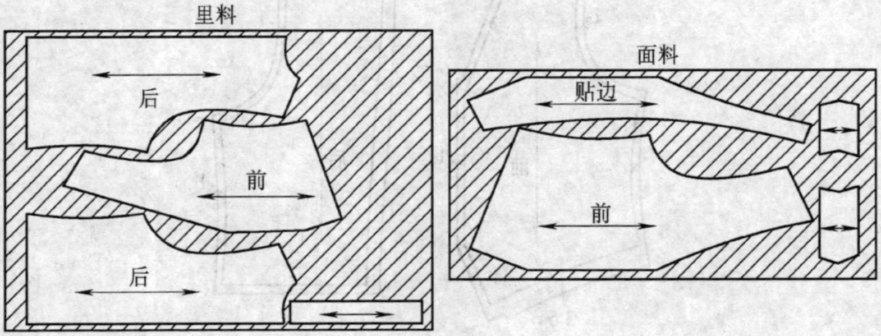

图5-45 面料排料和里料排料

三、缝制流程与缝制方法

1. 男式马甲工艺流程示意图

男式马甲工艺流程见图 5-46。

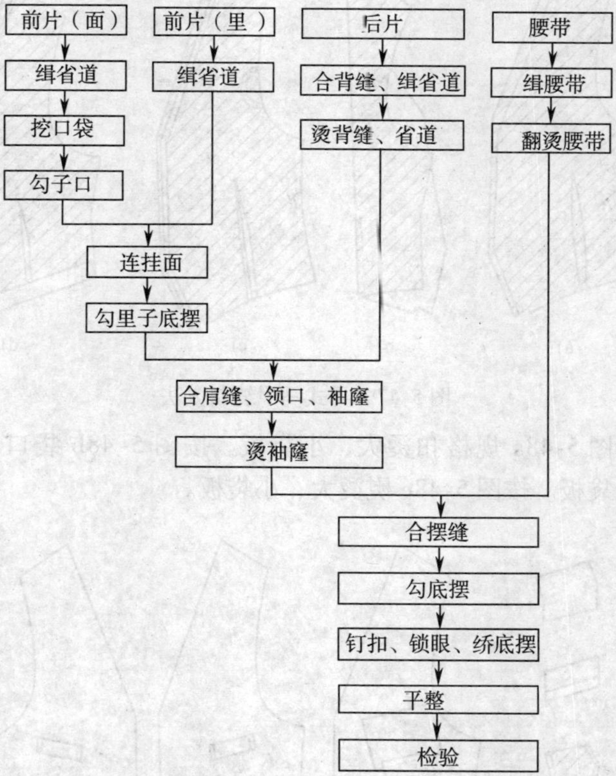

图 5-46　男式马甲工艺流程

2. 马甲缝制方法及步骤

男式马甲缝制方法见图 5-47。

1）前片（图 5-47a）用净样板画出止口、省道位置。

按图 5-47a、b 缉省道，省道要缉顺，省尖要缉尖。按图 5-47b、c 用剪刀从省道中间剪开，剪至距离省尖 3 ~ 4cm 止，劈烫省道，沿止口粘烫扦条。按图 5-47c 袖窿部位归拢，腰节部位拔开。按图 5-47d 沿止口扣烫挂面，按剪口扣烫贴边。

2）挖口袋见图 5-48。

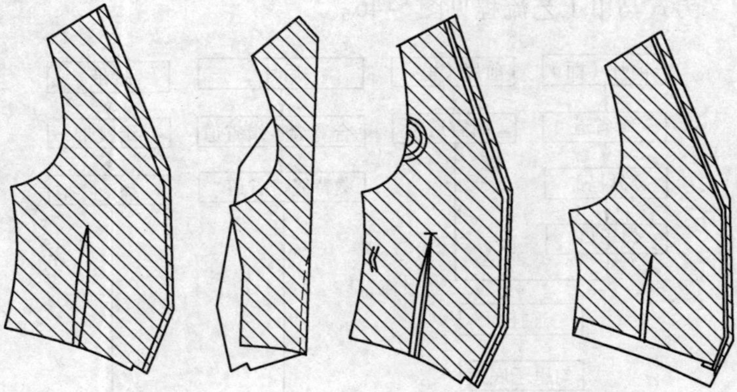

图 5-47 男式马甲缝制方法

按图 5-48a 规格扣烫大、小袋板。按图 5-48b 袋口位置挖大、小袋板。按图 5-48c 熨烫大、小袋板。

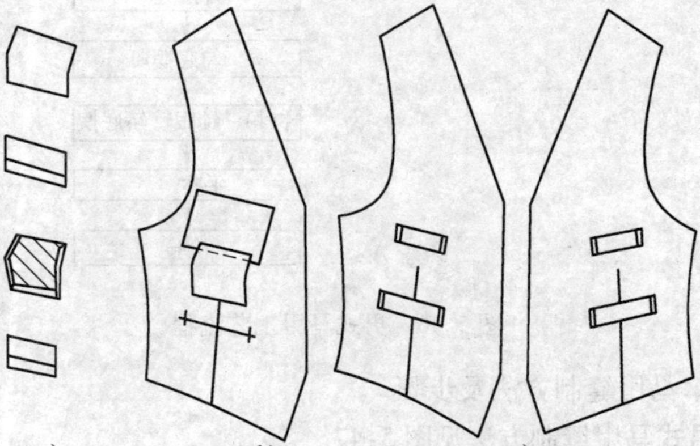

图 5-48 挖口袋

3）勾止口，接贴边见图 5-49a。

4）清剪止口，衣片做缝留 0.5 ~0.6cm，贴边做缝留 0.3 ~0.4cm，翻止口，烫止口和贴边，衣片比贴边多出 0.2cm，见图 5-49b。

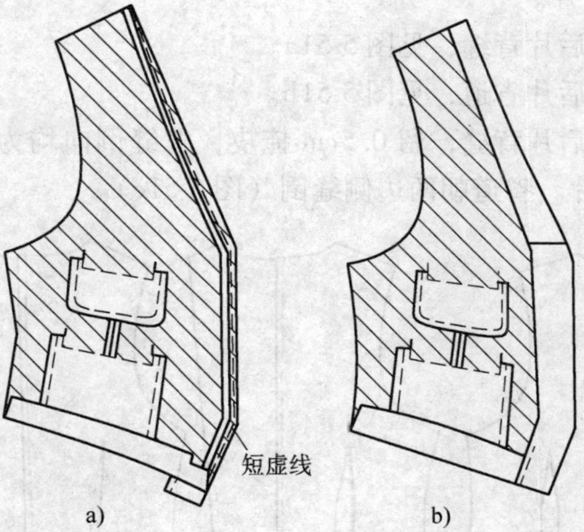

图 5-49　勾止口和接贴边

5）缉前片里子省道，见图 5-50a。

6）连接贴边和前片里，见图 5-50b。

7）勾前片下摆贴边并烫平，见图 5-50c。

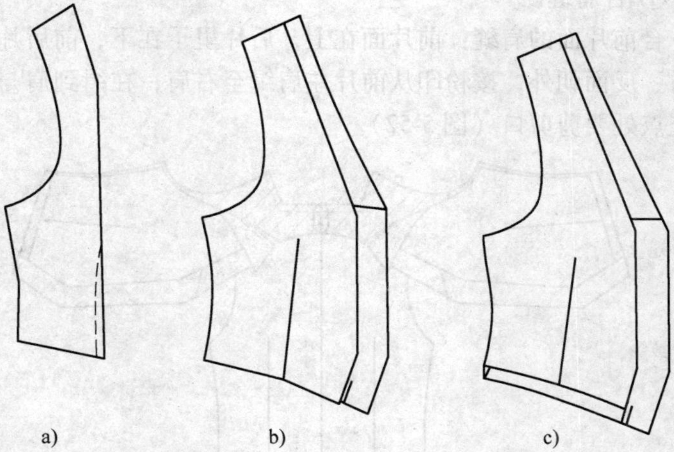

图 5-50　缉前片里子省道、连接贴边和前片里、勾前片下摆边

8）后片。

① 缉后片背缝，见图5-51a。

② 缉后片省道，见图5-51b。

③ 烫后片背缝，留0.5cm掩皮，背缝倒向均为从正面看是左片压右片。省道朝两边侧缝倒（图5-51c）。

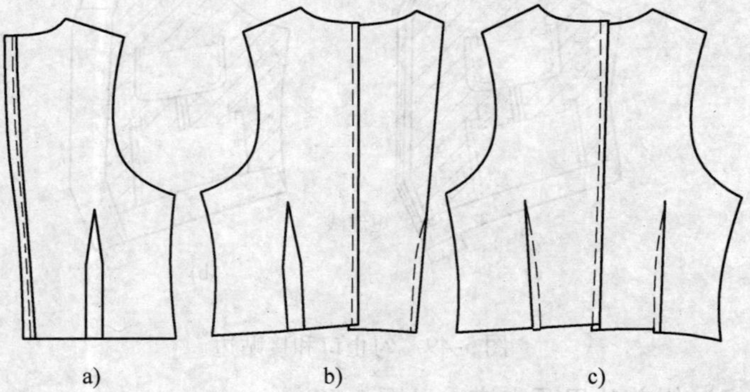

图5-51 制作后片

9）肩缝袖窿制作。

① 合肩缝。

合前片面的肩缝：前片面在上，后片里子在下，前后片正面相对、反面朝外，按粉印从前片左肩缉至右肩，在缉到肩与后领条交点处要剪剪口（图5-52）。

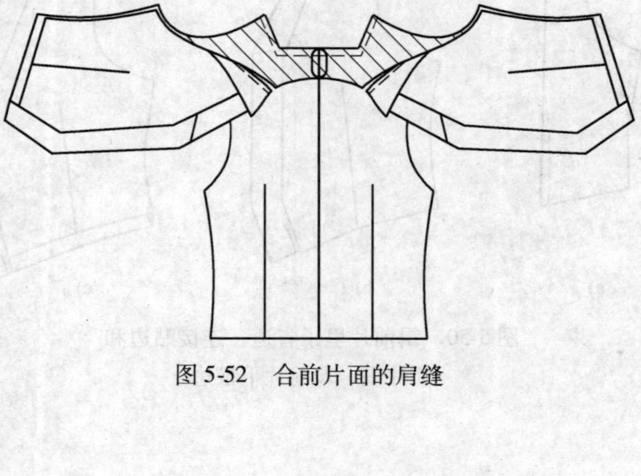

图5-52 合前片面的肩缝

合前片里子肩缝：前片里子在上，后片里子在下，前、后片正面相对、反面朝外，按粉印从前片左肩缉至右肩，在缉到肩与后领条交点处要剪剪口（图 5-53）。

图 5-53 合前片里子肩缝

② 勾袖窿：前片面在上，里子在下，面与里子正面相对，反面朝外，勾左袖窿时，按粉印从前片袖窿缉至后片袖窿。缉前片袖窿时，前片里子略凸出面 0. 25 ~0. 3cm（图 5-54）。

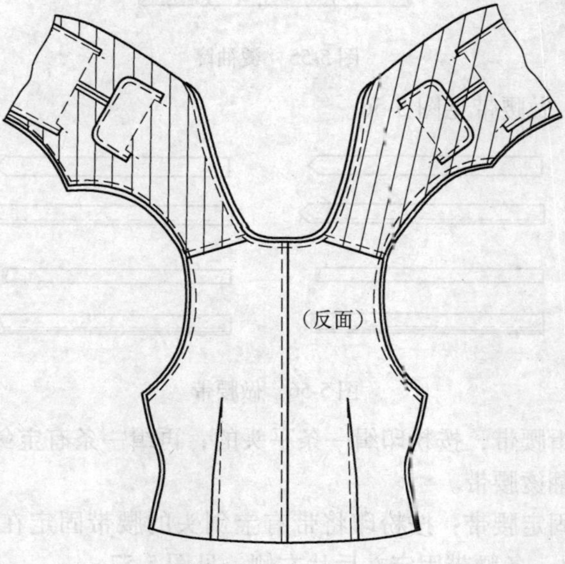

图 5-54 勾袖窿

③ 烫袖窿：在烫袖窿之前，先剔掉多余的袖窿缝份，只留下0.5cm的缝份，然后在弧线处剪剪口，剪口打0.25cm深。将前片从肩缝处翻过来，熨烫前后片袖窿，熨烫时里子在上，面在下，烫圆顺（图5-55）。

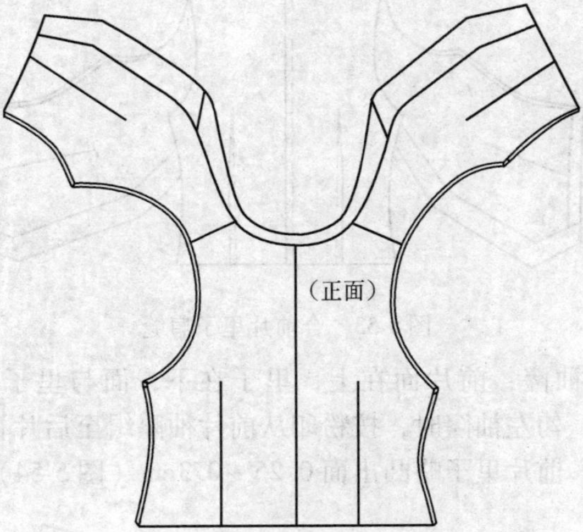

图5-55 烫袖窿

10）做腰带见图5-56。

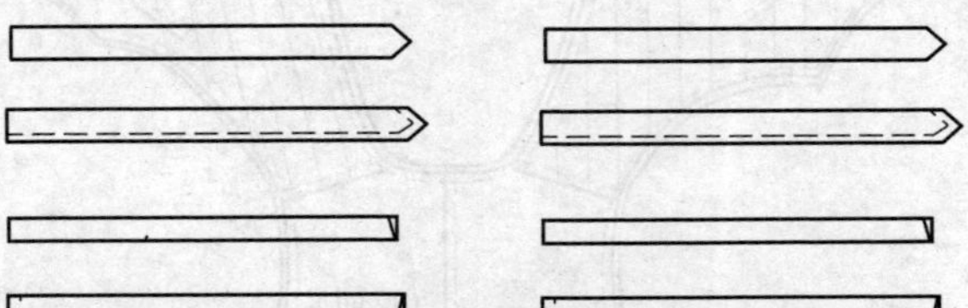

图5-56 做腰带

① 缉腰带，按粉印缉一条平头的，再缉一条有宝剑头的。

② 翻烫腰带。

③ 固定腰带：按粉印将带有宝剑头的腰带固定在后片左边一侧，另一条腰带固定在后片右侧，见图5-57a。

11）合侧缝：后片正面相对，将前片夹在两个后片之间，注意前片夹时别拧了，按粉印缉。

12）勾后片里子下摆，见图 5-57b。

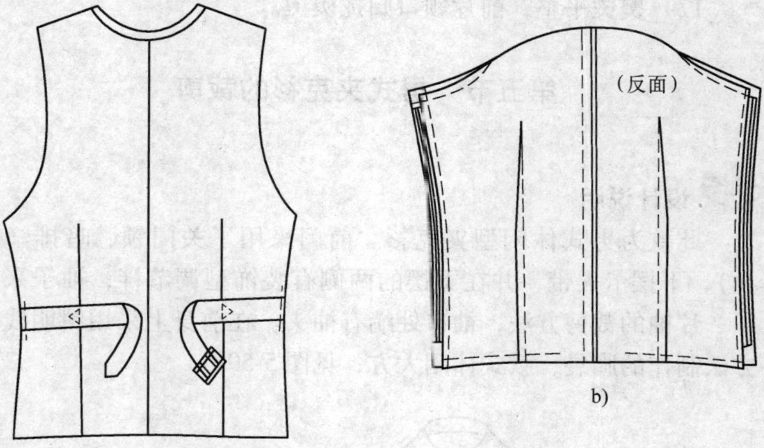

a)　　b)

图 5-57　固定腰带

13）翻烫后片里子。

14）固定左右两条腰带于后片里子省道位置上，并缉上腰带袢（图 5-58）。

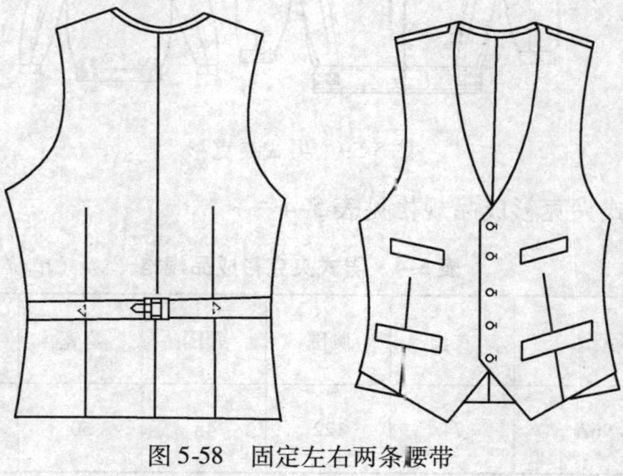

图 5-58　固定左右两条腰带

15）划眼位、扣位：眼位距离止口 1. 5cm，扣眼大小 1. 5cm。共五粒扣，均匀分配。

16）钉扣，锁眼，扦缝后片底摆开口。

17）熨烫平整，前片领口归拢熨烫。

第五节　男式夹克衫的裁剪

设计说明

此款为男式休闲型夹克衫。前门采用了关门领、暗排（暗扣），下摆卡夫带，并在下摆的两侧有装饰型调节袢；袖子采用了一片袖的裁剪方法，袖口处绱有袖头。在前身上采用缉明线的方法制作的胸袋，款式休闲大方，见图 5-59。

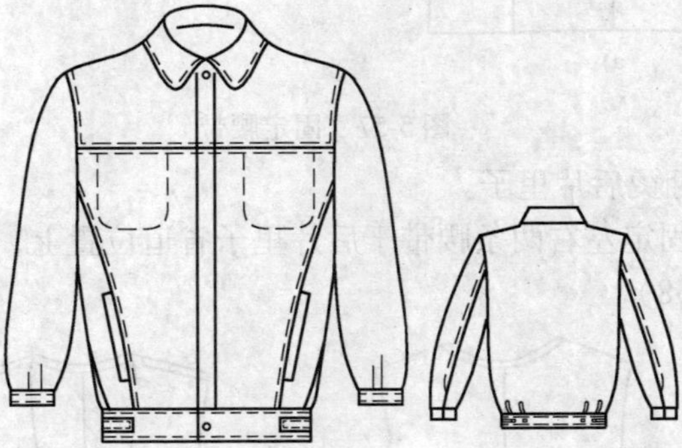

图 5-59　男式夹克衫

男式夹克衫成品规格见表 5-4。

表 5-4　男式夹克衫成品规格　　（单位：cm）

号型	衣长	胸围	领围	肩宽	袖长
175/96A	74	122	48	50	60

一、制图说明

男式夹克衫裁剪图见图 5-60。

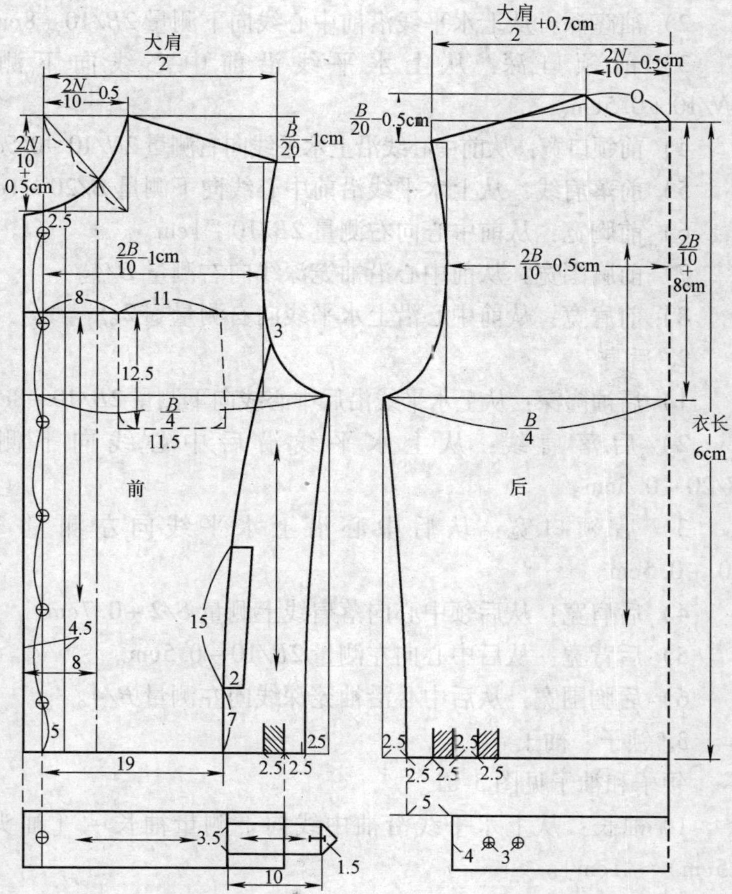

图 5-60 男式夹克衫裁剪图

1. 前身

在制图中使用成品尺寸计算，净胸围加24~28cm的余量即成成品尺寸。

1）前衣长：衣长-6cm（卡夫宽），确定衣长的上下两条水平线一定要与前中心线呈垂直状态。

2）袖窿深：从上水平线沿前中心线向下测量$2B/10+8$cm。

3）前领口深：从上水平线沿前中心线向下测量$2N/10+0.5$cm。

4）前领口宽：从前中心线沿上水平线向右测量$2N/10-0.5$cm。

5）前落肩线：从上水平线沿前中心线向下测量$B/20-1$cm。

6）前胸宽：从前中心向右测量$2B/10-1$cm。

7）前胸围宽：从前中心沿袖笼深线向右测量$B/4$。

8）前肩宽：从前中心沿上水平线向右测量$S/2$。

2. 后身

1）后袖窿深：从上水平线沿后中心线向下测量$2B/10+8$cm。

2）后落肩线：从上水平线沿后中心线向下测量$B/20-0.5$cm。

3）后领口宽：从后中心沿上水平线向左测量$2N/10-0.5$cm。

4）后肩宽：从后领中心向落肩线上测量$S/2+0.7$cm。

5）后背宽：从后中心向左测量$2B/10-0.5$cm。

6）后胸围宽：从后中心沿袖笼深线向左测量$B/4$。

3. 领子、袖子

领子和袖子见图5-61。

1）袖长：从上水平线沿袖中线向下测量袖长-〔袖头宽（5cm）-1cm〕。

2）袖山高：从上水平线沿袖中线向下测量$B/10$。

3）袖肥：前袖肥从袖中线沿袖上肥线向右测量$B/5$。后袖肥从袖中线沿袖上肥线向左测量$B/5$。

4）领长：从后领中心沿水平线向右测量$N/2$。

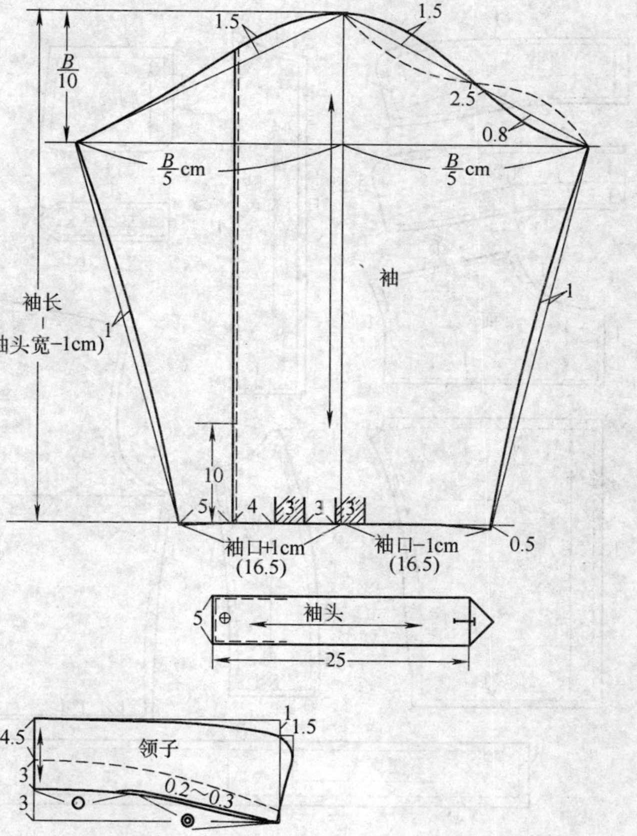

图 5-61　领子和袖子

二、样板制作要点

男式夹克衫样板制作见图 5-62。

1. 前身裁剪

1）前上衣片四周均放缝头 1cm，裁剪时需裁剪两片。前下衣片四周均放缝头 1cm，裁剪时需裁剪两片。

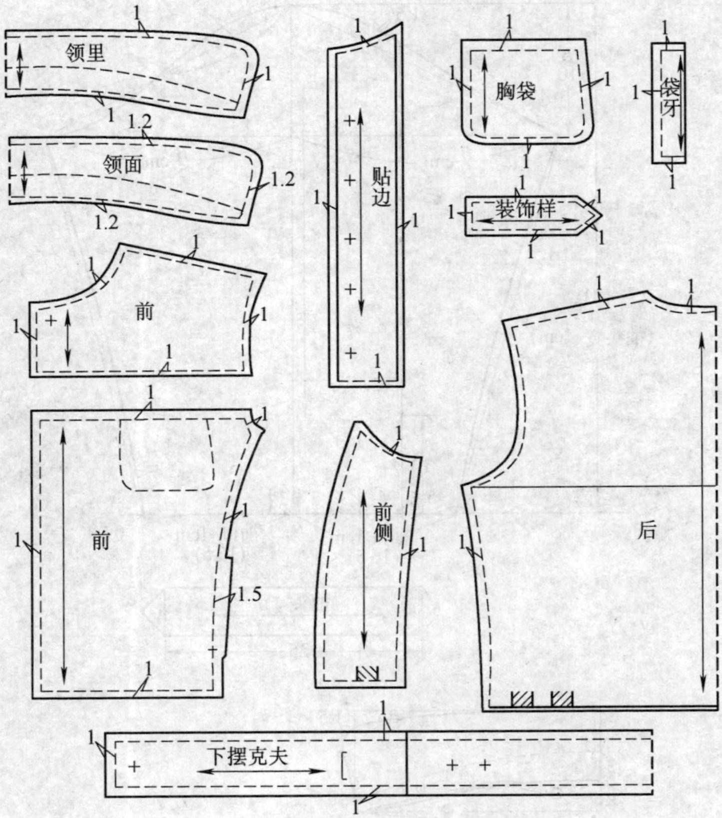

图 5-62 男式夹克衫样板制作

2）前门贴边四周均放缝头 1cm，裁剪时需裁剪两片。

3）前、后下摆克夫在侧缝处净样板拼接后再放缝头。后中心是整片裁剪不放缝头，其余部位均放缝头 1cm。裁剪时需裁剪两片。

2. 后身、袖子裁剪（后身裁剪一片，大、小袖各裁剪两片，

袖头四片）

1）后上衣片后中心整片裁剪不放缝头，其余部位均放缝头1cm。

2）袖子在小袖袖开衩处共放出5cm缝头，其余部位均放缝头1cm（图5-63）。

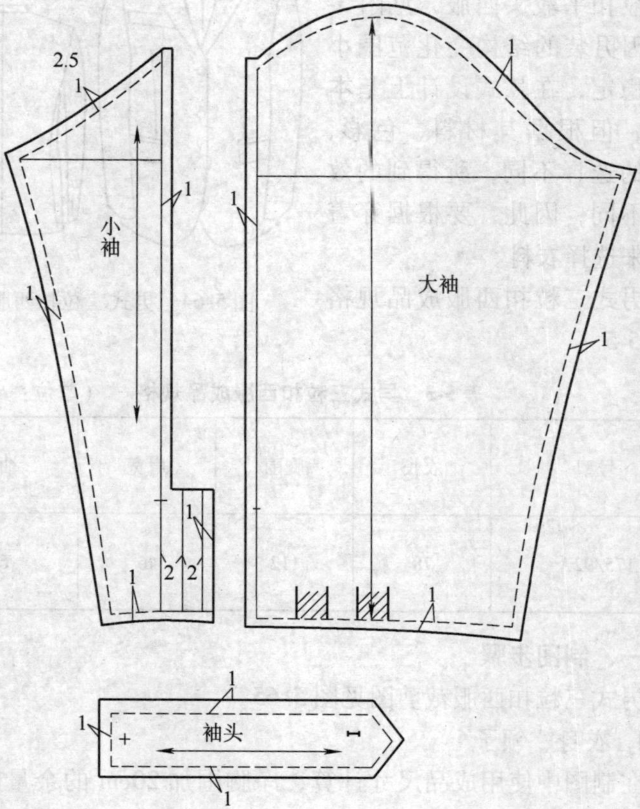

图5-63　袖子放缝头

第六节 男式三粒扣西服的裁剪与缝制

设计说明

这是一款在日常生活中应用较广泛的男式西服，该款式为三粒扣平驳头西服，见图5-64。因男装的结构变化范围小而且稳定，在款式设计上基本相同，但根据其材料、色彩、花样的选择不同，所得到的效果也不同，因此，要根据穿着目的来选择衣料。

图5-64 男式三粒扣西服

男式三粒扣西服成品规格见表5-5。

表5-5 男式三粒扣西服成品规格 （单位：cm）

号型	衣长	胸围	肩宽	袖长
175/92A	78	112	46	60

一、制图步骤

男式三粒扣西服裁剪图见图5-65。

1. 衣身、领子

在制图中使用成品尺寸计算，净胸围加20cm的余量即为成品尺寸。

1）先确定衣身的宽度，用$B/2+2.5$cm计算，再确定衣长，根据长度和宽度画一长方形。

2）袖窿深：从上水平线沿前中心线向下测量$2B/10+4$cm。

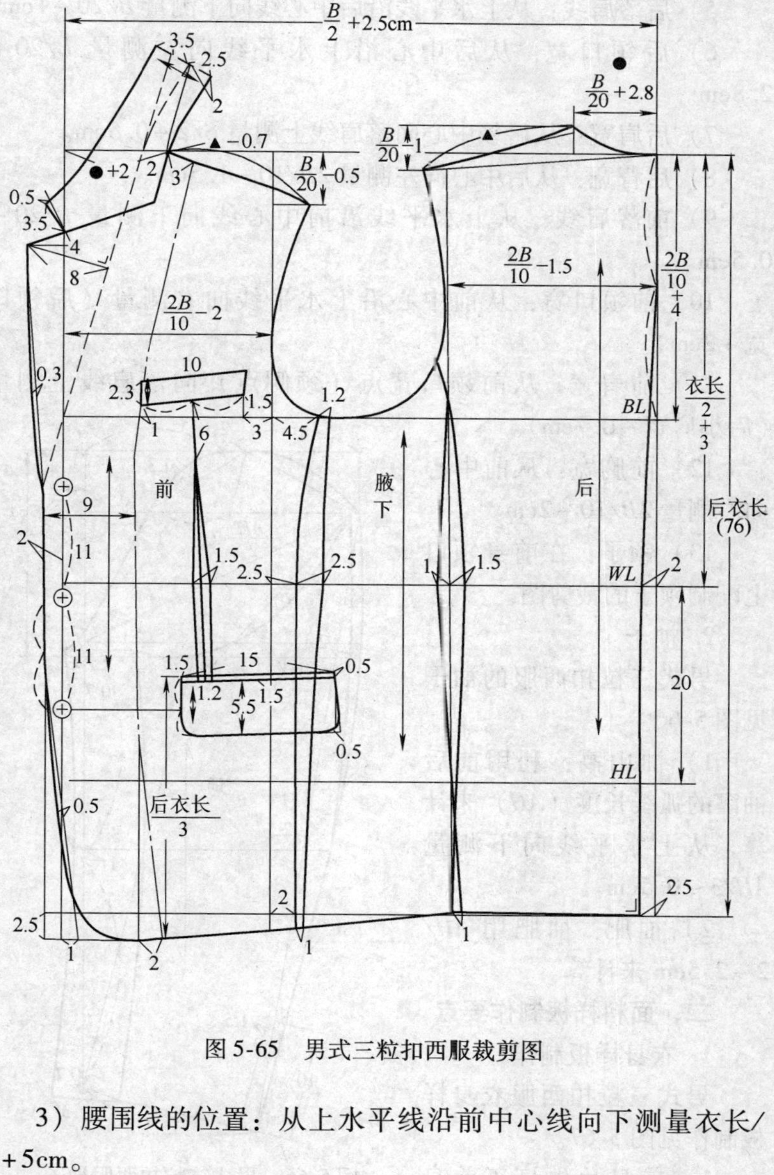

图 5-65　男式三粒扣西服裁剪图

3）腰围线的位置：从上水平线沿前中心线向下测量衣长/2 +5cm。

4）臀围线的位置：从腰围线沿前中心线向下测量 18cm。

5）后落肩线：从上水平线沿后中心线向下测量 $B/20-1$cm。

6）后领口宽：从后中心沿上水平线向左测量 $B/20+2.8$cm。

7）后肩宽：从后领中心向落肩线上测量 $S/2+0.5$cm。

8）后背宽：从后中心向左测量 $2B/10-1.5$cm。

9）前落肩线：从上水平线沿前中心线向下测量 $B/20-0.5$cm。

10）前领口宽：从前中心沿上水平线向右测量（后领口宽 +2cm）。

11）前肩宽：从前领口宽点（颈侧点）向落肩线上测量（后小肩宽 −0.7cm）。

12）前胸宽：从前中心向右测量 $2B/10-2$cm。

13）领子：在前身领口上配制领子的裁剪图。

2. 袖子

男式三粒扣西服的袖子见图 5-66。

1）袖山高：利用前后袖窿的弧线长度（AH）来计算，从上水平线向下测量 $AH/3-0.5$cm。

2）袖肥：袖肥用 $AH/2-2.5$cm 来计算。

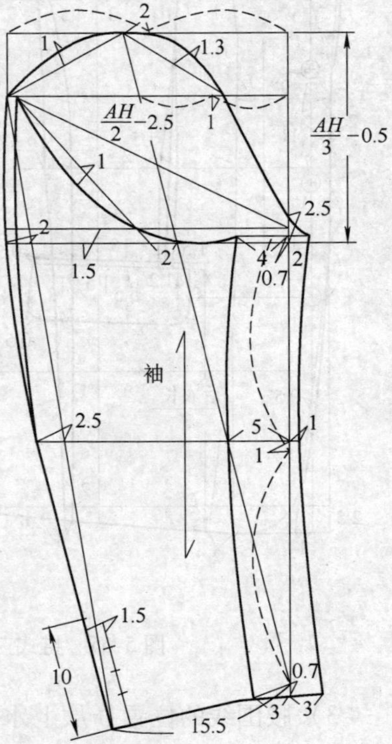

图 5-66 男式三粒扣西服袖子

二、面料样板制作要点

1. 衣身样板制作

男式三粒扣西服衣身样板制作见图 5-67。

1）前身片先订正前身

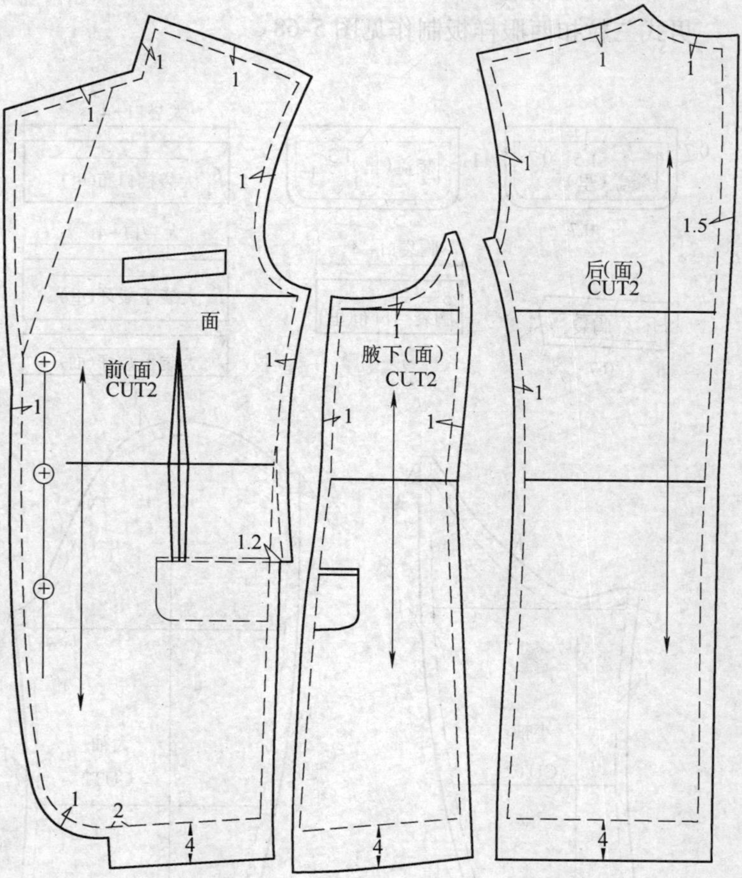

图 5-67　男式三粒扣西服衣身样板制作

袋位处，然后再放缝头。前衣片在领口、肩缝、袖笼、侧缝、前门处均放缝头 1cm，底摆处放缝头 4cm。裁剪时需裁剪两片。

2）腋下片在底摆放缝头 4cm，其余部位放缝头 1cm。裁剪时需裁剪两片。

3）后身在后中心放缝头 1.5cm，底摆放缝头 4cm，其余部位均放缝头 1cm。裁剪时需裁剪两片。

2. 袖子样板制作

男式三粒扣西服样板制作见图 5-68。

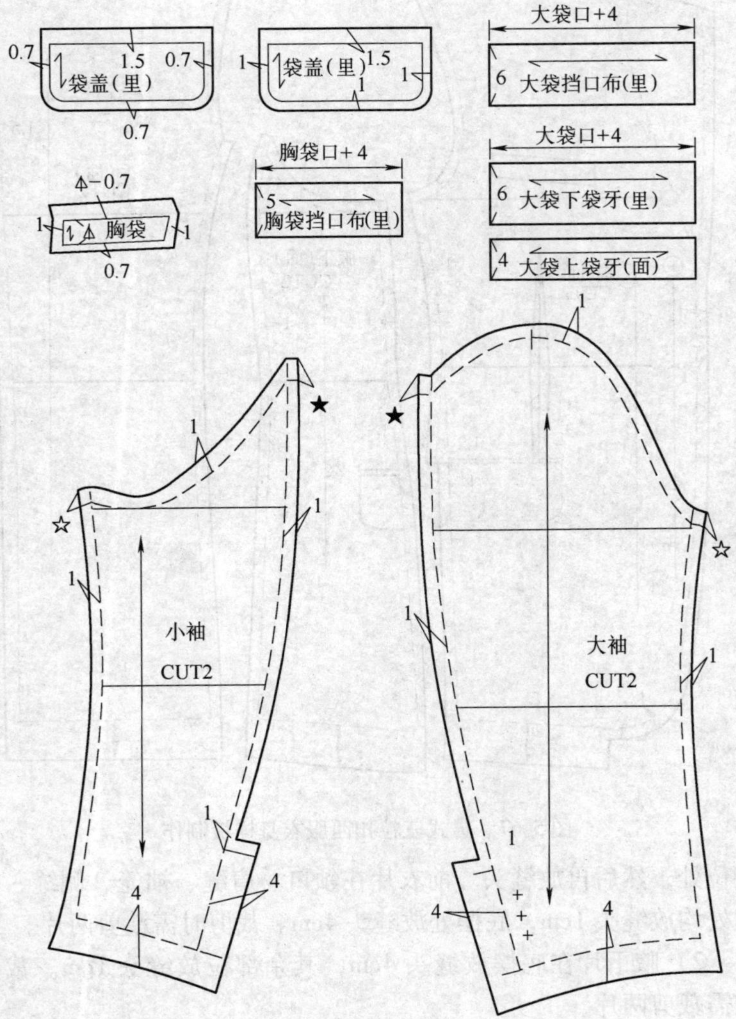

图 5-68 男式三粒扣西服样板制作

大、小袖在袖口折边和袖开衩放缝头 4cm，其余部位均放缝头 1cm。

3. 领子、贴边的样板制作

男式三粒扣西服领子、贴边样板制作见图 5-69。

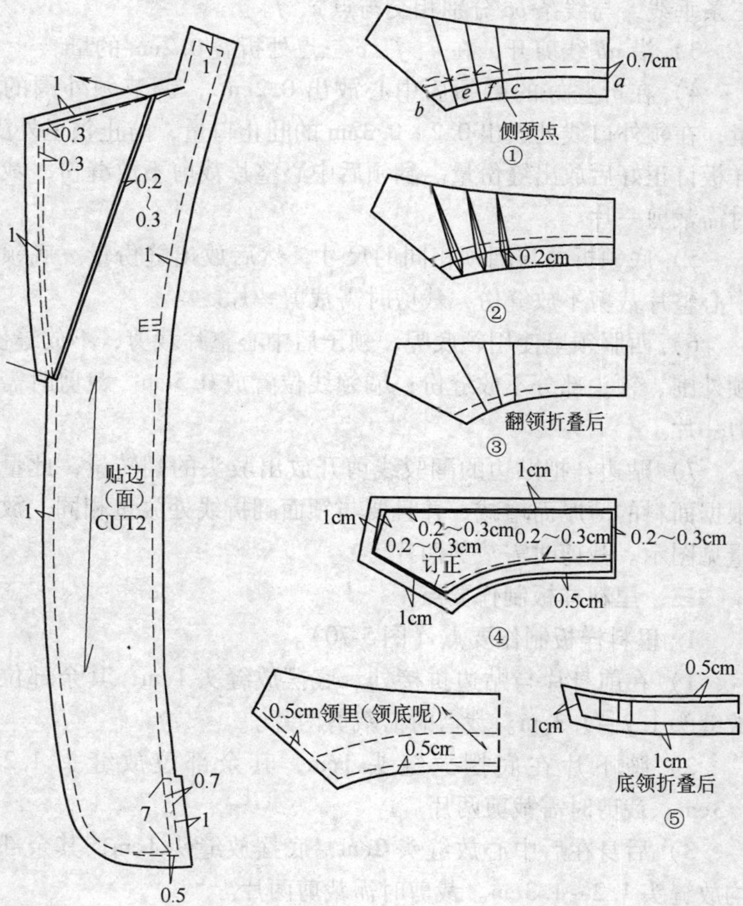

图 5-69 男式三粒扣西服领子、贴边样板制作

1）先把领面上的分割线的位置设定好，即后领中心翻折线向下0.7cm的位置为*a*点画断开线，此断开线与领口线相交点为*b*。

2）在领侧颈点的位置做绱领线的垂线，与断开线相交点为*c*，把*bc*两点间的距离分成三等份，然后过等分点再做第二、第三条垂线，与线条*bc*分别相交与点*e*、*f*。

3）沿*ab*线剪开，在*e*、*f*、*c*三点处折叠0.2cm的量。

4）在折叠好的翻领后中心放出0.2cm，调节领外围的余量；在领外口线处放出0.2~0.3cm的吐止口量，防止领里外露，样板订正好后放出缝份量。翻领后中心整片裁剪不放缝份，裁剪时需裁剪一片。

5）底领折叠与翻领相同的尺寸，然后放出缝份量。底领后中心整片裁剪不放缝份，裁剪时需裁剪一片。

6）西服领里使用领底呢，领子后中心整片裁剪，不放缝份；领外围、领头部分不放缝份；绱领线位置放0.5cm。裁剪时需裁剪一片。

7）贴边：把贴边的翻驳线剪开放出驳头的翻转量，此量要根据面料的薄厚而增减，并且要与领面翻折线处放量相同。放缝量见图示。裁剪时需裁剪两片。

三、里料样板制作要点

1. 里料样板制作要点（图5-70）。

1）在前身片与贴边拼接处、底摆放缝头1cm，其余部位均放缝头1.2~1.3cm。裁剪时需裁剪两片。

2）腋下片在底摆放缝头1cm，其余部位放缝头1.2~1.3cm。裁剪时需裁剪两片。

3）后身在后中心放缝头2cm，底摆放缝头1cm，其余部位均放缝头1.2~1.3cm。裁剪时需裁剪两片。

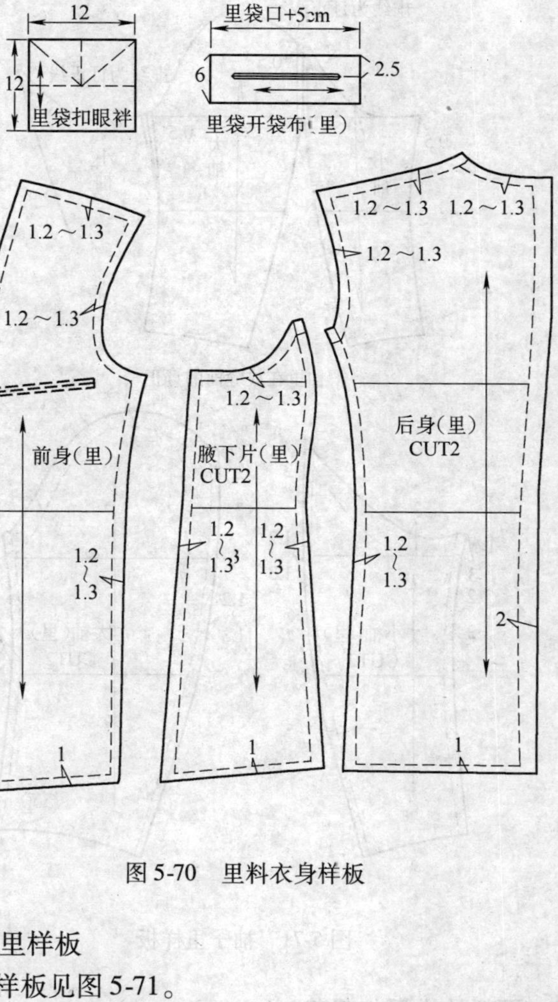

图 5-70　里料衣身样板

2. 袖子里样板

袖子里样板见图 5-71。

因为在制作时袖山的缝头要包在袖笼线外侧，这样会造成袖山线的长度不足，因此，在每一个缝份处加放余量，重新订正袖山弧线。其次在缝头中再加放倒缝余量，长度加放 1cm 制作样板。为了使袖长的余量上下分配合理，袖肘线的合印点向下移动了 0.5cm。大、小袖在裁剪时需各裁剪两片。

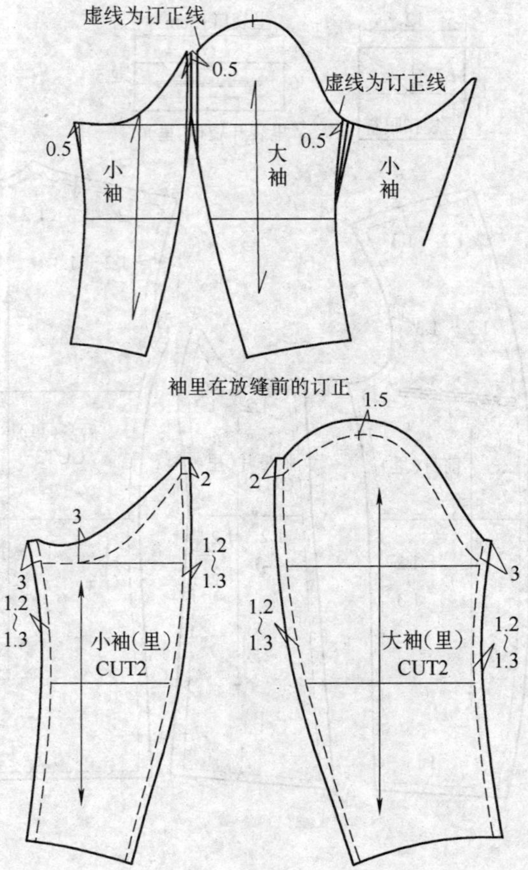

图 5-71　袖子里样板

四、面料的排板与裁剪

面料的排板图见图 5-72。

排板时，要根据面料的材质进行排板。有倒顺毛的面料排板时要排成同一方向，无倒顺毛的面料可以颠倒，但尽可能同向排板比较好。若是条格面料，需要对条格的，面料就要多准备10%左右。把面料布幅双折后排板，排好后，用画粉画下裁剪线

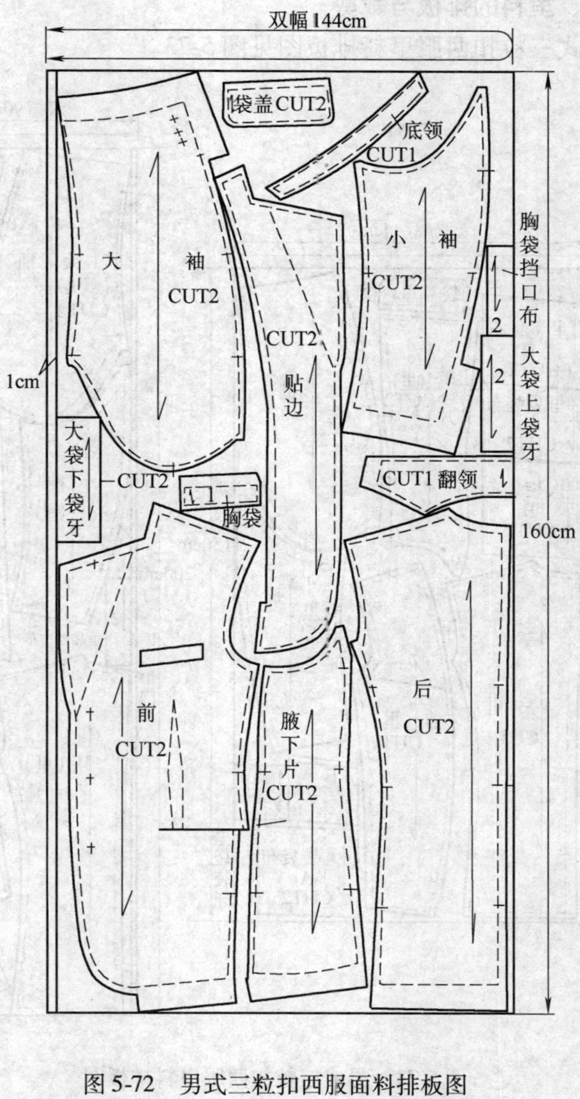

图 5-72　男式三粒扣西服面料排板图

再裁。面料裁剪时不用裁领里，领里使用领底呢。

裁剪部位有：前身、后身、大袖、小袖、领面、贴边、大袋盖、大袋袋牙、胸袋、胸袋挡口布。

五、里料的排板与裁剪

男式三粒扣西服里料排板图见图 5-73。

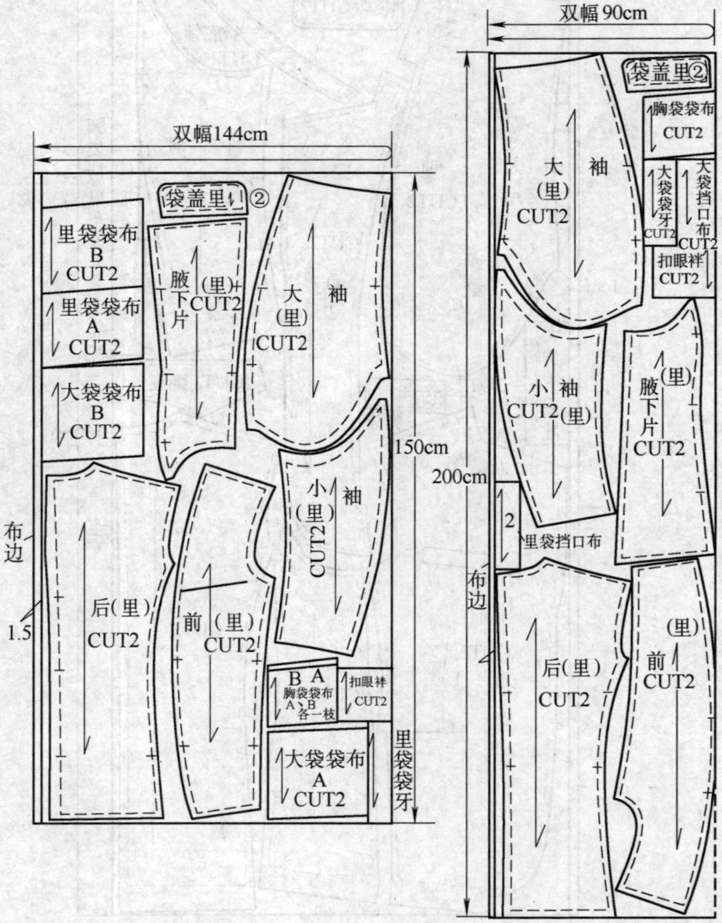

图 5-73　男式三粒扣西服里料排板图

把里料布幅双折后排板，里料无倒顺毛，排板时样板可以颠倒。

裁剪部位有：前身、后身、大袖、小袖、袋盖里、大袋挡口布、里袋牙、里袋扣眼袢。

六、衬的裁剪与粘法

男式三粒扣西服衬的裁剪与粘法见图 5-74。

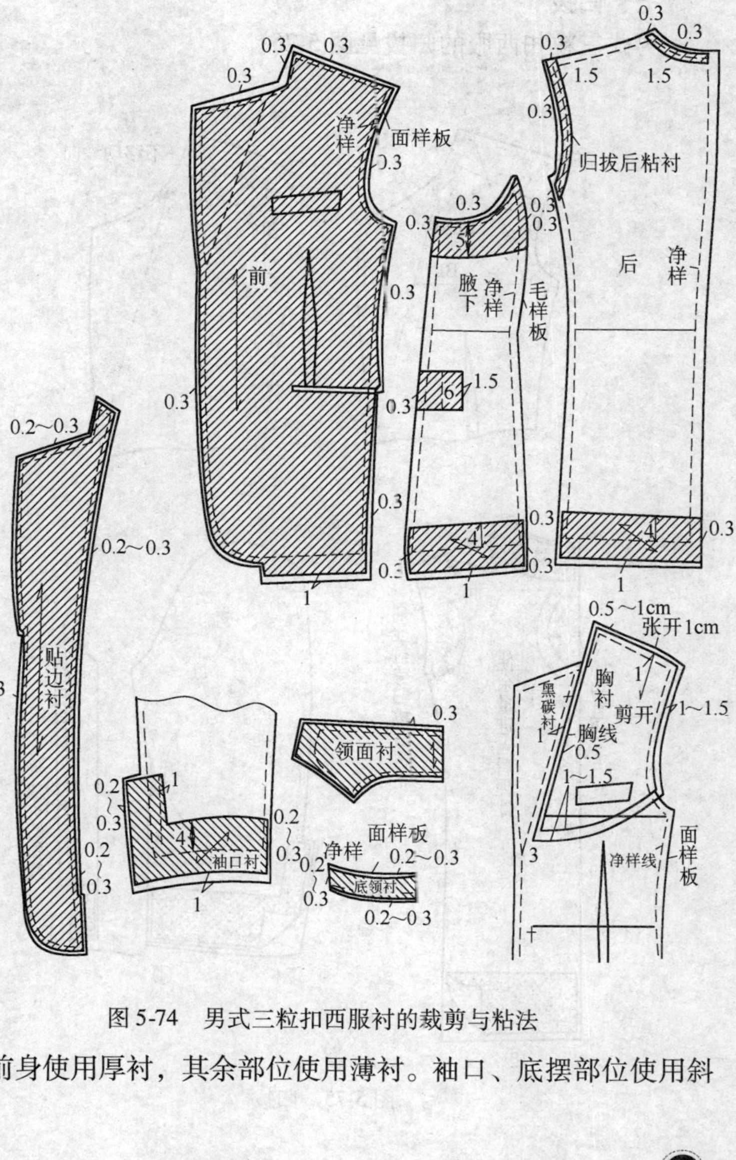

图 5-74　男式三粒扣西服衬的裁剪与粘法

前身使用厚衬，其余部位使用薄衬。袖口、底摆部位使用斜纱。前胸衬使用黑碳衬，做完胸袋后再敷胸衬。

衬的裁剪部位有：前身衬、贴边衬、下摆衬、领衬、袋口衬、胸衬、驳头衬、扦条衬。

七、归拔

男式三粒扣西服的归拔见图5-75。

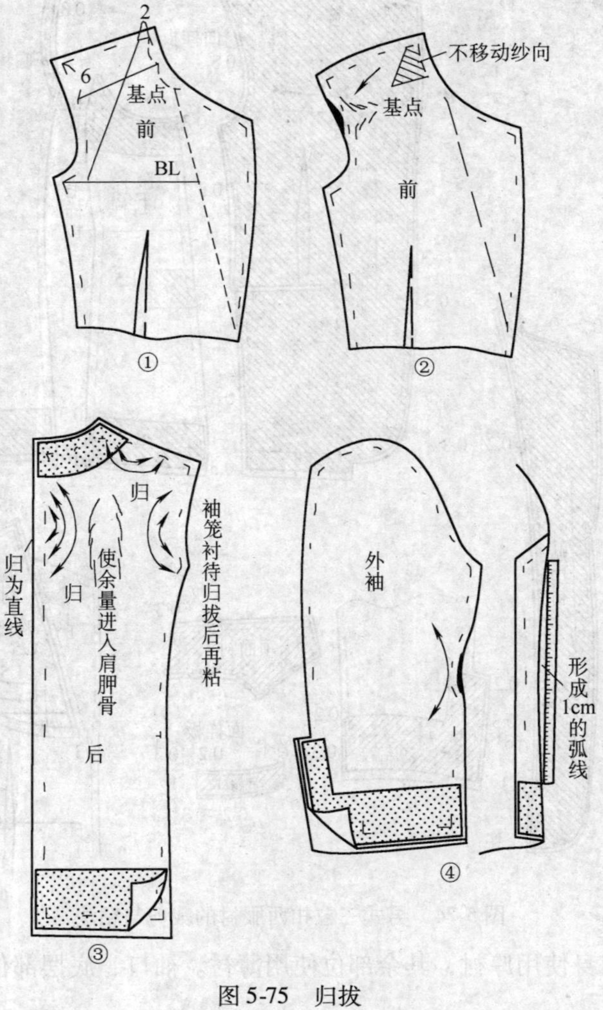

图5-75　归拔

归拔是把平面裁剪中裁剪的衣片立体造型的一种技巧。通过归拔可以使服装由平面转变成立体的效果，并使服装的造型很美。如今，随着样板合理化程度的提高，采用归拔的手法也在逐渐减少。但工艺考究的服装，仍需最小限度的归拔。

1）在前肩决定基点，不要使斜线部位的纱向改变，按箭头方向由领口部位向袖窿方向采用“推”的归拔工艺归拔肩部，并使基点的部位归拢。

2）把背中心线归为直线。肩线与袖窿也采用“归”的工艺，使肩胛骨的部位产生立体感。归拔后，在袖窿、领口拉上扦条。

3）把大袖的袖内缝线在肘线位置按箭头方向拔烫，产生1cm的弯度，这样袖子的造型会很美。

归拔时，要把左右对称的裁片正面对正面叠放，用蒸汽熨斗归拔完一面后，在翻到另一面归拔。

男式三粒扣西服的制作工艺见表5-6。

表5-6 男式三粒扣西服的制作工艺

<table>
<tr><td colspan="3">男式三粒扣西服缝制工艺工程表</td></tr>
<tr><td colspan="3">一、准备工程</td></tr>
<tr><td colspan="2">1. 面料及零配件裁剪</td><td>前身、后身、袖子、领面、贴边、胸袋、大袋盖、袋牙、挡口布</td></tr>
<tr><td colspan="2">2. 里料裁剪</td><td>前身、后身、袖子、袋盖里、大袋挡口布、里袋牙、里袋扣眼袢</td></tr>
<tr><td colspan="2">3. 衬料裁剪及粘衬</td><td>前身衬、贴边衬、下摆衬、领衬、袋口衬、胸衬、驳头衬、扦条衬</td></tr>
<tr><td colspan="2">4. 归拔</td><td>前身、后身、大袖</td></tr>
<tr><td colspan="2">5. 袋布裁剪</td><td>胸袋、大袋、里袋、暗袋（名片袋）</td></tr>
<tr><td colspan="3">二、制作工程</td></tr>
<tr><td colspan="2">缝纫工程</td><td>熨烫工程</td></tr>
<tr><td rowspan="3">第一工程</td><td>1. 收胸省（用斜纱条的垫布垫在中心一侧）</td><td>1. 把胸省倒向侧缝，垫布向中心一侧劈烫</td></tr>
<tr><td>2. 前身里子与贴边缝合</td><td>2. 倒烫贴边与前片里子的缝合处</td></tr>
<tr><td>3. 前身里与腋下片里子缝合</td><td>3. 倒烫里子前片与腋下片的缝头，倒向侧缝</td></tr>
</table>

（续）

二、制作工程		
	缝纫工程	熨烫工程
第一工程	4. 缝合后身面料的后中心线	4. 劈烫面料的后中缝，并进行归拔，粘袖窿、领口扦条
	5. 缝合后身里料的后中心线	5. 向左后身倒烫里子的后中缝，并放0.2~0.3cm的余量
	6. 缝胸袋袋口布和胸袋挡口布	6. 胸袋开剪口，劈烫
	7. 勾缝大袋盖	7. 翻烫大袋盖（先扣烫，再翻过来整烫）
	8. 做袖开衩，缝合面料的袖外缝和袖内缝	8. 在袖开衩开口止点处打剪口，劈烫袖外缝、袖内缝
	9. 缝合里料的袖外缝和袖内缝	9. 袖里缝头倒向大袖熨烫，留0.2~0.3cm的余量
	10. 缝合领面翻领与底领的剪开线	10. 劈烫领面缝合处的缝头，扣烫领外围
	11. 缝和领里后中线，压缝绱领一侧的缝头（如用领底呢，此工序可省略）	
第二工程	1. 缝制胸袋	1. 熨烫胸袋（半成品定型）
	2. 面料前身与腋下片里子缝合	2. 劈烫面料前身与腋下片里子缝合处
	3. 绱里袋袋牙	3. 里袋开剪口，压烫袋牙
	4. 面料袖口与里子袖口缝合	4. 扦缝袖口折边，袖里缝头与袖面缝头固定，整烫袖子，抽袖包，烫袖包
	5. 做胸衬	5. 熨烫胸衬
第三工程	1. 制作里袋：固定袋牙、绱袋布、绱扣眼袢、袋口两端打结、勾缝袋布	1. 熨烫里袋（半成品定型）
	2. 绱大袋袋牙	2. 大袋开剪口并劈烫

（续）

二、制作工程		
	缝纫工程	熨烫工程
第四工程	制作大袋：落缝固定袋牙、绱袋布、袋口两端打结、绱袋盖、勾缝袋布	1. 熨烫大袋（半成品定型）
		2. 敷胸衬：先用扦条固定，后用手针固定胸衬，烫衬壳
		3. 前门、驳头粘扦条衬
		4. 敷贴边
第五工程	1. 勾缝前门止口	1. 翻烫前门止口：先清剪缝头，再扣烫，然后翻到正面熨烫，翻折线最底点向下面料吐0.1cm止口，向上（驳头部分）贴边吐0.1cm止口
	2. 领面与领底呢的领外口缝合	2. 劈烫领面与领底呢的缝合处
第六工程	1. 缝合面料前身与后身侧缝	1. 劈烫面料身的侧缝处
	2. 缝合里子前身与后身侧缝	2. 倒烫里子身的侧缝处，倒向后身，留0.2～0.3cm
	3. 领面与领底呢的缝合处压明线	3. 扣烫下摆折边（面料）
		4. 固定面料与里子侧缝处的缝头
		5. 熨烫领子
第七工程	1. 缝合面料的肩缝	1. 劈烫面料的肩缝
	2. 缝合里子的肩缝	2. 倒烫里子的肩缝，倒向后身，留0.2～0.3cm
		3. 把胸衬与面料的肩缝固定在一起
第八工程	绱领子	1. 劈烫领面与贴边处的缝头，并用手针固定领子缝头、固定领底呢
		2. 用手针绱袖子，并熨烫袖山的缝头

（续）

二、制作工程		
	缝纫工程	熨烫工程
第九工程	机缝绱袖子，绱袖山垫条	1. 烫绱袖的缝头
		2. 绱垫肩
		3. 固定袖里子
		4. 扦缝袖里子
第十工程		1. 扦下摆，烫下摆
		2. 整烫
		3. 锁眼、钉扣

八、制作要点

男式三粒扣西服的制做要点见图 5-76 ~ 图 5-83。

1. 胸袋的制作（第 1、2 工程）

男式三粒扣西服胸袋的制作见图 5-76。

1）按照胸袋的袋位倾斜度，裁剪左胸袋袋口布、挡口布与袋布（A、B 袋布各一片），并在胸袋袋口布上粘衬，扣烫胸袋袋口布。

2）把扣烫好的胸袋袋口布放在前身胸袋的位置，检验一下是否与前身纱向、条格一致。

3）胸袋袋口布与袋布 A 缝合，把挡口布与袋布 B 缝合。

4）先把胸袋袋口布绱在袋口位置上，距离第一趟线 1.2cm 处绱挡口布。

5）避开缝头，在袋口位上开剪口。

6）把胸袋袋口布翻到衣身的里面，劈烫缝份，并扦缝。

7）胸袋袋口布与袋布落缝固定，并在袋布的两侧打剪口。

8）把挡口布翻到衣身的里面，劈烫缝头，灌缝固定挡口布与袋布 B。

9）用双趟线勾缝袋布。

10）在胸袋袋口布的两侧压 0.1cm 的明线。

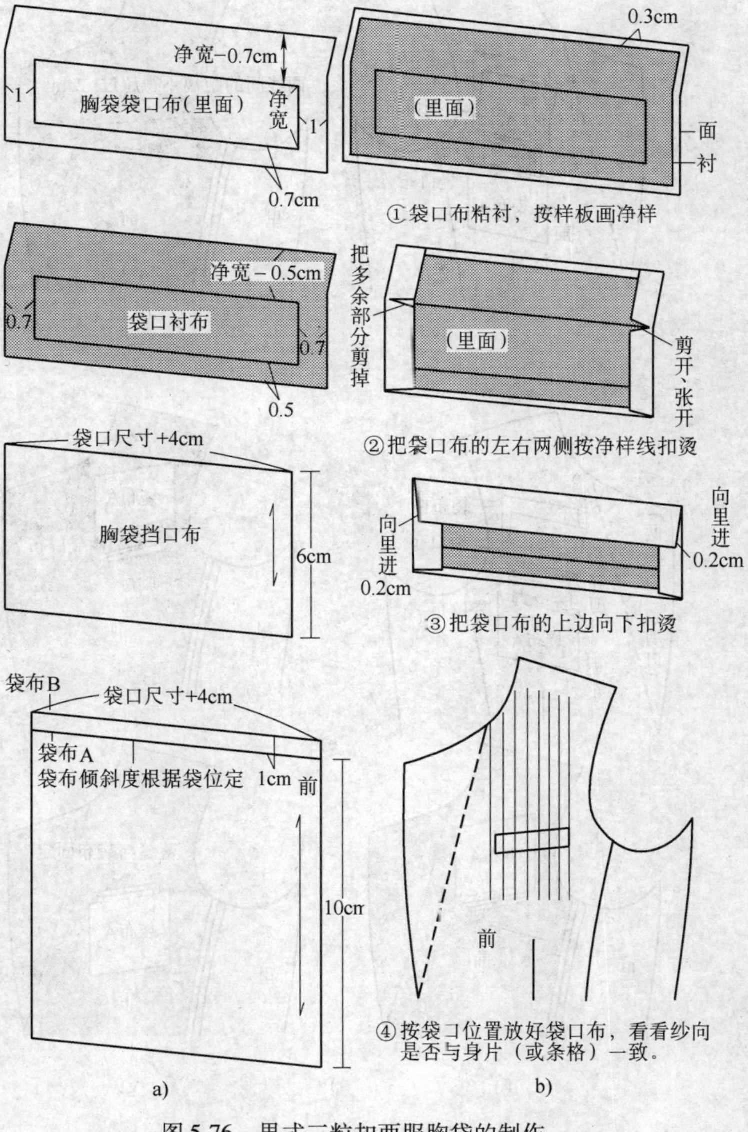

图 5-76 男式三粒扣西服胸袋的制作

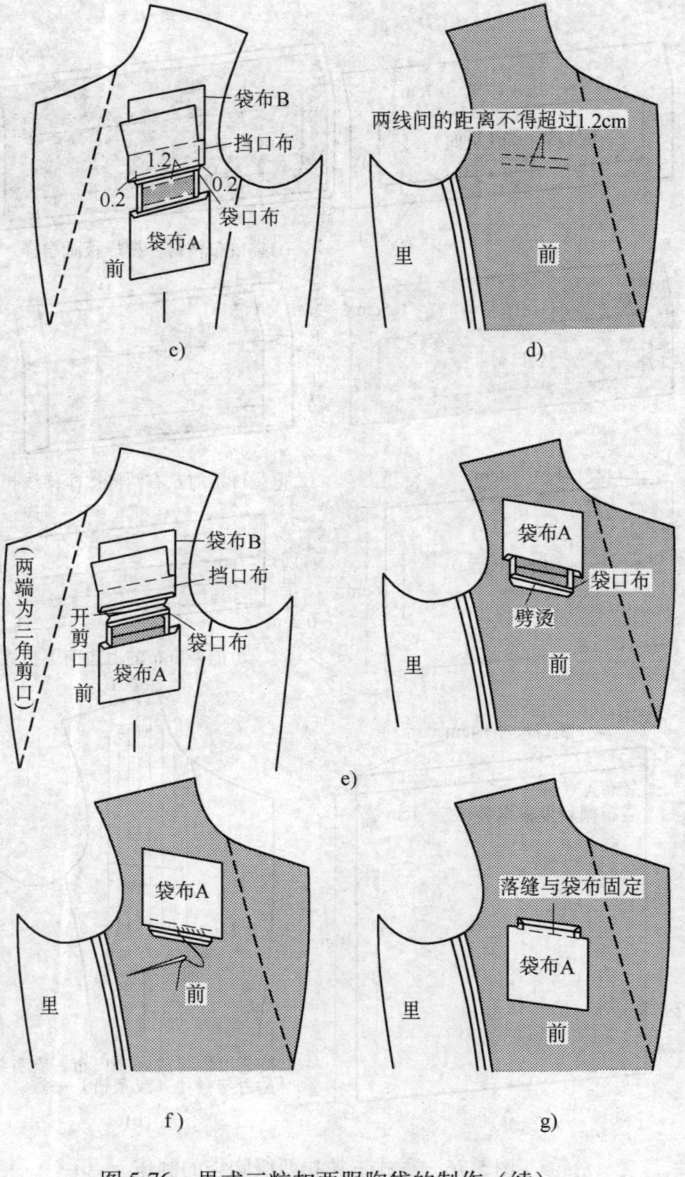

图 5-76　男式三粒扣西服胸袋的制作（续）

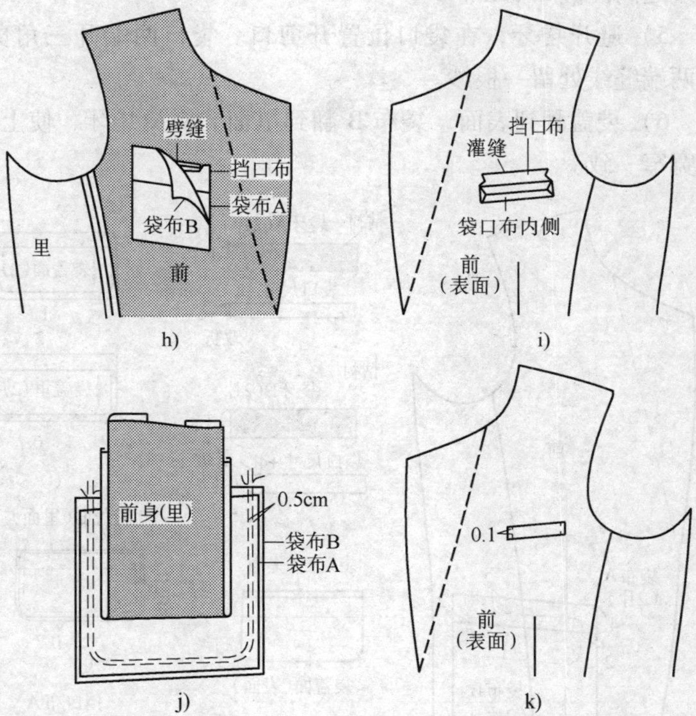

图 5-76　男式三粒扣西服胸袋的制作（续）

2. 挖大袋（第 1、3 工程）

男式三粒扣西服挖大袋见图 5-77。

1）在前身上决定袋布的大小。分别裁出左右对称的袋布 A、B 各两片，袋牙 A、B 粘上衬，折烫，用里布裁剪 2 枚挡口布。

2）勾袋盖：在袋盖面、袋盖里上画净样线，然后把袋盖面与袋盖里面对面放好，按照袋盖里的缝份大小进行缝制，袋盖圆角处面料给一定的吃量，勾好后进行翻烫，袋盖面吐 0.1cm，烫好后绱袋牙 A。

3）把袋牙 B 绱到袋布 B 上，挡口布绱到袋布 A 上。

4）绱袋盖，缝线两端打回针。绱袋牙 B，缝线两端打回针，两线之间间隔0.8cm。

5）避开袋牙，在袋口位置开剪口。袋口两端开三角剪口，距两端缝线处留一根纱。

6）袋盖翻到表面，袋布B翻到里面。熨烫袋牙，使上下袋牙宽窄一致。

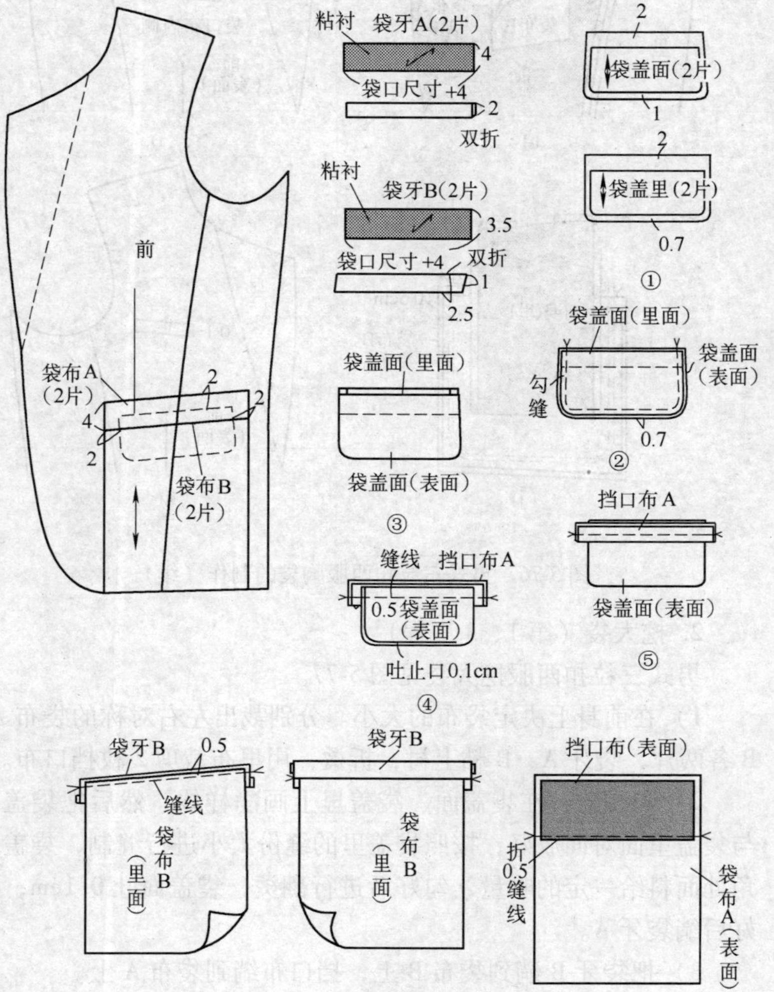

图5-77　男式三粒扣西服挖大袋

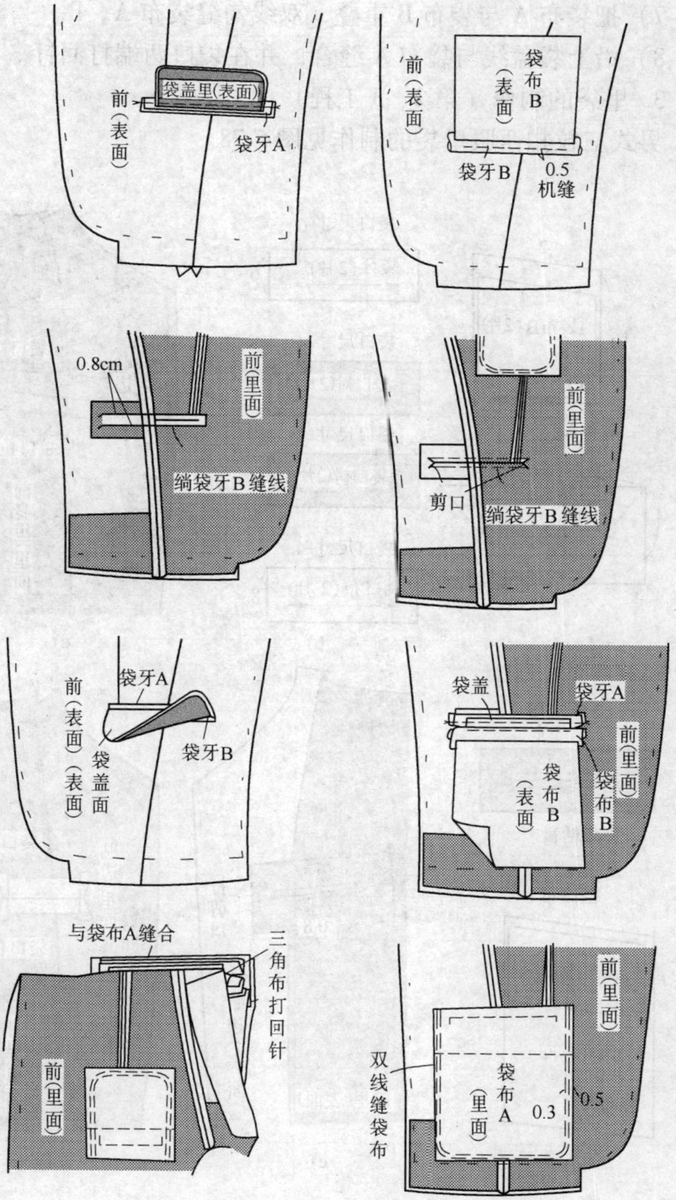

图5-77　男式三粒扣西服挖大袋（续）

7）把袋布 A 与袋布 B 重叠，双线勾缝袋布 A、B。

8）沿上袋盖线与袋布 A 缝合，并在袋口两端打回针。

3. 里袋的制作（第 2、3 工程）

男式三粒扣西服里袋的制作见图 5-78。

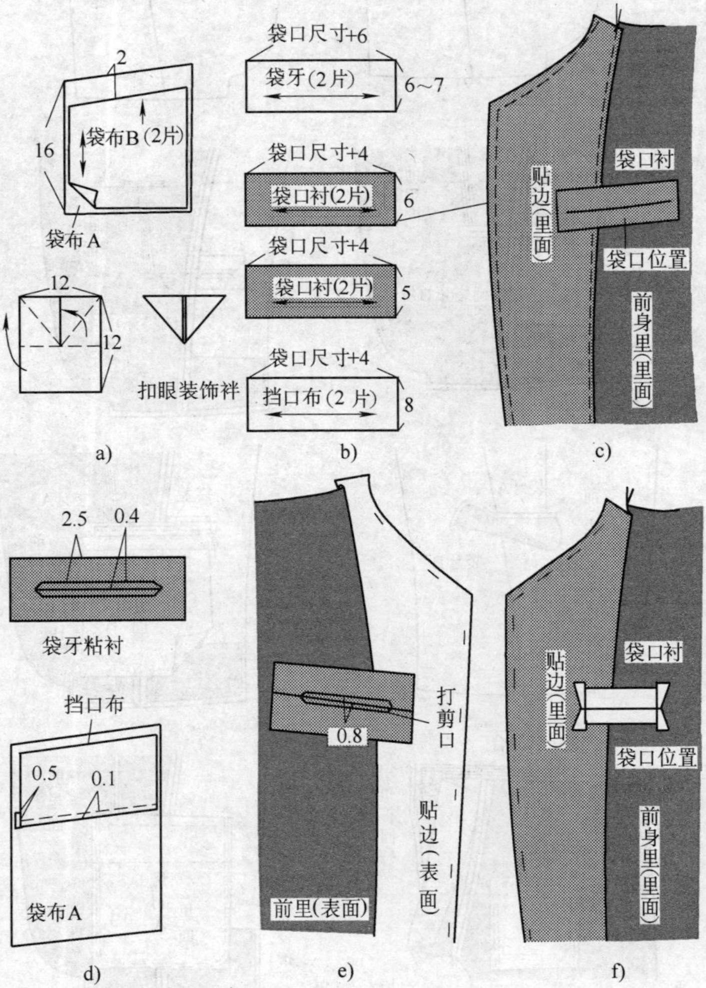

图 5-78　男式三粒扣西服里袋的制作

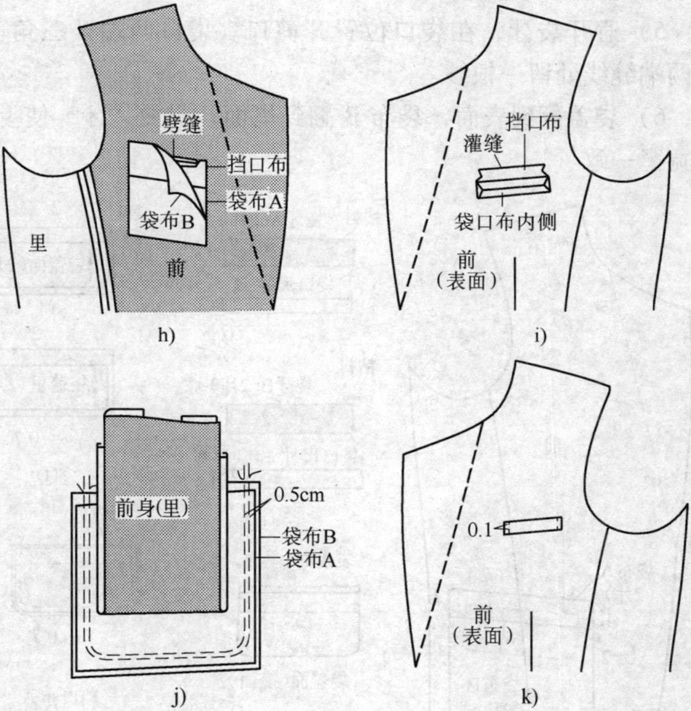

图 5-76 男式三粒扣西服胸袋的制作（续）

2. 挖大袋（第 1、3 工程）

男式三粒扣西服挖大袋见图 5-77。

1）在前身上决定袋布的大小。分别裁出左右对称的袋布 A、B 各两片，袋牙 A、B 粘上衬，折烫，用里布裁剪 2 枚挡口布。

2）勾袋盖：在袋盖面、袋盖里上画净样线，然后把袋盖面与袋盖里面对面放好，按照袋盖里的缝份大小进行缝制，袋盖圆角处面料给一定的吃量，勾好后进行翻烫，袋盖面吐 0.1cm，烫好后绱袋牙 A。

3）把袋牙 B 绱到袋布 B 上，挡口布绱到袋布 A 上。

4）绱袋盖，缝线两端打回针。绱袋牙 B，缝线两端打回针，两线之间间隔0.8cm。

5）避开袋牙，在袋口位置开剪口。袋口两端开三角剪口，距两端缝线处留一根纱。

6）袋盖翻到表面，袋布B翻到里面。熨烫袋牙，使上下袋牙宽窄一致。

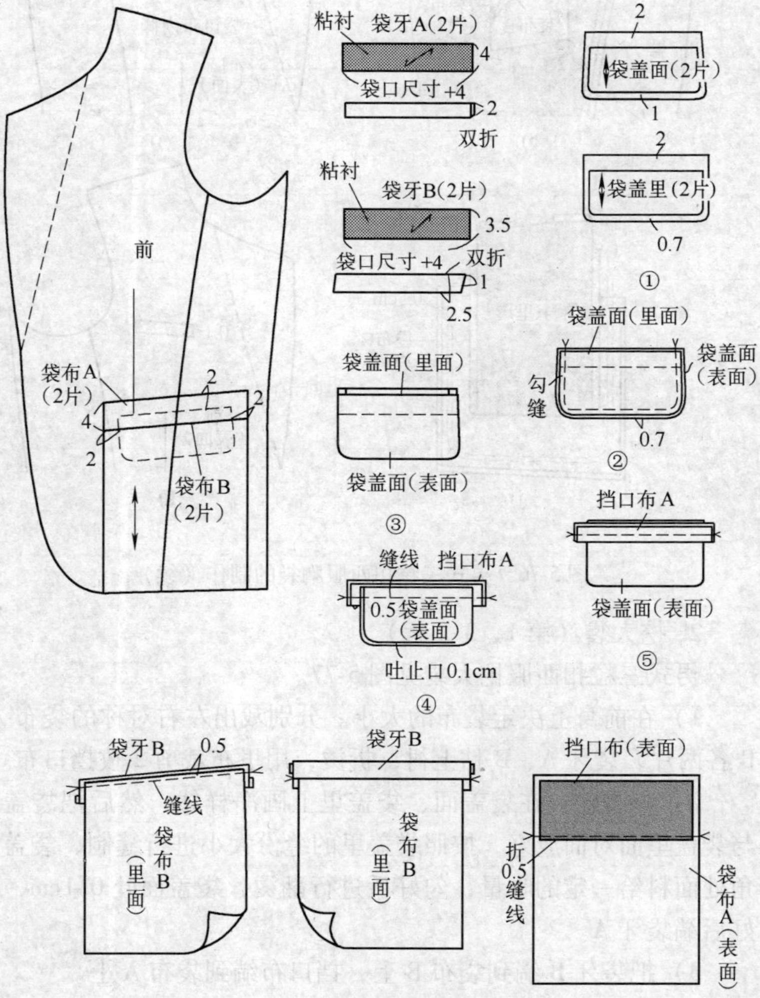

图5-77　男式三粒扣西服挖大袋

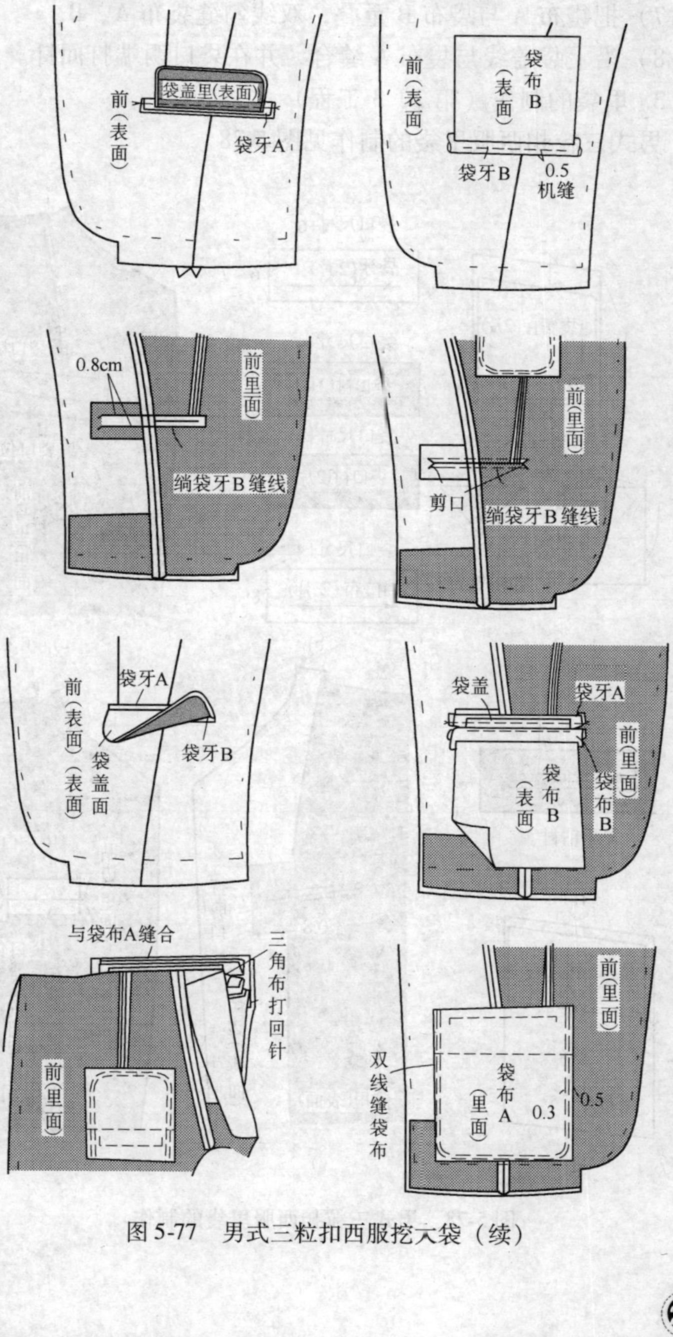

图 5-77 男式三粒扣西服挖大袋（续）

7）把袋布 A 与袋布 B 重叠，双线勾缝袋布 A、B。

8）沿上袋盖线与袋布 A 缝合，并在袋口两端打回针。

3. 里袋的制作（第 2、3 工程）

男式三粒扣西服里袋的制作见图 5-78。

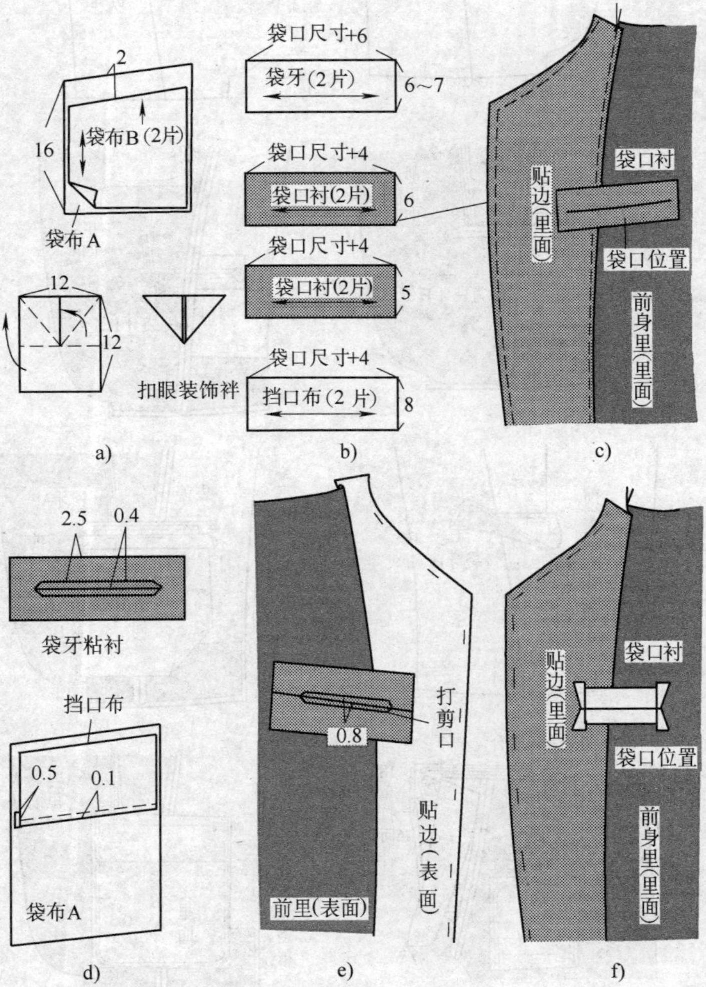

图 5-78　男式三粒扣西服里袋的制作

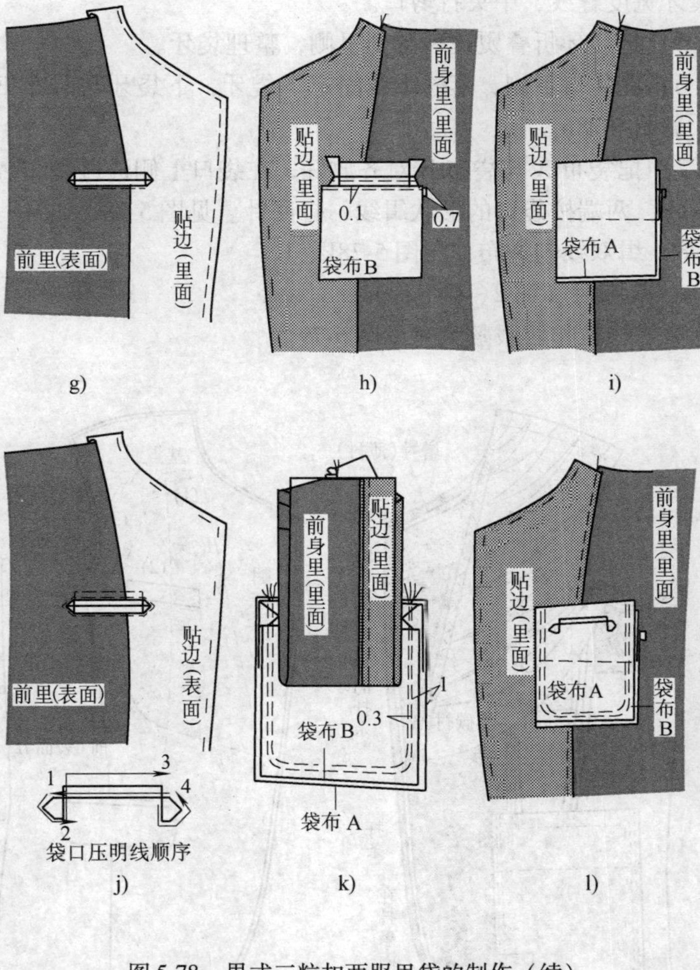

图 5-78　男式三粒扣西服里袋的制作（续）

1）使用里子布裁剪里袋袋牙、挡口布、扣眼装饰袢。根据里袋位置的斜度，裁剪袋布 A、B 各两片。

2）贴边与前身里子缝合，并在袋口位置的背面粘衬。

3）里袋袋牙粘衬，并画好袋牙所需的宽度与袋口的长度。

4）把挡口布固定在袋布 A 上。把袋牙布与袋口位置对齐，按袋牙宽度缝线，中央打剪口。

5）把袋牙折叠熨烫后翻到里侧，整理袋牙。

6）在袋口下侧，落缝缉线固定下袋牙，下袋牙与袋布 B 拼接，见图 5-78h。

7）把袋布 A 与袋布 B 对齐放好，在袋口上侧透过袋布 A 落缝压线，两端按袋口的形状缉线，打回针。见图 5-78i、j。

8）缉双线勾袋布，见图 5-78k、l。

4. 敷胸衬（第 2、4 工程）

男式三粒扣西服敷胸衬见图 5-79。

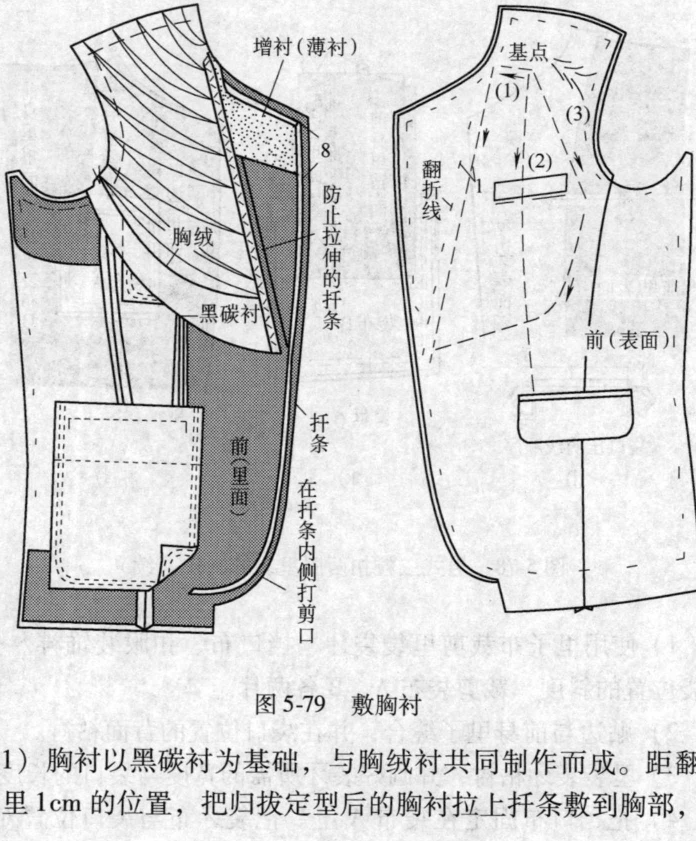

图 5-79 敷胸衬

1）胸衬以黑碳衬为基础，与胸绒衬共同制作而成。距翻折线向里 1cm 的位置，把归拔定型后的胸衬拉上扦条敷到胸部，用三角针固定。

2）在前身正面按图示步骤及箭头方向敷衬。

3）前门止口、驳头粘扦条衬。驳头部分扦条略拉紧，下摆圆角处在扦条内侧打剪口。

5. 前门止口的制作（第4、5工程）

前门止口的制作见图5-80。

1）在敷贴边时，要保证领台角部（贴边）、下摆圆角处（面料）留有足够的余量。

2）勾缝前门止口时，在前门翻折线向上驳头部分，缝线要沿扦条边，下半部分缝线要在扦条外0.2cm～0.3cm的位置勾缝。

3）清剪缝头。驳头部分清剪前身缝头，留缝头0.5cm；驳头以下前门止口部分清剪贴边缝头，留缝头0.5cm。

4）缝头清剪后，先扣烫再翻到表面熨烫，驳头部分贴边向外吐0.1cm的止口量，驳头以下前门止口部分前身向外吐0.1cm的止口量。

6. 领子制作（第1、5、6、8工程）

领子制作见图5-81。

1）先缝合领面翻领与底领的剪开线，然后进行劈缝熨烫，在翻领的正面接缝处压0.1cm的明线。

2）按领面上所画净样线扣烫领面。

3）领面与领底呢的领外口缝合，劈烫领面与领底呢的缝合处，压明线，整烫。

4）绱领子。把领子的下口线（绱领线）与身的领口（驳头与里子的领口）缝合并劈烫。

5）把大身领口的缝份与领子的缝份固定。

6）在领子的翻折线位置领底呢与领面先临时固定，再把领底呢的下口线与领口固定，领头的缝份量扣烫并固定。

7）扦缝领子。

8）在底领上压0.1的明线，固定领底呢。

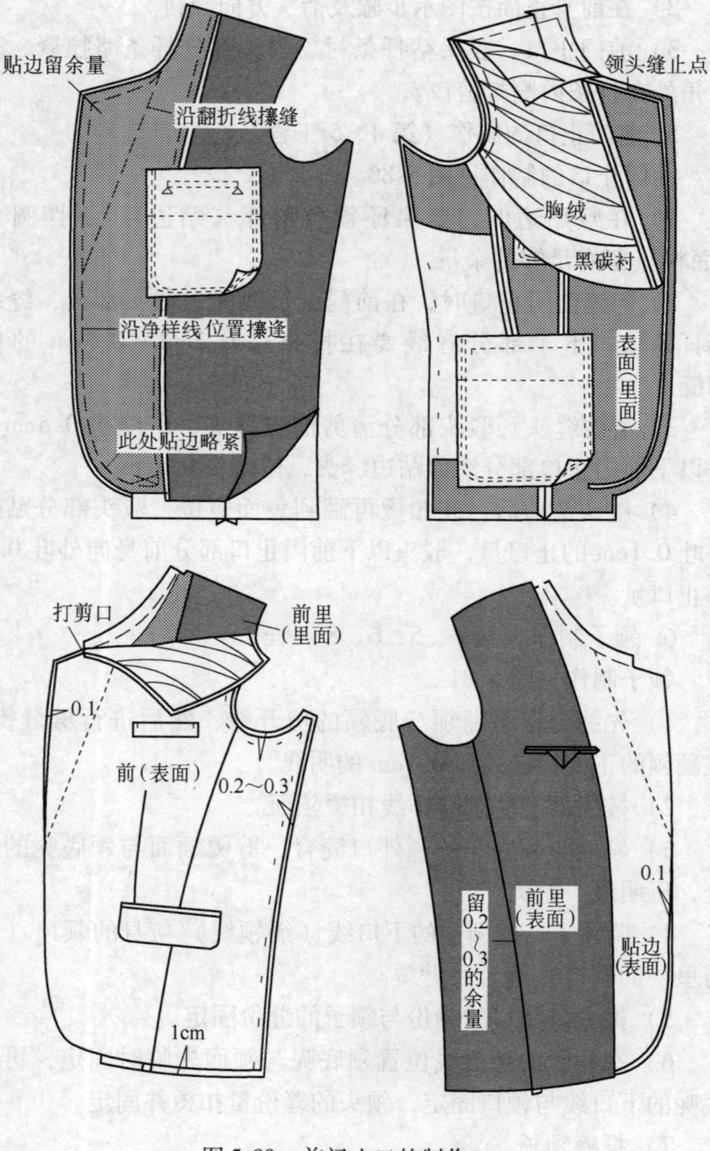

图 5-80 前门止口的制作

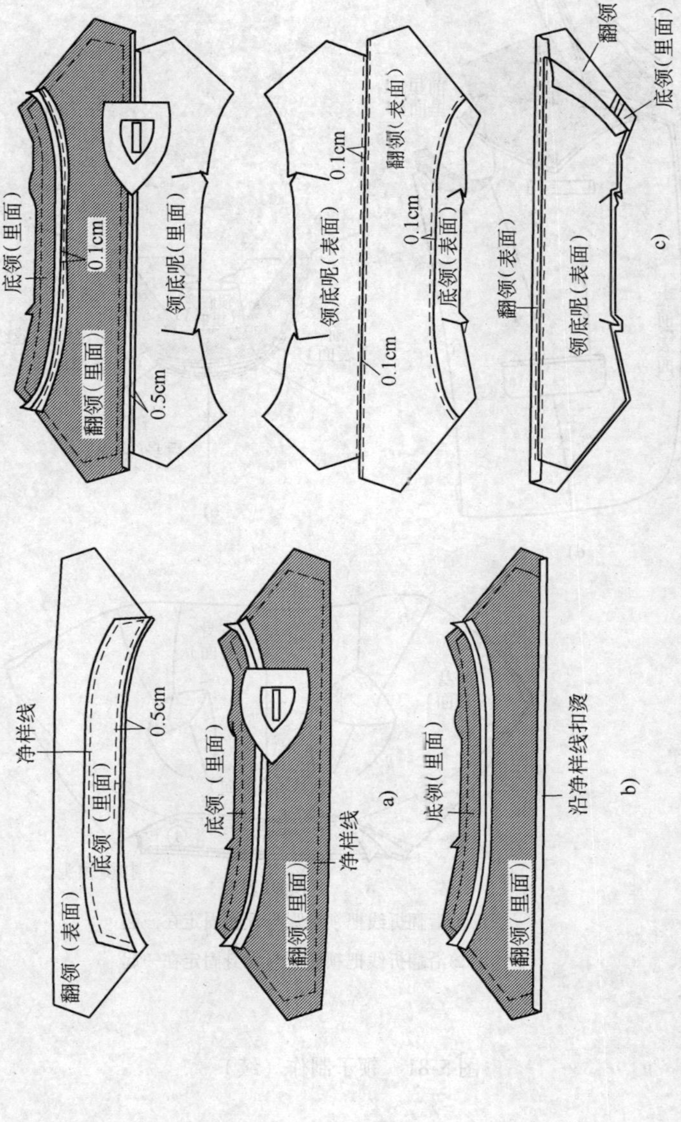
翻领（表面）
底领（里面）
净样线
0.5cm
底领（里面）
翻领（里面）
净样线
a)
底领(里面)
翻领(里面)
沿净样线扣烫
b)
底领(里面)
0.1cm
翻领(里面)
0.5cm
领底呢(里面)
领底呢(表面)
0.1cm
0.1cm
翻领(表面)
0.1cm
底领(表面)
翻领(表面)
领底呢(表面)
翻领(里面)
底领(里面)
c)

图5-81 领子制作

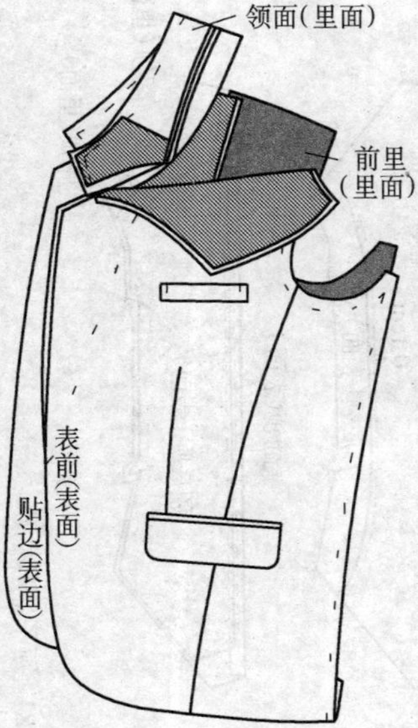

d)

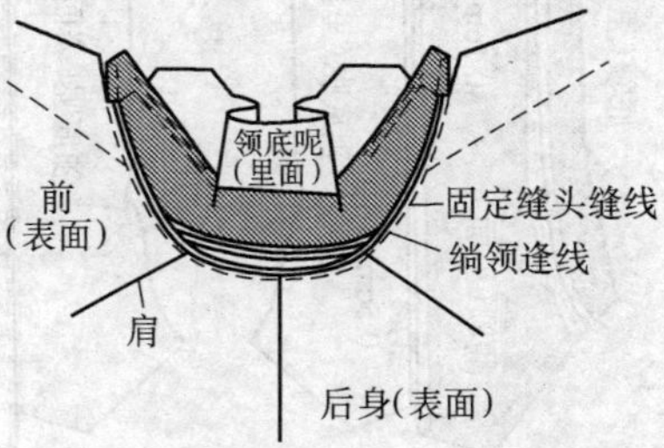

e)

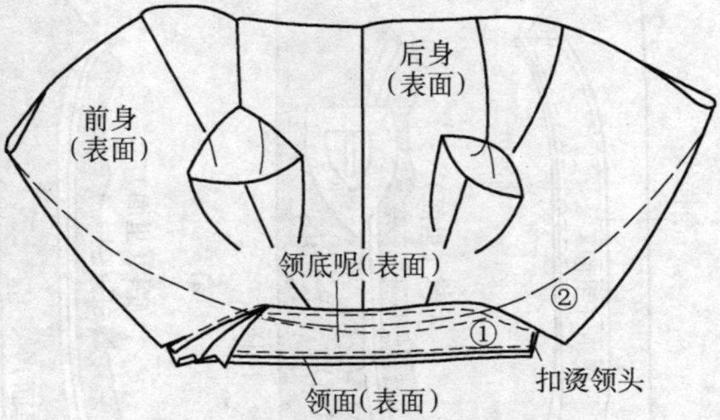

①沿翻折线把领底呢与领面固定在一起

②沿翻折线把领底呢与大身固定在一起

f)

图 5-81 领子制作（续）

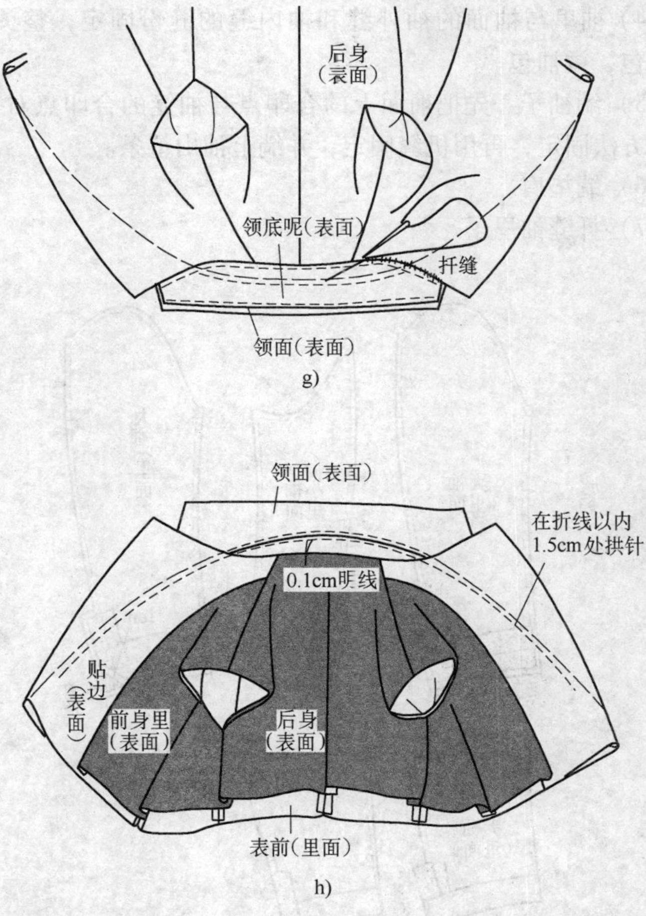

图 5-81　领子制作（续）

7. 袖子制作（第 1、2、8、9 工程）

袖子制作见图 5-82。

1）做袖开衩，缝合面料的袖外缝和袖内缝并劈烫。

2）缝合里子的袖外缝和袖内缝并倒烫。

3）缝合面料与里子的袖口，并用扦缝方法固定袖口折边。

4）袖里与袖面的袖外缝和袖内缝的缝份固定；整烫袖子，抽袖包，烫袖包。

5）绱袖子。先把袖面上的合印点与袖笼的合印点对齐，用手缝方法固定，再用机缝固定，并绱上袖山垫条。

6）绱垫肩。

7）扦缝袖里子。

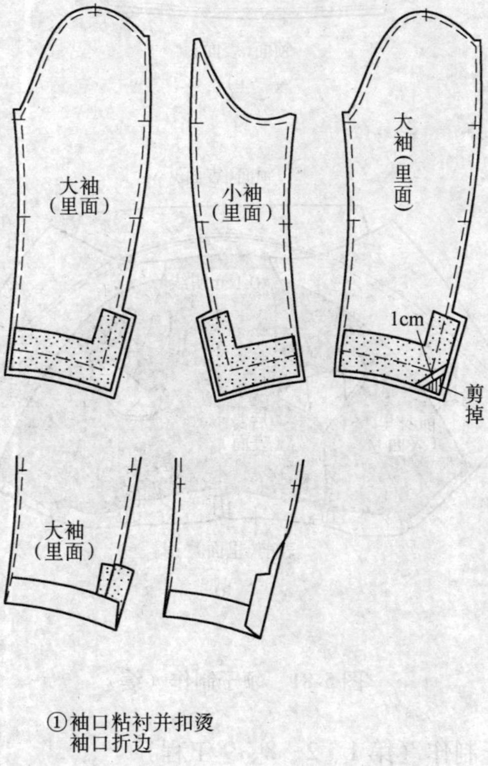

图 5-82　袖子制作

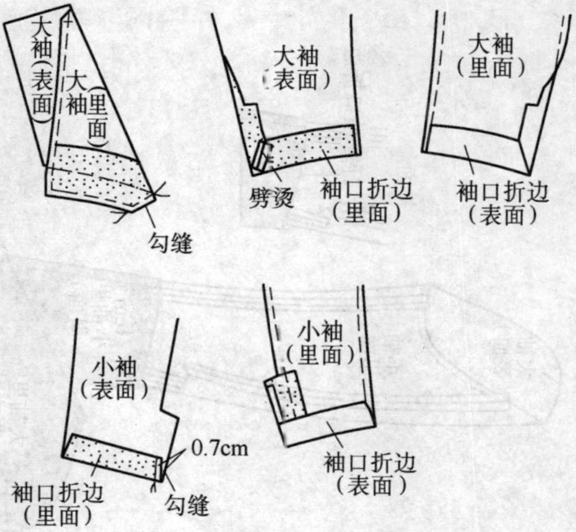

②勾缝袖口折边

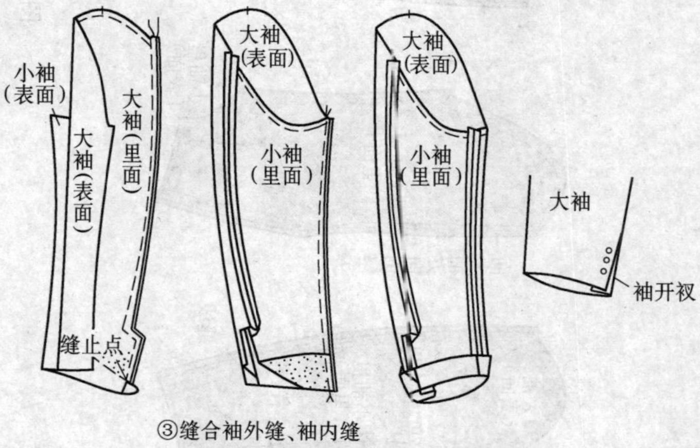

③缝合袖外缝、袖内缝

图5-82 袖子制作(续)

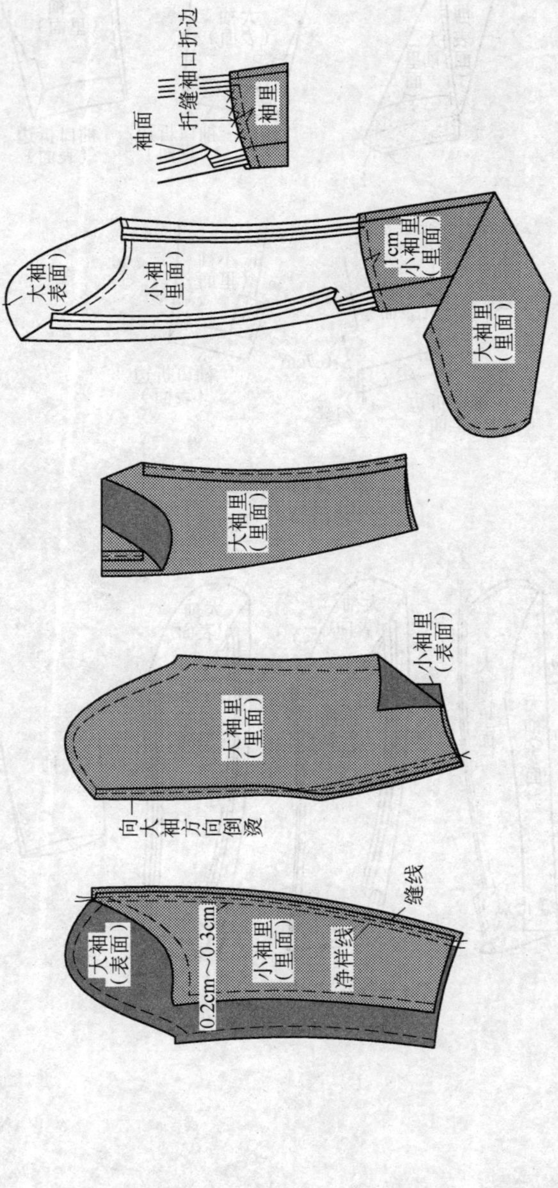

袖面
扦缝袖口折边
袖里
大袖（表面）
小袖（里面）
1cm
小袖里（里面）
大袖里（里面）
大袖里（里面）
大袖里（里面）
小袖里（表面）
向大袖方向倒烫
大袖（表面）
小袖里（里面）
净样线
缝线
0.2cm～0.3cm

图5-82 袖子制作（续）

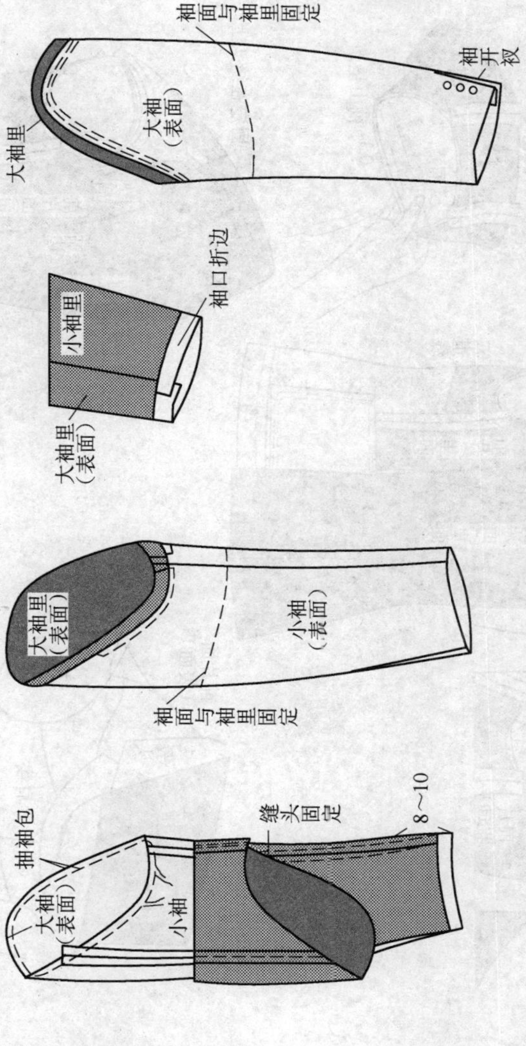
袖面与袖里固定
袖开衩
大袖里
大袖
（表面）
袖口折边
小袖里
大袖里
（表面）
大袖里
（表面）
小袖
（表面）
袖面与袖里固定
8～10
缝头固定
抽袖包
大袖
（表面）
小袖

图5-82 袖子制作（续）

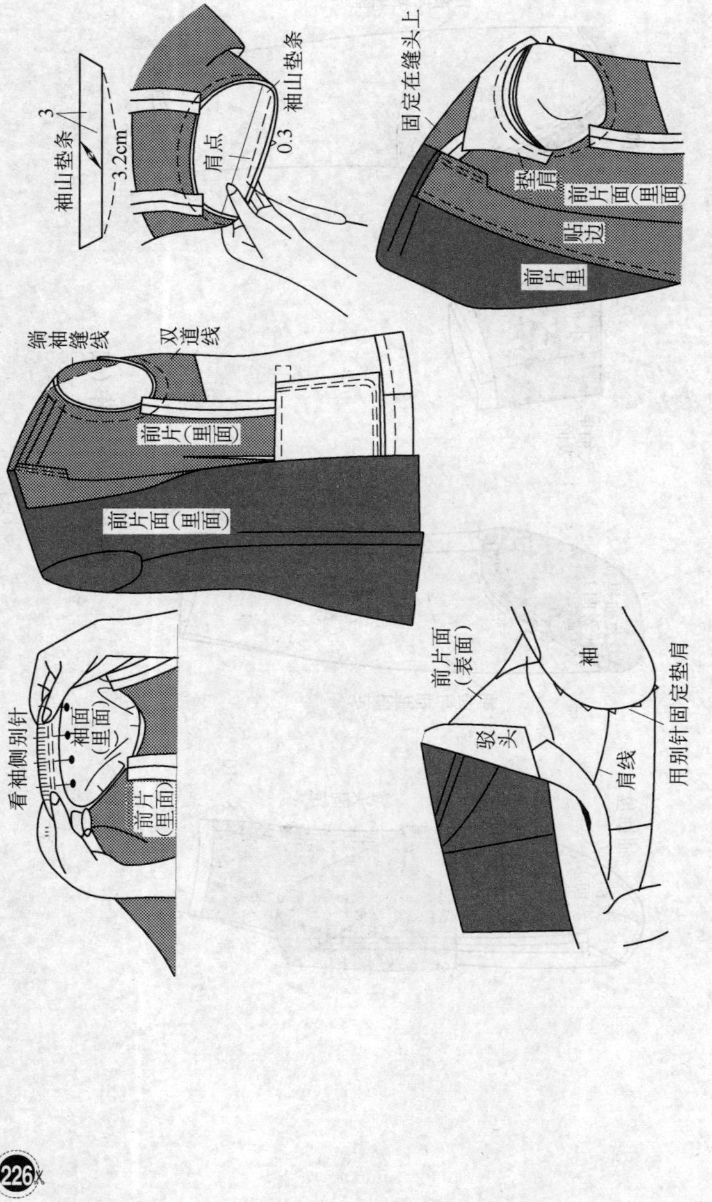
看袖侧别针
袖面(里面)
前片(里面)
绱袖缝线
双道线
前片(里面)
前片面(里面)
袖山垫条
3
3.2cm
肩点
0.3
袖山垫条
固定在缝头上
垫肩
前片面(里面)
贴边
前片里
前片面(表面)
袖
驳头
肩线
用别针固定垫肩

图5-82 袖子制作（续）

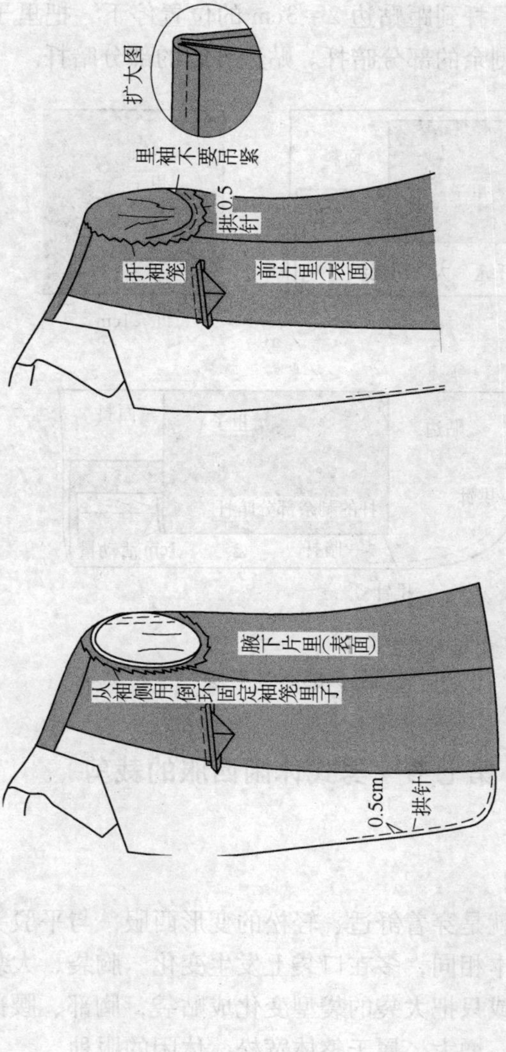

图5-82　袖子制作（续）

8. 扦下摆（第10工程）

扦下摆见图5-83。

1）用三角针的方法扦缝面料的下摆。

2）把里子的下摆修剪后，按图5-83a折烫，与面的扦底摆线对齐后扦缝。扦到距贴边2～3cm的位置停下，把里子盖下来整烫后，再把剩余的部分暗扦。贴边外露的部分暗扦。

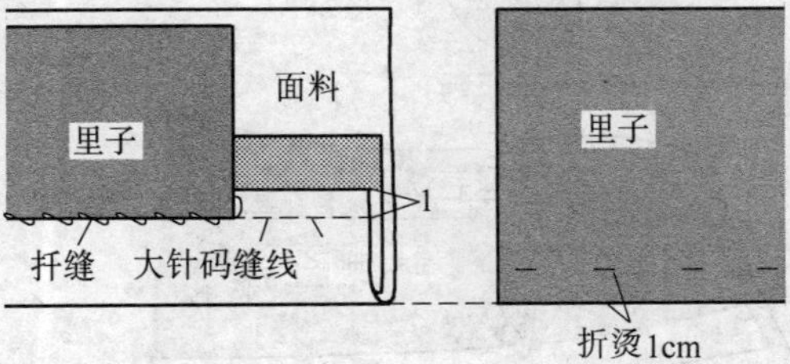

a)

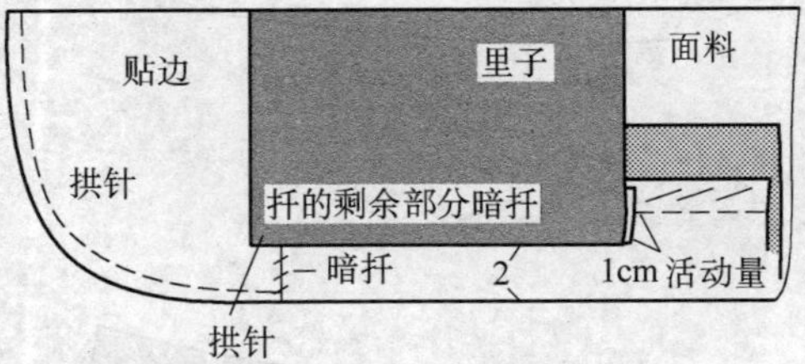

b)

图5-83　扦下摆

第七节　男式休闲西服的裁剪

设计说明

休闲西服就是穿着舒适、轻松的变形西服，与平驳头单排扣西服的轮廓基本相同，多在口袋上发生变化。胸袋、大袋的袋型变化成贴袋，或只把大袋的袋型变化成贴袋；胸部、腰部、臀部的余量略加放、增大，属于整体宽松、休闲的服种。

这款休闲西服若不加里子，也可夏天穿用，见图 5-84。

面料可选用精纺或粗纺的毛涤织物，法兰绒、灯芯绒、化纤织物、针织织物等，面料的选择范围较广。

图 5-84　男式休闲西服

使用量

面料：140cm 幅宽 170cm ~ 180cm

里料：140cm 幅宽 150cm

粘合衬：90cm 幅宽 120cm

男式休闲西服成品规格见表 5-7。

表 5-7　男式休闲西服成品规格　（单位：cm）

号型	部位	后衣长	胸围	肩宽	袖长	袖口
175/92A	规格	76	108	46	62	15

一、制图说明

男式休闲西服见图 5-85。

1. 衣身、领子

在制图中使用成品尺寸计算，净胸围加 20cm 的余量即为成品尺寸。

1）先确定衣身的宽度，用 $B/2+2.5$cm 计算，再确定衣长，根据长度和宽度画一长方形。

2）袖窿深：从上水平线沿前中心线向下测量 $2B/10+4$cm。

3）腰围线的位置：从上水平线沿前中心线向下测量（衣长/2 +5cm）。

4）臀围线的位置：从腰围线沿前中心线向下测量 18cm。

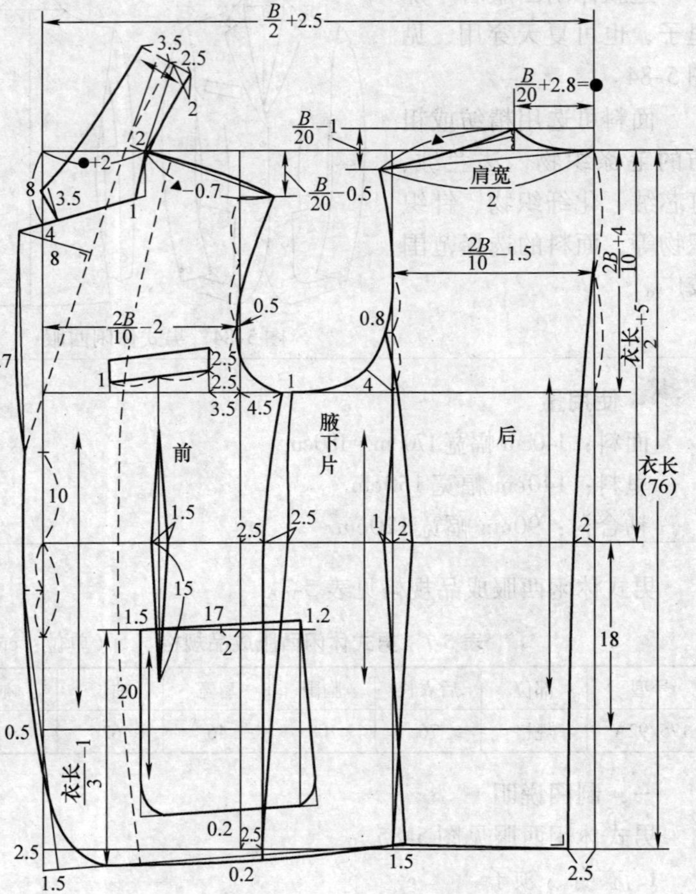

图 5-85 男式休闲西服身片裁剪图

5）后落肩线：从上水平线沿后中心线向下测量 $B/20-1\text{cm}$。

6）后横开领宽：从后中心线沿上水平线向左测量 $B/20+2.8\text{cm}$。

7）后肩宽：从后领中心线沿落肩线向上测量 $S/2+0.5\text{cm}$。

8）后背宽：从后中心线向左测量 $2B/10-1.5\text{cm}$。

9）前落肩线：从上水平线沿前中心线向下测量 $B/20-0.5\text{cm}$。

10）前横开领宽：从前中心线沿上水平线向右测量（后横

开领宽 +2cm）。

11）前肩宽：从前横开领宽点（颈侧点）向落肩线上测量（后小肩宽 -0.7cm）。

12）前胸宽：从前中心线向右测量 2*B*/10 -2cm。

13）领子：在前身领口上配制领子的裁剪图。

2. 袖子

男士休闲西服袖子裁剪图见图 5-86。

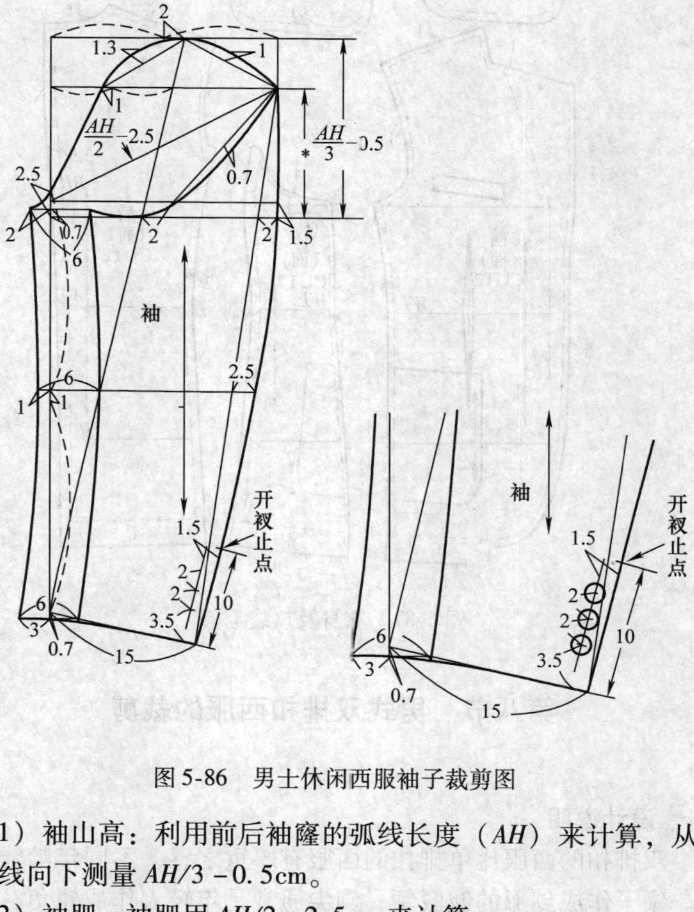

图 5-86 男士休闲西服袖子裁剪图

1）袖山高：利用前后袖窿的弧线长度（*AH*）来计算，从上水平线向下测量 *AH*/3 -0.5cm。

2）袖肥：袖肥用 *AH*/2 -2.5cm 来计算。

二、男式休闲西服毛样板制作方法（图 5-87）

领子、袖子、贴边的样板制作，请参照平驳头西服的样板制作方法。

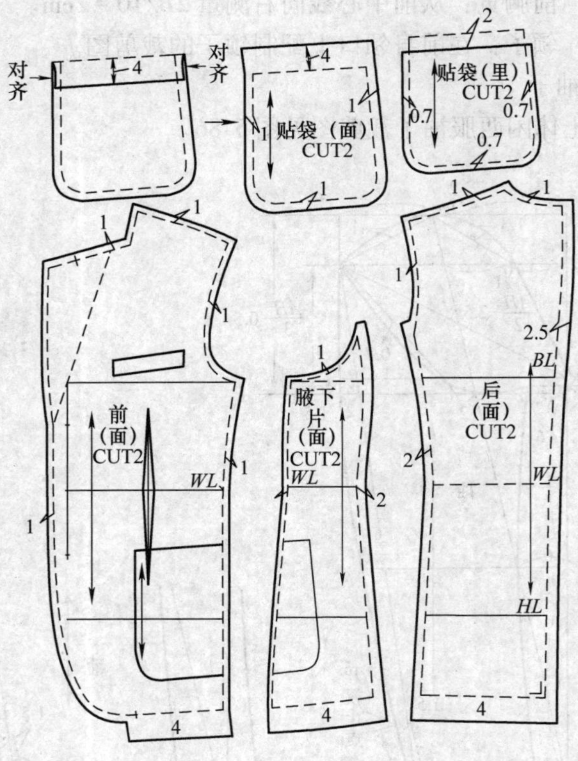

图 5-87　衣身及口袋毛板

第八节　男式双排扣西服的裁剪

设计说明

双排扣的西服比单排扣的西服有厚重之感，不同年龄皆可穿用。领子作成剑形的戗驳领，剑尖通常是年轻人作成锐角，中年以上的人要削弱角度。前门襟有直摆和斜摆两种。

扣的位置可依据设计或流行情况而变化，有两粒扣、四粒扣、六粒扣的，所以，驳头的长短会因此而改变。

此款为前门襟直摆、戗驳头、双排六粒扣的男西服，实际使用两粒扣，其余四粒为装饰扣，见图 5-88。

图 5-88　男式双排扣西服

使用量

面料：140cm 幅宽 170cm ~ 180cm

里料：140cm 幅宽 150cm

粘合衬：90cm 幅宽 120cm

男式双排扣西服成品规格见表 5-8。

表 5-8　男式双排扣西服成品规格　（单位：cm）

号型	后衣长	胸围	肩宽	袖长	袖口
175/92A	76	108	46	62	15

一、制图说明

双排扣戗驳领男式双排扣西服衣身裁剪图见图 5-89。

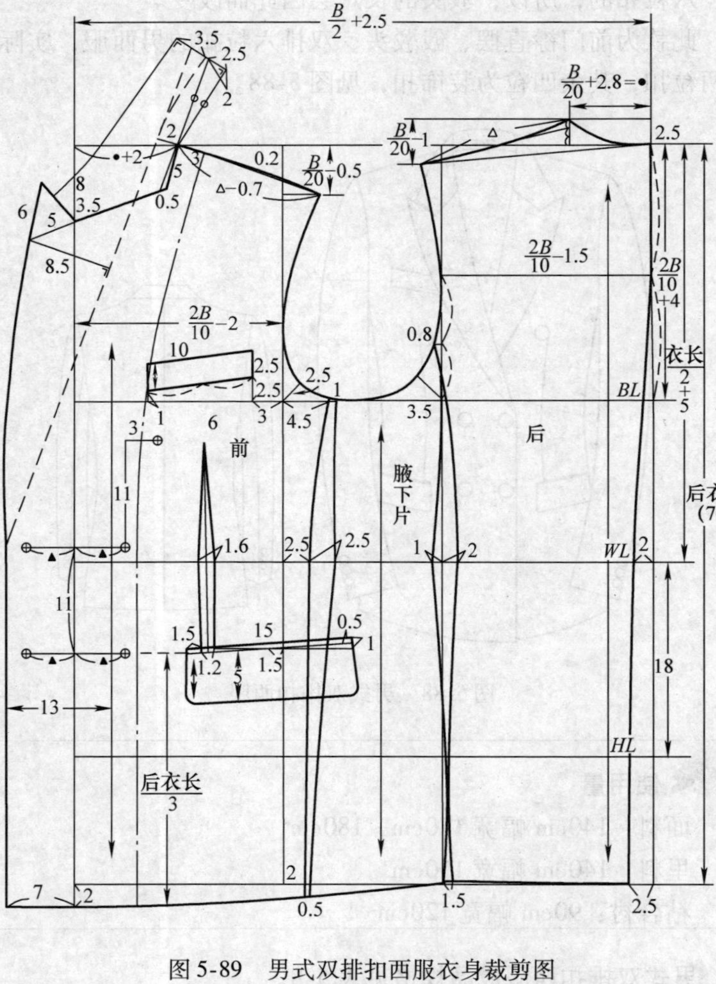

图 5-89　男式双排扣西服衣身裁剪图

1. 衣身、领子

在制图中使用成品尺寸计算，净胸围加 20cm 的余量即为成品尺寸。

1）先确定衣身的宽度，用 $B/2+2.5$cm 计算，再确定衣长，根据长度和宽度画一长方形。

2）袖窿深：从上水平线沿前中心线向下测量 $2B/10+4$cm。

3）腰围线的位置：从上水平线沿前中心线向下测量（衣长/2 +5cm）。

4）臀围线的位置：从腰围线沿前中心线向下测量 18cm。

5）后落肩线：从上水平线沿后中心线向下测量 $B/20-1$cm。

6）后横开领宽：从后中心线沿上水平线向左测量 $B/20+2.8$cm。

7）后肩宽：从后领中心线向落肩线上测量 $S/2+0.5$cm。

8）后背宽：从后中心线向左测量 $2B/10-1.5$cm。

9）前落肩线：从上水平线沿前中心线向下测量 $B/20-0.5$cm。

10）前横开领宽：从前中心线沿上水平线向右测量（后横开领宽 +2cm）。

11）前肩宽：从前横开领宽点（颈侧点）向落肩线上测量（后小肩宽 -0.7cm）。

12）前胸宽：从前中心线向右测量 $2B/10-2$cm。

13）前片在前中心的搭门量为 7cm，第二粒扣与袋口平齐，第一粒扣与第二粒扣间距 11cm，第一粒扣的位置决定驳头的长短。

14）实用扣与装饰扣距中心线的距离相等。

15）领子：在前身领口上配制领子的裁剪图。

2. 袖子

男式双排扣西服袖子裁剪图见图 5-90。

袖子的袖山高 $B/10+6$cm；袖肥 $2B/10$。

二、男式双排扣西服毛样板制作方法

衣身、领子、袖子、贴边的样板制作，请参照平驳头西服的样板制作方法。

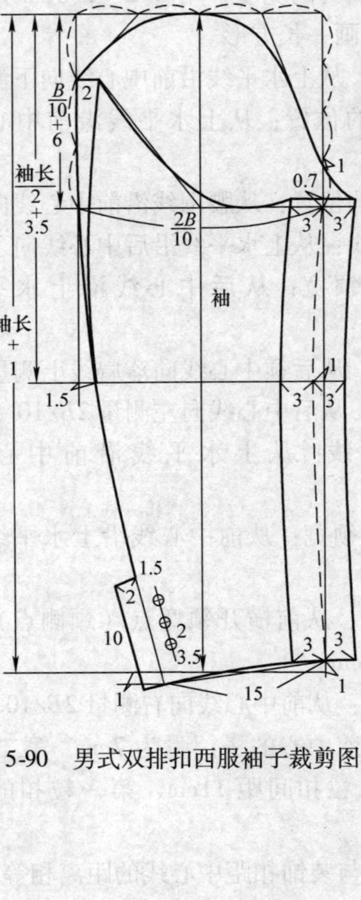

图 5-90　男式双排扣西服袖子裁剪图

第六章　童装裁剪与缝制

第一节　婴儿装的裁剪与缝制

设计说明

婴儿装首先要考虑不能刺激婴儿柔软细嫩的皮肤。为了穿脱方便，设计的前开襟要大一些，尽量减少合缝，缝头不要直接碰到皮肤上。上衣不要太长，以免同尿布一起弄脏。

面料要吸湿性好、耐洗，而且洗涤后不能变硬，如双股纱布、埃及棉（埃及棉是棉花中最好的品种，纤维长、有光泽且结实，出产在埃及）、细纹白布、毛巾布、针织面料等都可以。衣服做好以后，要先用热水烫洗一次或用蒸锅蒸一下，进行杀菌消毒，再放到日光下晒干，然后用塑料袋装起来保存好，分娩后就可以安心地给你的宝贝穿用了（图 6-1）。

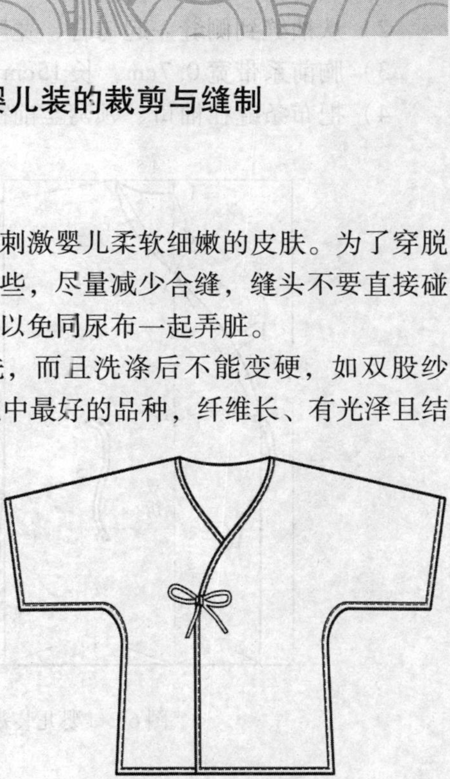

图 6-1　婴儿装

使用量

面料：90cm 幅 50cm

一、制图说明

婴儿基本上没有尺寸差别，可用固定尺寸来制图。领口不宜开得太深，因为新生儿是看不到脖颈的。袖子比实际手臂要长一些，以免手指抓到脸部。裁剪时要将前后片重叠，后片和肩都是整片的没有缝（图 6-2）。

二、缝制要点

1）缝份要处理在表面上（图 6-2）。

2）从袖缝到侧缝一起勾合，宽度 0. 6cm。

3）胸前系带宽 0. 7cm，长 15cm，共做两条。

4）把布条缝在袖口、领窝至前襟底边上，宽为 0. 6cm。

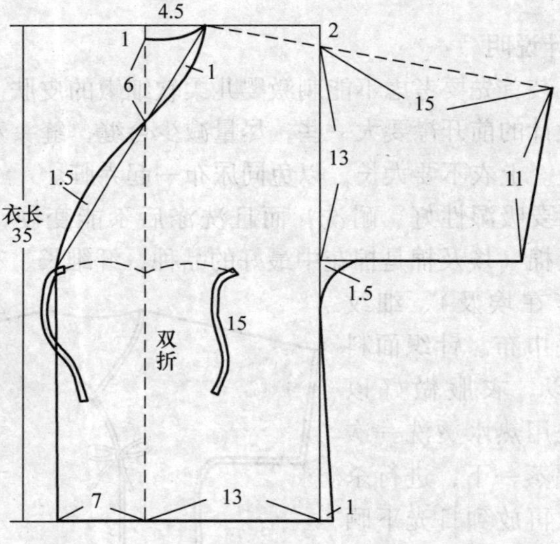

图 6-2　婴儿装裁剪图

第二节　背带短裤的裁剪与缝制

设计说明

这是婴儿出生 5 ~6 个月就能穿的衣服，下面是开裆的，取换尿布方便。春秋时可穿上外衣和毛衣。选用平纹方格花布、泡泡纱、毛巾布、条绒等面料，再加上贴花和刺绣，就显得更可爱了（图 6-3）。

使用量

面料：90cm 幅 60cm

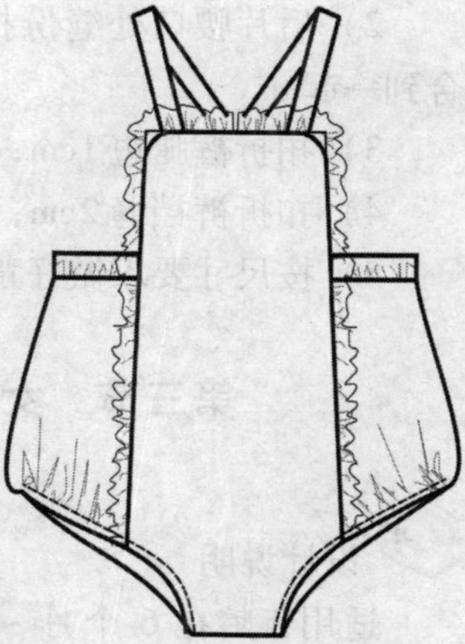

图 6-3　背带短裤

一、制图说明

按制图的尺寸，根据婴儿发育情况决定臀围的放松量（19 ~ 20cm），裤裆下面留出 2cm 贴边锁眼、钉扣，前胸上加入 1.8cm 宽的花边，背带要单独裁剪，前后两侧和前后中心线都是双折裁剪，只有前片中间的胸布单独裁出来（图 6-4）。

二、缝制要点

1）将前胸布两侧花边缝合到衣片上（图 6-4）。

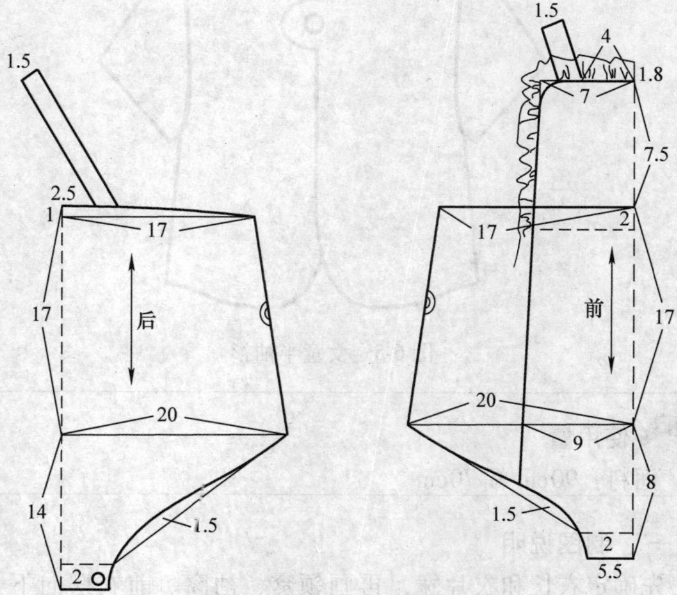

图 6-4　背带短裤裁剪图

2）后片腰口处缝份扣折 2cm，穿入松紧带，与胸布两侧缝合到一起。

3）扣折裤腿边 1cm，压 0.5cm 明线。

4）扣折裤裆缝 2cm，压 1.8cm 明线，锁眼、钉扣。

5）按尺寸要求做好背带，放到指定位置将背带打结、压住。

第三节　女童半袖衫的裁剪与缝制

设计说明

适用年龄在 6 个月 ~1 岁的幼儿穿用，款式简洁、易于穿脱，可搭配短裙和裤子。如果是单色面料，可在前胸印上各种图案，最好选择纯棉、易清洗、不掉色的面料为好（图 6-5）。

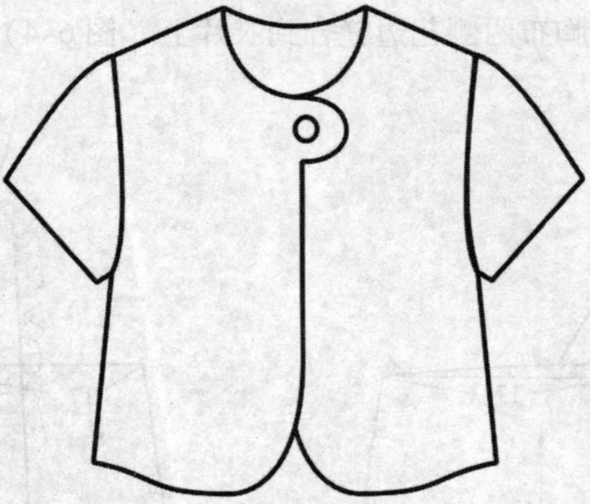

图 6-5　女童半袖衫

使用量

面料：90cm 幅 70cm

一、制图说明

先确定衣长和衣片宽，再画领窝、袖窿。前衣摆向下 1cm，门襟上有一个小扣子，衣身两侧呈斜线，确定下摆宽 17cm，并画顺小圆角。袖子直接确定袖口宽 13cm 和袖山高 6.5cm，再画出袖山弧线和袖长线（图 6-6）。

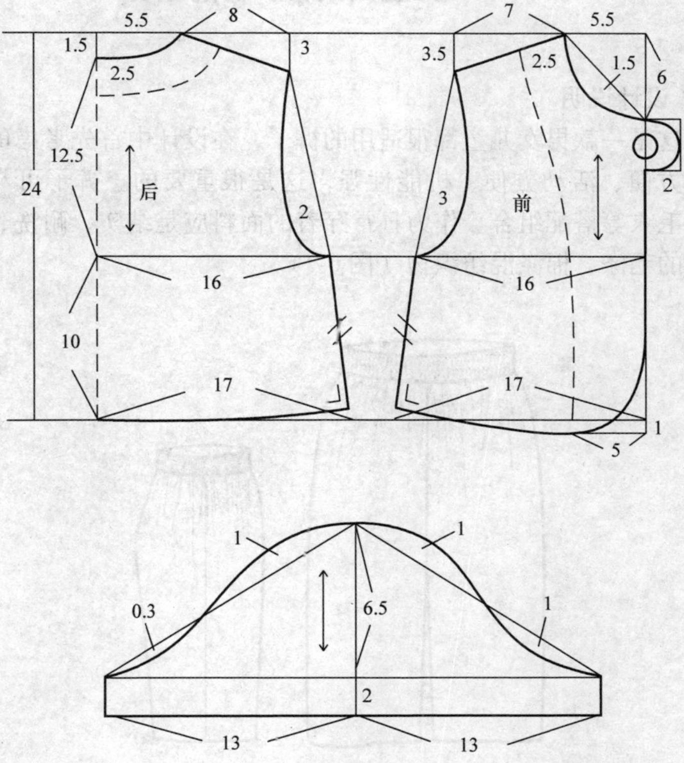

图 6-6 女童半袖衫裁剪图

二、缝制要点

1）拼合前后贴边，劈烫。

2）合肩缝、合衣身侧缝，缝份 0.8cm。

3）把贴边与衣身勾合在一起，勾合量 0.8cm，翻烫平整。

4）把袖缝缝合成筒状，收袖口、压明线 0.5cm 宽，上袖子。

5）扣折下摆，压明线宽 1cm。

6）门襟锁眼、钉扣。

第四节 儿童松紧带长裤的裁剪

设计说明

这是一款男女儿童都很适用的裤子，在设计中首先考虑的是穿脱方便、活动方便、机能性强，这是很重要的。裤子可与衬衫、毛衣等搭配组合。作为日常穿着的面料应是结实、耐洗、好保养的毛涤、棉涤混纺织物（图6-7）。

图6-7 儿童松紧带长裤

使用量

面料：90cm 幅 60cm

在制图中，各部位尺寸使用的都是定数值，适于6～7岁的儿童使用，如果年龄上有变化，可以在各数值上进行加减。儿童的立裆尺寸不宜过小，一般掌握在21～23cm之间。确定裤长尺寸时，要考虑到儿童的四肢发育较快，所以裤脚口可设计成翻脚口，也就是在脚口折边处多放出4cm，双折到裤脚表面，如果裤子短了就可以放出来。脚口尺寸不宜太肥，否则行动不便。腰口穿松紧带，使腰围和臀围都有一定的放松量（图6-8）。

儿童松紧带长裤成品规格见表6-1。

表6-1　儿童松紧带长裤成品规格　　（单位：cm）

年龄	腰围	臀围	裤长	立裆	脚口
6～7岁	60	61	54	23	17

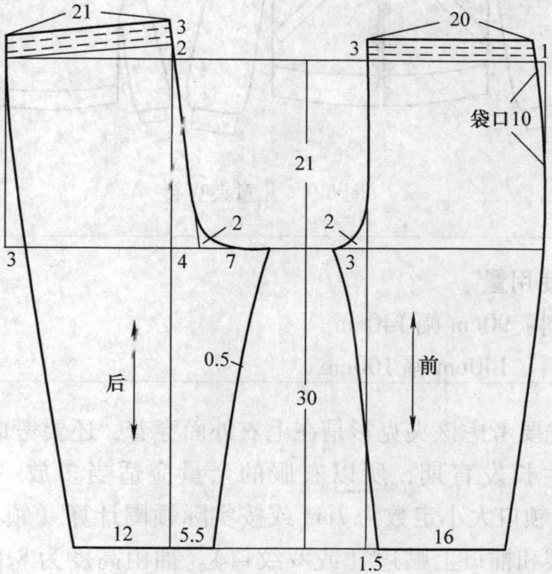

图6-8　儿童松紧带长裤裁剪图

第五节　儿童夹克衫的裁剪

设计说明

这是一款宽松型、穿着方便的夹克衫，可作为日常生活穿着，男孩、女孩都适宜。袋口为单袋牙的斜插袋，前门装拉链，小翻领结构，胸前可加图案，或在缝线边缘压装饰明线（图6-9）。

图6-9 儿童夹克衫

使用量

面料：90cm 幅 140cm

面料：140cm 幅 100cm

首先要考虑该夹克衫是在毛衣外面穿着，还要考虑孩子的身体处在生长发育期，所以衣服的余量应适当多放一些（22～26cm）。领口大小定数为7cm或按实际领围计算（领/5＋1cm），衣身下摆和袖口上贴边（或罗纹口）。袖山高度为8.5cm，袖肥18cm，袖山不要有吃量，尺寸与袖窿长相等，使袖型美观。前身的斜插袋牙宽2cm，袋口大10cm，根据衣片大小可作调整。领子起翘1.5cm，领宽大小可以自定（图6-10）。

儿童夹克衫成品规格见表6-2。

表6-2 儿童夹克衫成品规格 （单位：cm）

年龄	胸围	衣长	袖长	袖口周长
6～7岁	84	42	35	20

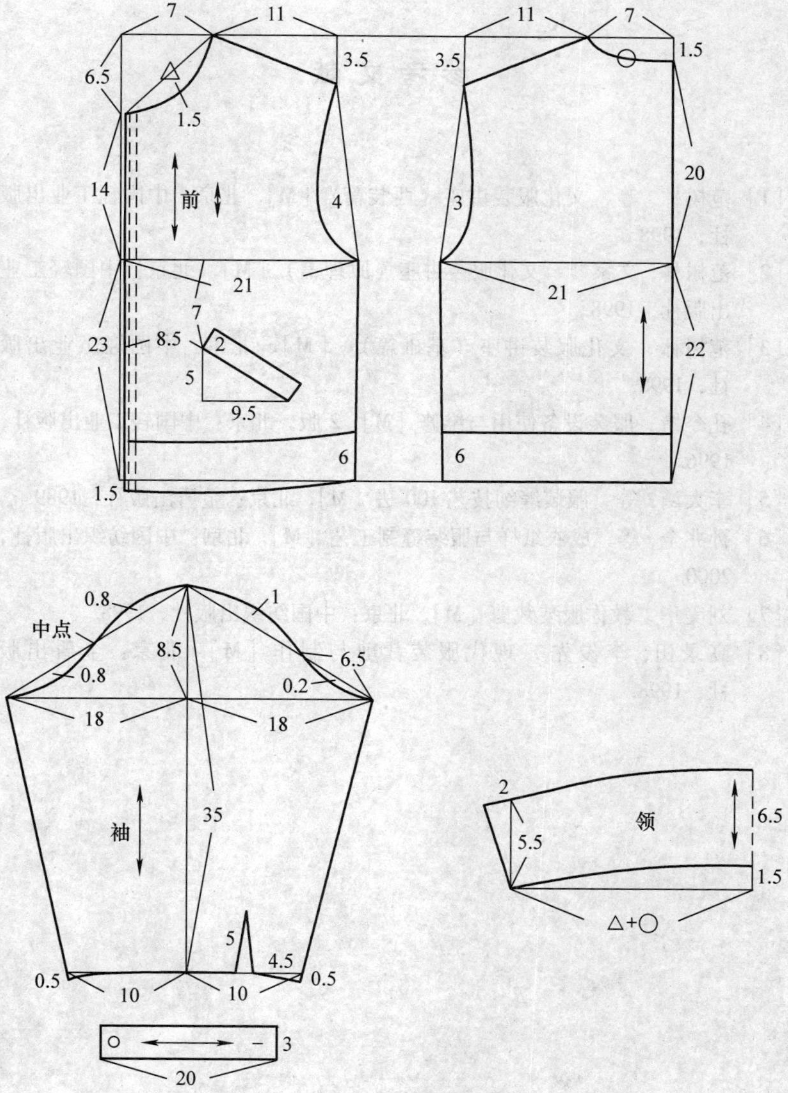

图 6-10　儿童夹克衫裁剪图

参考文献

［1］范树林，等．文化服装讲座（西装篇）［M］．北京：中国轻工业出版社，1998.

［2］范树林，文家琴．文化服装讲座（原理篇）［M］．北京：中国轻工业出版社，1998.

［3］范树林．文化服装讲座（基础篇）［M］．北京：中国轻工业出版社，1998.

［4］孔令榜．服装设备使用与维修［M］．2版．北京：中国轻工业出版社，1996.

［5］李大鸿，等．服装缝纫技艺100法［M］．北京：金盾出版社，1989.

［6］孙兆全，等．成衣纸样与服装缝制工艺［M］．北京：中国纺织出版社，2000.

［7］刘美华．教你服装裁剪［M］．北京：中国纺织出版社，1998.

［8］高录田，李俊先．现代服装裁剪与制作［M］．北京：金盾出版社，1998.